# 生命体の科学と技術

久保 幹・吉田 真 共編

培風館

**執 筆 者**（50音順，[ ]内は担当節）

立命館大学

| | | |
|---|---|---|
| 今村 信孝 | 薬学部薬学科　教授 | [3-3, 4-5] |
| 遠藤　彰 | 理工学部環境システム工学科　教授 | [4-4, 4-6] |
| 小野 文一郎 | 生命科学部生命医科学科　教授 | [1-3, 1-4, 6-3] |
| 菊池 正和 | 生命科学部生命情報学科　教授 | [5-2, 5-3, 5-4] |
| 久保　幹 | 生命科学部生物工学科　教授 | [2-2, 2-4, 2-5] |
| 鈴木 健二 | 薬学部薬学科　教授 | [6-1, 6-6] |
| 立木　隆 | 生命科学部生物工学科　教授 | [3-1, 3-2, 5-1] |
| 民秋　均 | 薬学部薬学科　教授 | [3-4, 5-6] |
| 藤田 典久 | 薬学部薬学科　教授 | [5-5, 6-5] |
| 水野 勝重 | 生命科学部生命医科学科　准教授 | [3-5, 6-4, 6-7] |
| 森崎 久雄 | 生命科学部生物工学科　教授 | [2-3, 4-1, 6-2] |
| 吉田　真 | 生命科学部生物工学科　教授 | [4-2, 4-3] |
| 若山　守 | 生命科学部生物工学科　教授 | [1-1, 1-2, 2-1] |

本書の無断複写は，著作権法上での例外を除き，禁じられています。
本書を複写される場合は，その都度当社の許諾を得てください。

# ま え が き

　政治経済の分野だけでなく，科学技術の分野でも大きく変革した20世紀であった。石油化学の高度利用によるエネルギー・材料革命やそれに伴う車社会の出現があり，さらには通信，エレクトロニクスの分野の発展により，コンピューターやインターネットも日常的なものとなった。一方，生命や食糧に関する分野でも大きな変革の波が押し寄せた。DNA二重らせん構造解明に代表される生命科学分野の新展開があり，それとともに医療の高度化が進められ，分子レベルでの議論が可能となった。今日，その動きはますます加速している。また農学の分野でも多くの技術革新が起こり，肥料や農薬の開発などにより飛躍的な食糧増産が可能となった。20世紀後半には，クローン動物や遺伝子組換え植物も出現した。

　こうした科学技術の進歩に支えられ，この100年間，地球上の人口は16.5億人から60.6億人に急増し，人類史上例を見ない増加率となった。また平均寿命も大幅に長くなり，わが国においては30歳以上延びた。人間の生活はこの短期間で非常に快適になったが，地球温暖化や公害，また多くの生物種の絶滅など，負の遺産も多く残った形で激動の20世紀は幕を下ろした。

　21世紀に入った今，われわれは前世紀の反省に立った新しい科学技術（融合領域）を開拓していかなくてはならない。そのとき，これまでの人間中心的な立場にとどまるのではなく，多種多様な生物が共生・共存できる地球環境を維持していくという意識をもつことが重要である。そして生物資源を中心とした循環型の社会（共生循環型社会）を構築していくことも，大きな課題であろう。

　今世紀は，生命科学分野や環境分野にスポットライトが当たる時代になると思われる。さまざまな局面で，生命・環境にかかわる領域や知識が大きな役割を果たすであろうと予想される。したがって，21世紀を生きるわれわれには，これらの基礎知識と基盤技術を理解することが必要となる。このような背景もあって，欧米では生物学や生命科学を文系の学生でも必修としており，近年わが国でもそのようになりつつある。

上のような情勢を踏まえ，本書は，生命科学の基礎とその現状を理解してもらうことを目的として執筆された．執筆者には，分子生物学，微生物学，生態学，環境工学，生物工学，生命情報学，農学，薬学，医学など，生命科学にかかわるさまざまな領域の専門家が参加した．それにより，生命科学の全体を1冊で幅広く見渡せるようになっている．理工系の大学1, 2年生を中心に，また文系の学生にも興味深く勉強してもらえるよう，最新の話題・情報を盛り込み，できるだけわかりやすい表現を心がけた．

　まず，生命科学のすべての基礎として，生命体の基本的な構造・機能を理解するため，1章では生物学の歴史を概観したのち，生物の遺伝子発現についてまとめた．そして続く2章で，生物や細胞の基本的な構造と機能を物質レベルで解説した．初めて生物学や生命科学を学ぶ人は，1章と2章で基礎概念を身につけて欲しい．次に生物種と自然環境に焦点を合わせ，3章では生物の多様性を概観し，引き続き4章で，多種多様な生物の織りなす関係やその共存機構について，生態学の立場から紹介した．最後に生命科学やバイオテクノロジーの現在と将来に注目し，5章ではわれわれの身近になったバイオテクノロジーおよび関連技術について解説し，6章では生命科学に関する新しい話題やこれからの課題についてまとめた．

　このように，本書は大きく三つの観点から書かれているが，各章はそれぞれ独立して読める内容となっている．環境や生態系，生物の生態，生物多様性に興味のある場合は3章，4章から，またバイオテクノロジー関連に関心のある場合は5章，6章から読み進めてもよいであろう．

　本書を執筆するにあたり，精力的かつ多大なご協力をいただいた培風館の五味渕 編氏，ならびに立命館大学秘書の深田 裕子氏に心より感謝を申し上げる．

2006年2月

久保　幹
吉田　真

# 目　　次

**1. 生物と生命** ───────────────── [1～30]
　　はじめに ･････････････････････････････････････････････ 1
　1-1　生物学の潮流 ･･･････････････････････････････････････ 2
　　　　1-1-1　19世紀後半　2　／1-1-2　20世紀前半　5　／1-1-3　20世紀後半　6　／1-1-4　展　望　7
　1-2　生命を織り成す糸──セントラルドグマと複製 ････････････ 9
　　　　1-2-1　DNAの基本概念　9　／1-2-2　転写と翻訳(セントラルドグマ)　10　／1-2-3　DNA複製と突然変異　11
　1-3　生命を織り成す糸──遺伝情報の発現調節機構 ･･････････ 13
　　　　1-3-1　原核生物　14　／1-3-2　真核生物　20
　1-4　生き続ける生命 ･･･････････････････････････････････ 22
　　　　1-4-1　代　謝　22　／1-4-2　生　殖　24　／1-4-3　遺　伝　26　／1-4-4　進　化　28

**2. 分子から細胞へ** ─────────────── [31～71]
　　はじめに ･･･････････････････････････････････････････ 31
　2-1　タンパク質の機能と神秘 ･･････････････････････････････ 31
　　　　2-1-1　タンパク質の基本構造　32　／2-1-2　タンパク質の機能と役割　36　／2-1-3　タンパク質の異常と疾病　39　／2-1-4　タンパク質の分析法　41
　2-2　遺伝子の機能と神秘 ･･････････････････････････････････ 42
　　　　2-2-1　遺伝子とは　42　／2-2-2　RNAとDNAの類似性・相違性　43　／2-2-3　DNA　46　／2-2-4　RNA　47　／2-2-5　遺伝暗号および遺伝子発現　48
　2-3　糖質の機能と神秘 ････････････････････････････････････ 49
　　　　2-3-1　糖質とは　49　／2-3-2　単　糖　50　／2-3-3　糖誘導体　54　／2-3-4　オリゴ糖　56　／2-3-5　多糖(グリカン)　58　／2-3-6　複合糖質　59
　2-4　脂質の機能と神秘 ･･････････････････････････････････ 60
　　　　2-4-1　脂質の定義および生体内での役割　60　／2-4-2　エネルギー源としての脂質　61　／2-4-3　膜を構成する脂質　62　／2-4-4　生理機能をつかさどる脂質　64
　2-5　細胞の機能と神秘 ････････････････････････････････････ 64
　　　　2-5-1　細胞とは　64　／2-5-2　細胞の大きさと観察　64　／

2-5-3 原核細胞と真核細胞　65　／2-5-4　動物の細胞　67　／
　　　2-5-5　植物の細胞　70／2-5-6　微生物の細胞　70

## 3. 多様な生物 ——————————————————— [73〜106]
　はじめに ……………………………………………………………… 73
　3-1　ウイルス …………………………………………………… 75
　　　3-1-1　種　類　76　／3-1-2　感染と増殖　77　／3-1-3　ファージ　78
　3-2　微　生　物 ………………………………………………… 79
　　　3-2-1　原核微生物（細菌類）　79　／3-2-2　真核微生物（菌類）　85
　3-3　藻類・原生動物 …………………………………………… 89
　　　3-3-1　藻　類　90／3-3-2　原生動物　94
　3-4　植　　　物 ………………………………………………… 96
　　　3-4-1　光合成　97　／3-4-2　植物の分類　97
　3-5　動　　　物 ………………………………………………… 99
　　　3-5-1　脊椎動物の発生　100　／3-5-2　動物の配偶子形成と受精　100　／3-5-3　ヒトの発生　104　／3-5-4　減数分裂による多様性の確保　105

## 4. 多様な生物社会 ———————————————————— [107〜168]
　はじめに ……………………………………………………………… 107
　4-1　地球微生物の変遷 ………………………………………… 108
　　　4-1-1　生物誕生への序章　108　／4-1-2　始原生物の誕生　109／
　　　4-1-3　生物の進化　110　／4-1-4　真核生物の登場，発展　111
　4-2　水界生態系 ………………………………………………… 111
　　　4-2-1　海　洋　111／4-2-2　陸　水　115
　4-3　陸上生態系 ………………………………………………… 119
　　　4-3-1　森　林　119／4-3-2　草　原　121
　4-4　生物の相互作用 …………………………………………… 122
　　　4-4-1　生態学とは何か　122　／4-4-2　さまざまな生態的相互作用とその帰結　124
　4-5　生産物を使った生物社会の会話と多様性形成 ………… 132
　　　4-5-1　植物による摂食阻害物質の生産　132　／4-5-2　動物はいかにして毒のある植物を避けるか？　133　／4-5-3　病原菌に対する植物の防御機構　134　／4-5-4　昆虫と植物の複雑な関係　135　／4-5-5　助けを求める植物　136
　4-6　競争と共存の生態学——相互作用からなる生物群集 ………… 138
　　　4-6-1　共存のしくみ　138　／4-6-2　複雑な生物群集　149　／
　　　4-6-3　生態遷移の過程と原理　156／4-6-4　生物多様性と生態的複雑性　161

目　次　　　　　　　　　　　　　　　　　　　　　　　　　v

## 5. バイオテクノロジー ——————————— [169〜214]
　はじめに ……………………………………………………………… 169
　5-1　発酵テクノロジー ………………………………………………… 170
　　　5-1-1　分解代謝産物　171　／5-1-2　合成代謝産物　173　／5-1-3　抗生物質・二次代謝産物　175　／5-1-4　微生物菌体　175　／5-1-5　酵　素　176　／5-1-6　発酵原料　176
　5-2　遺伝子のテクノロジー …………………………………………… 177
　　　5-2-1　DNA 時代の到来　177　／5-2-2　組換え DNA 技術の確立　178　／5-2-3　組換え DNA 分子の作製　179　／5-2-4　プラスミドと形質転換　181　／5-2-5　クローニング　183　／5-2-6　遺伝子工学の応用　184　／5-2-7　組換え DNA 実験の安全性の確保　185
　5-3　タンパク質のテクノロジー ……………………………………… 186
　　　5-3-1　身近なタンパク質　186　／5-3-2　タンパク質工学の誕生　186　／5-3-3　抗体タンパク質の利用　187　／5-3-4　タンパク質安定化　189
　5-4　細胞のテクノロジー ……………………………………………… 190
　　　5-4-1　動物細胞の株化　191　／5-4-2　動物細胞の融合　192　／5-4-3　動物細胞の培養　193　／5-4-4　動物細胞および動物細胞培養の利用　194　／5-4-5　植物の組織培養　195　／5-4-6　植物の細胞融合　197　／5-4-7　植物を利用した DNA 組換え　197
　5-5　生体（免疫）テクノロジー ……………………………………… 198
　　　5-5-1　液性免疫と細胞性免疫　199　／5-5-2　抗体の多様性　200　／5-5-3　細胞性免疫と拒絶反応　203　／5-5-4　細胞内のシグナル伝達　204
　5-6　光エネルギーのテクノロジー …………………………………… 206
　　　5-6-1　光とは？　207　／5-6-2　光をどうやってとらえる？　207　／5-6-3　生体での光エネルギーの利用法　208　／5-6-4　光合成　208　／5-6-5　嫌気性光合成細菌　209　／5-6-6　光合成の流れ　209　／5-6-7　光合成の器官　211　／5-6-8　光の吸収／エネルギーの流れ　211　／5-6-9　電子の流れ，水素イオンの流れ　212　／5-6-10　非循環型光合成　213

## 6. 生物・生命を取り巻く新しい話題 ——————— [215〜254]
　はじめに ……………………………………………………………… 215
　6-1　しのびよる感染症 ………………………………………………… 216
　　　6-1-1　消えては現れる感染症　216　／6-1-2　エイズ　216　／6-1-3　SARS（重症急性呼吸器症候群）　217　／6-1-4　インフルエンザ　218　／6-1-5　その他の感染症　219
　6-2　バイオフィルム——環境微生物の 21 世紀型理解を目指して… 220
　　　6-2-1　「バイオフィルム」とは　220　／6-2-2　バイオフィルムの

　　　　形成過程，構造・機能，そして特徴 221 ／6-2-3　微生物の細胞
　　　　表面特性と付着メカニズムの見直し 222 ／6-2-4　バイオフィル
　　　　ム構成微生物の解析 224
6-3　プリオン——増殖するタンパク質 ………………………………… 226
　　　　6-3-1　プリオン病 226　／6-3-2　病原体プリオン　227　／
　　　　6-3-3　出芽酵母プリオン　230 ／6-3-4　プリオンの生物学的意
　　　　義 232
6-4　生命を創る ……………………………………………………………… 232
　　　　6-4-1　核の全能性　232 ／6-4-2　動物に対するバイオテクノロ
　　　　ジーの利用　233 ／6-4-3　哺乳動物のクローン　234
6-5　ゲノムそしてポストゲノム ………………………………………… 236
　　　　6-5-1　ヒトゲノムの解読　236 ／6-5-2　遺伝子の探索　238 ／
　　　　6-5-3　構造ゲノミクスと機能ゲノミクス　239 ／6-5-4　バイオ
　　　　インフォマティクス　241
6-6　ゲノム創薬 …………………………………………………………… 242
　　　　6-6-1　ヒトゲノム計画と創薬研究　242 ／6-6-2　ゲノム創薬を
　　　　支える基盤技術　243 ／6-6-3　薬の標的となる分子の探索・同定
　　　　245 ／6-6-4　リード化合物のデザイン　246 ／6-6-5　ゲノムワ
　　　　イドな薬効薬理・安全性評価　246　／6-6-6　テーラーメイド医療
　　　　247
6-7　新しい細胞の創出（ES 細胞，臓器移植） ………………………… 248
　　　　6-7-1　薬物治療と移植医療　248 ／6-7-2　万能細胞の発見　249
　　　　／6-7-3　ヒト胚性幹細胞株の樹立　250 ／6-7-4　大人の体にも
　　　　幹細胞がある　251

索　　引 ───────────────── [255～260]

# 1 生物と生命

## はじめに

　近年,「バイオ」という言葉をいろいろなところでみかける。本来は「バイオテクノロジー(Biotechnology)」の略語であり,日本語の「生物工学」と同じ意味をもつはずであるが,とりわけ「生物工学」への期待が大きい局面で使われることが多いようである。確かに現在,生物工学に寄せられている期待は大きい。だが,それが正しい認識に立った期待かというと,疑問が残る。その原因の一つは,生物工学の基盤である生物学が,日本の初等・中等教育で軽視されているところにある。端的にいうと,高校教育では,大学入試における「生物」はおおむね文系の理科科目(暗記科目)とされている。また,高校の生物の教科書には「遺伝子」,「DNA」の語は出てくるが,その化学的特性についての記述はほとんどない。一方,高校の化学の教科書では高分子といえばナイロンであって,生体高分子の記述はきわめて貧弱である。タンパク質にはそれなりのページが割かれているが,DNAならびにRNAについての記述はほとんど皆無である。
　「このような教育を受けて入ってくる大学生に,生物学さらには生物工学をどのように教えればよいのか?」この課題に応えることが,筆者ら大学で教育を行う者に求められている。幸いなことに,大学への新入生の多くはバイオ(生物工学)に高い関心をもっている。この関心をもち続けさせること,そしてさらに高める方策を考える必要がある。
　ところでそもそも生物工学は,「生物体そのもの」,「生物の機能」,また「その機能が生じる機構」を,人類の福祉に役立てようとするための学問である。したがって,生物工学の発展には生物をさまざまな角度から理解する必要があ

る。つまり，「生物を学び，生物に習う」のが生物工学なのである。この章では，まず生物学の歴史的な流れを概観して現状を把握するとともに，生物の基本機能を知り，さらに多様な生物が個別に，また運命共同体として，生き続けているようすを学んで欲しい。この章を読み終わったあと，生物を見る目が少しでも変わっていること，そしてそれが次章以降を読み進める活力になることを願う。

## 1-1　生物学の潮流

　中学ならびに高校の理科科目には「物理」，「化学」，「生物」がある。大学では自然科学系科目として「物理学」，「化学」，「生物学」があり，「数学」も自然科学系科目とされている。数学が「数（と量）の概念」の学問，物理学と化学はそれぞれ「物の実体」と「物の変化」についての学問，生物学は「生き物」についての学問として，ごくあたりまえに区分できているようにみえる。しかしながら，20世紀の生物学は「生物と物（無生物）が明確に区別できる」という前提を完全に否定したのである。この節ではこの点に絞って，生物学が20世紀にたどった道筋を概観する。

### 1-1-1　19世紀後半——生物学の潮目

　生物学の大きな流れを図1-1に示す。19世紀後半から終盤にかけては，20世紀の生物学を予兆させる出来事があった。そこで，まずこの点について説明する。

#### （1）　LiebigとPasteurの論争

　1840年ごろから，LiebigとPasteurは「発酵」についての論争を巻き起こした。Pasteurは「発酵には酵母という生命体が必須である」と考えたのに対して，Liebigは「生命体が必要なのではなく，構成成分（今でいう酵素）があれば十分である」と考えた。この論争は，1897年にBuchnerが酵母破砕液（生命体としての酵母は存在しない）によって発酵が進行することを示したことで幕が下りた。この論争により，Pasteurの生気論的考え方[*1]が破れただけでなく，化学の手法による生物機能の解析という20世紀の生物学の方向が確立した。こうして，20世紀前半は生体の化学が大きく進展し，さまざまな生体

---

　＊1　生物には生物特有（無生物にはない）の力（気）があるという考え方。

## 1-1 生物学の潮流

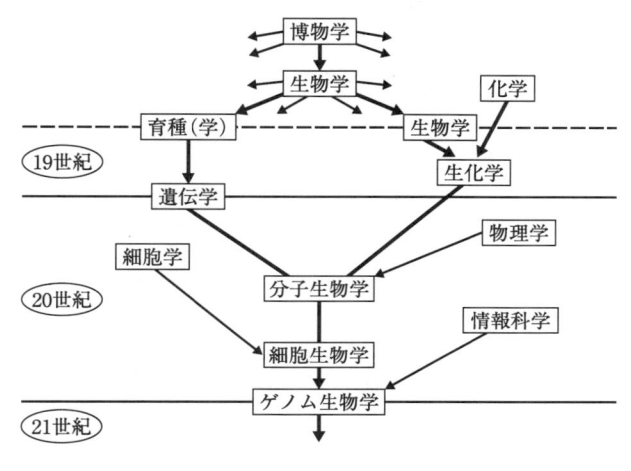

図 1-1 生物学の潮目

成分が分離・精製され，その構造と機能が研究されるようになった。さらに，生物機能を試験管内で再構築するという生化学の研究手法に発展した。

### （2） Mendelの発見

Mendelはエンドウを使って子が親に似る現象（遺伝）を調べ，その研究結果を1866年に発表した。ところが，発表したのが地方の雑誌であったうえに，何よりMendelの考え方は，当時あまりにも斬新すぎた。そのため，Mendelの研究の意義が同時代の人たちに十分に理解されることはなかった。しかしながら，1900年にDe Vries, Correns, Tschermakの3人がそれぞれ独立にMendelと同じ実験結果を報告したときには，ほとんど抵抗もなく受け入れられた。じつは，この間に顕微鏡が改良され，細胞構造がよく観察されていたために，細胞分裂時の染色体の挙動が，Mendelの考えた「遺伝子」と同じであることに，人々は容易に気づいたのである。その後，Mendelが発見した遺伝法則がさまざまな生物について，またさまざまな性質について適合することが次々と報告され，20世紀前半の遺伝学の大きな流れになった。

まず，Mendelが行った実験の一例を図1-2に示す。赤い花をつける個体（$AA$）と白い花をつける個体（$aa$）との交雑によって生じる子＜$F_1$＞は赤い花をつける（$Aa$）。そして，$Aa$個体の自家受精によって生じる子＜$F_2$＞では，赤い花をつける個体と白い花をつける個体とが3：1の比率になる。

Mendelはさらに検定交雑を行い，赤い花をつける個体の1/3は$AA$で，

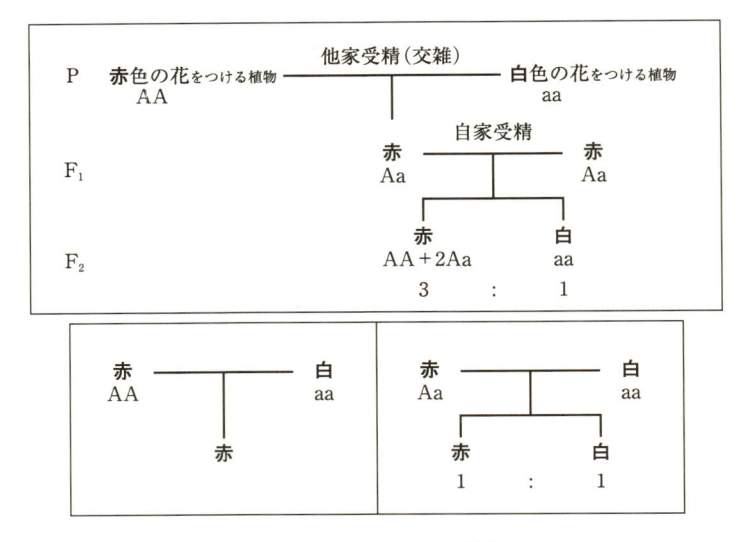

```
                他家受精（交雑）
P    赤色の花をつける植物 ─────── 白色の花をつける植物
         AA                           aa
                        自家受精
                     赤 ────── 赤
F₁                   Aa          Aa
                        │
                     赤        白
F₂                AA+2Aa      aa
                    3    :    1


    赤 ──── 白         赤 ──── 白
    AA     aa         Aa     aa
       │                 │
      赤              赤      白
                      1   :   1
```

図 1-2　メンデルの実験

2/3は$Aa$であることを示した。Mendelは花の色を含めた計七つの形質について同様の実験を行うとともに，二つの形質およびそれに対応する遺伝子がどのような組み合わせで子供に伝わるかを調べた。その結果から，いわゆる「遺伝の3法則」を導き出した。

　＜遺伝の3法則＞
　1．優劣の法則　　　　　　：$Aa$の個体は$A$の形質をもつ。
　2．分離の法則　　　　　　：対立遺伝子は互いに分かれて子に伝わる。
　3．独立組み合わせの法則：異なる形質の遺伝子はそれぞれ独立に子に伝わる。

　Mendel以前は個体全体を見て「子が親に似ている」と判断していたのに対して，Mendelは表現型を要素に分けた。つまり，19世紀からの自然科学の大きな流れである「分析」を手法として取り入れた。また，観察の対象は「個々の個体」ではなく，「個の集団」であった。Mendelは遺伝が確率的事象であることを認識していたからこそ，多くの実をつけるエンドウを実験に使う必要があった。加えて，実験をきちんと行うためには「自然交雑」ではなく「人為交雑」を行う必要があること，そしてそのためには，大きくてしかも雌しべと雄しべが離れている花をつける植物が適していることを知っていた。さらに，

Mendelは「純系(同じ形質をもつ個体どうしの交雑で、親と同じ形質をもつ子だけが生じる場合、両方の親は純系である)」という概念を十分に認識していた。Mendelの実験は純系の個体どうしの交雑から始まり、検定交雑を含めても3世代(最短で3年)で終わるが、純系の確立に10年近くの年月を費やした。こうして準備した純系の個体を使ったからこそ、彼は「遺伝の3法則」を発見できたのである。

Mendelは本番の実験を行う前から結果を知っていたとしか思えないが、それはさておき、Mendelの実験から「遺伝子は混ざり合わない(粒子性)」こと、「遺伝子は変化しない(不変性)」ことが明らかになった。しかし、より重要なことは、遺伝が摩訶不思議な現象ではなく、分析可能な現象であることがわかったことである。ここから、20世紀の遺伝学の流れは始まる。

## 1-1-2　20世紀前半——遺伝学の渦

先に述べた「遺伝学」に「生化学」が合流するのは、いわば歴史の必然であった(図1-3)。そして、両者の合流には二つの側面があった。一方は表現型(遺伝形質)の生化学的研究＜生化学遺伝＞であり、もう一方は遺伝子の生化学的研究＜遺伝生化学＞である。さらに、そこに物理学が合流した。当時すでに波動力学の創始者として名をなしていたSchrödingerは、1944年に「生命とは何か」という本を書き、その中で、「物質の世界ではエントロピー増大(秩序減少)の方向に変化が進行するのに対して、生物の世界ではエントロピー減少(秩序増加)の方向に変化が進行しているように思える。生物には物質とは異な

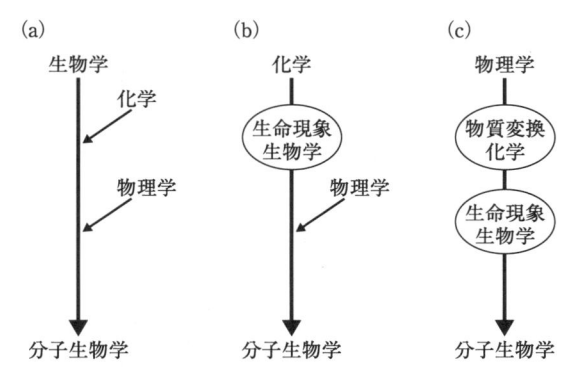

図 1-3　遺伝学の渦

る原理が作用しているのだろうか？」という問題を提起した．この刺激的な挑戦を受けて立ったのが，LuriaやDelbrueckをはじめとする当時の若い物理学者たちであった．彼らは最も生物的な現象であると考えた遺伝の研究を，単純で理想的な研究材料と考えた大腸菌，ならびにそれに寄生するファージを使って開始した．そして，この流れの中で，「1遺伝子/1酵素説(現在では，1シストロン/1ペプチド説に変貌している)」など，遺伝子から表現型への道筋が明らかになった．また，遺伝子がDNA(deoxyribonucleic acid)という化学物質であることが明らかになった．1953年にはついにWatsonとCrickにより「DNAの二重らせん構造」が解明され，DNAが遺伝子として働くのはその化学的特性に基づいていることがわかった．

　生化学と遺伝学が合流して分子遺伝学が成立し，さらにそれが広く生命現象を対象とする分子生物学に発展した．分子生物学がもたらしたのは，「遺伝というきわめて生物的な現象が化学物質の働きで説明できる」という信念である．現在の生物学は，「生物と物質の間には境界がない」という前提を基盤にして，成り立っている．ところで，ここまで述べてきた分子生物学誕生までの流れは，生物学の流れの中でとらえたものである(図1-3(a))．しかし実際は，化学(図1-3(b))，さらには物理学(図1-3(c))が生命現象を研究対象にするようになった，と考えるほうが妥当であろう．

### 1-1-3　20世紀後半——分子生物学のうねり

　遺伝子の実体がDNAという化学物質であることが明らかになるとともに，DNAを生体から抽出し，試験管内で改造し，さらに生体に戻して遺伝子として働かせることが可能になった．いわゆる，組換え実験や遺伝子操作である．さらに，DNAの化学的解析が進められるようになった．これがゲノムプロジェクトである．これまでに，大腸菌(1977年)，出芽酵母(1996年)，ヒト(2003年)をはじめ，さまざまな生物について全遺伝情報の解析が完了している(表1-1)．現在，こうして得られた情報をもとに，種々のタンパク質の立体構造の解析＜構造ゲノム学＞，ならびに，生体高分子の構造と機能の相関の解析＜機能ゲノム学＞，さらには，生物の類縁(進化)関係の解析＜比較ゲノム学＞が精力的に進められている．また，生物が情報装置であるという認識のもと，「生物情報学」という新しい分野が台頭してきている．現在では，生物の遺伝情報の解析が中心であるが，「生物はすべての階層において情報により制御されている．さらにいえば，生物の構造そのものが情報である．」という認識に立て

1-1 生物学の潮流

表 1-1 ゲノムプロジェクト

| 年 | 生物種 | 塩基対数 | 遺伝子数 |
|---|---|---|---|
| 1995 | インフルエンザ菌(独立生活する生物の最初) | 183万 | 1709 |
| | マイコプラズマ(独立生活する生物の最小ゲノム) | 58万 | 484 |
| 1996 | シアノバクテリア(ラン藻) | 357万 | 3169 |
| | 出芽酵母(真核生物の最初) | 1200万 | 6286 |
| 1997 | ピロリ菌 | 167万 | 1566 |
| | 大腸菌(K12；非病原性) | 464万 | 4289 |
| | 枯草菌 | 421万 | 4100 |
| 1998 | 結核菌 | 441万 | 3918 |
| | クラミジア | 104万 | 1052 |
| | 線虫(*C. elegance*) | 9700万 | 18000 |
| 2000 | ショウジョウバエ | 1億8000万 | 13000 |
| | ブフネラ(アブラムシ共生細菌) | 64万 | 564 |
| | シロイヌナズナ(植物の最初) | 1億2500万 | 25498 |
| | 緑膿菌 | 626万 | 5565 |
| 2001 | 大腸菌(O-157；病原性) | 550万 | 5361 |
| 2002 | 分裂酵母 | 1380万 | |
| | イネ | 4億2000万 | 50000(?) |
| | トラフグ | 3億6500万 | |
| | マラリア原虫 | 2280万 | |
| 2003 | ヒト | 30億 | 30000 |

ば，20世紀に生物学が分子生物学に変質したように，21世紀には分子生物学は情報生物学と変質するであろう。

## 1-1-4 展　望

　生物の遺伝情報の物質的基盤を解明する研究がスタートしたことは，核エネルギーの研究のスタートと並ぶ20世紀の科学最大の成果である．その流れの中で，17世紀のGalileiから始まった神学への挑戦は，「人間中心主義の全否定」にまで到達した．ところが，人間による生物の遺伝子改造という新しい挑戦が可能になったことにより，人間中心主義への回帰が始まっているようでもある．というのは，「神が宇宙を創ったとき，宇宙の中心に地球をおき(天動説)，地球のさまざまな生物の主人として神に似せて人間を創った(人間中心主義)」というのが中世の主流の考え方であった．ところが，17世紀にGalileiは「地球は太陽の周りを回っている」と地動説を主張した．そして20世紀になって，分子生物学は「人間はほかの生物と同じ原理(セントラルドグマ；後述)で生きている」ことを明らかにし，人間中心主義を完全に否定したのであ

る．ところが，分子生物学の発展によって遺伝子操作が可能になることにより，人間が積極的にほかの生物をつくりかえることが可能になった．また，人間に対して遺伝子操作を行うことの是非に関して，"人間は別だから"という議論がもち出される事態になっている．これは，「人間中心主義」への回帰にほかならない．分子生物学はどこに向かうのだろうか？

　分子生物学が還元論的思考で成果をあげたことはいうまでもない．しかし，還元論的思考を個体に当てはめると，生体機械論になる．「機械が故障したとき，故障の原因になっている部品だけを修理するなり交換すればよい．それと同じことが人体にも当てはまる」という思考が，移植医学，再生医学の根底にあるのではなかろうか？　むしろ，個体の統合性・全体性を見る目が，今後の生物学には必要である．

　人類の究極の課題は人類の福祉であり，科学がその一端を担っているのはいうまでもない．生物学関連でいえば，医学，薬学，農学などはそもそも実利の学とされてきた．また，道具の使用から始まった機械の利用のための機械工学，農地開発・治水工事のための土木工学など，自然科学の各分野の技術の応用をめざした「工学」が，それぞれの時代に応じて発展した．しかしながら，人間の過度の自然環境への働きかけが「公害・自然破壊」として目立つようになったのが，20世紀でもあった．この反省に立って，「環境にやさしい」，「持続型社会のための」科学技術が求められ，その期待が生物工学に寄せられている．しかし，環境は人間と対峙するものという意識を捨てないかぎり，生物工学もまた，新たな環境破壊をもたらすかもしれない．

　生物工学は食料問題解決の切り札と目されているとともに，人間の寿命や生殖に立ち入る技術としても期待されている．しかしながら，技術の応用にはリスクが伴うものである．そして，リスクは予測できる部分もあるが，予測できない部分もある．「予測できない部分があるからといってその技術を利用せずに済ますのか？」「リスクを覚悟して利用するのか？」これらの判断の責任は，科学者だけが負うものではなく，人類全体が負うものである．社会が適正な判断を下すためには，科学者による情報開示が必須である．また，社会の側には，ヒステリックにならずに適正な判断を下すための科学的な思考が求められ，その基盤になるのが教育である．教育における科学者の積極的な役割が求められるゆえんである．

## 1-2 生命を織り成す糸——セントラルドグマと複製

　前節では，19世紀から20世紀末にいたるまでの生物学のたどった道筋を概観した．遺伝学，生化学，物理学および化学が融合することにより，生物学は分子生物学や細胞生物学という新しい学問分野へと発展を遂げた．さらに，これらの学問分野を礎にしたバイオテクノロジー（生物工学）が誕生し，今日の隆盛を見るにいたっている．

　遺伝子がもっている「生物の表現型を決める」働きを，DNAの遺伝情報の水平伝達として理解するのがセントラルドグマであり，遺伝子の「親から子に正確に伝えられる」働きを，DNAの遺伝情報の垂直伝達として理解するのがDNAの複製である．セントラルドグマとDNA複製は，地球上の全生物に共通の生命原理である．本節では，今日のバイオテクノロジーの中核をなす遺伝子工学発展の礎でもある，セントラルドグマとDNA複製について概説する．

### 1-2-1　DNAの基本概念

　昨今，テレビ，新聞，科学雑誌などで生命科学に関する最新の研究成果が紹介される機会が増え，あたりまえのようにDNAという用語を目にしたり，耳にしたりするようになった．「あの子は，走るのが速いな～」，「そりゃ～，あの子のお母さんは昔陸上選手やったんやもん」，「ほ～，そりゃ～DNAやね～」というような会話は茶飯事となった．この会話は，遺伝という現象の主役がDNAであることを理解したうえでの会話のはずであろう．事実，親から子へ受け継がれる形質がDNA中の遺伝子に依存しているということは間違いない．しかし，実際にそこで言う「走るのが速い」ということが，本当に遺伝子に依存したことなのか，すなわち，走るのが速いという形質を現す遺伝子を受け継いでもっているからなのかどうかは，簡単にはわからない．さまざまな角度から運動能力にかかわる遺伝子などを比較研究し，さらにはその人の生活環境も調べたうえで，結論を出す必要があろう．人知れず，ものすごいトレーニングを積んだ結果によるものかもしれないのである．

　DNAはあくまで化学物質にすぎない．大切なのは，そのDNAの中に書き記され，親から子へと受け継がれてきた，その生物固有の生活のために必要な「生」のための情報そのものである．その情報が適切に利用され，保持され，かつ，次世代へと継承されるのにふさわしい化学物質として，DNAが選択された結果，今日ほとんどの生物で利用されるようになった，というのが本当の

ところなのである。

　「生」のために必要な情報が書き記された染色体DNAが一そろえ集まって，ゲノムDNAを構成する。一方，細菌などの原核生物では，DNAは核様体(nucleoid)とよばれるタンパク質との複合体を形成し，細胞内にコンパクトに収まっている。最も単純な寄生体であるウイルスでは，コートあるいはキャプシドとよばれるタンパク質でできた入れ物に，DNAはきれいに折りたたまれて収納されている。DNAの基本構造については第2章に譲るとして，ここでは，DNAに保存されている「生」のために必要な情報の「再生」と「録画」のしくみについて，概説する。

### 1-2-2　転写と翻訳（セントラルドグマ）

　生物はさまざまな形態，行動様式，寿命など，その生物独自の生き方，存在のしかたをしている。それらは，遺伝子としてDNAに書き込まれた情報の影響を強く受けて実現するわけである。それでは，その遺伝子情報の意味するものが具体的には何かというと，それはタンパク質のアミノ酸配列情報である。この情報を読み出し，タンパク質を合成する一連の流れが「遺伝子の発現」の過程であり，それは「転写」と「翻訳」とよばれる過程からなる。この過程は，基本的にあらゆる生物種において普遍的に見られるもので，「セントラルドグマ」とよばれる。本項では，セントラルドグマという遺伝情報伝達に関する概念を説明し，A（アデニン），T（チミン），C（シトシン），G（グアニン）という4種類の塩基（第2章参照）からなる配列の中に暗号化され，書き込まれた遺伝情報が，タンパク質として発現するまでの過程について，概説する。

　セントラルドグマは1958年にCrickが提唱した考え方で，生物学の「中心教義」ともいわれ，生命維持の基本である。すなわち，遺伝情報はまず核酸（DNA）から核酸（RNA）に伝達され，さらにタンパク質へ伝達されて発現し，情報は常に核酸からタンパク質への一方向にのみ流れ，その逆の流れはないと

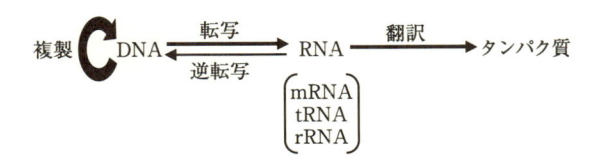

図 1-4　セントラルドグマとDNA複製

いう考え方である(図1-4)。RNAを遺伝物質として利用している一部のウイルスにおいても，RNAの形で保持している遺伝情報をタンパク質として発現させる場合は，宿主細胞中において一度DNAの形にしたのち，セントラルドグマに従う。セントラルドグマにおける遺伝情報の一連の流れの中で，DNAの塩基配列情報がmRNA(messenger RNA)に伝達される過程を「転写」という。そして，mRNAに写しとられた塩基配列情報がアミノ酸配列情報へ読み換えられ，タンパク質が合成される過程を「翻訳」とよぶ。

　このセントラルドグマの過程は，生物進化のごく早い段階で獲得されたと考えられている。そしてその基本的なしくみは，長い進化の歴史の中，今日まで，ウイルス，細菌から哺乳類にいたるまでのあらゆる生物に共通の情報伝達システムとして，維持されている。これがセントラルドグマを「生命維持の基本」と述べた理由である。セントラルドグマは，多種多様な生物種が生活している中において生物が維持している「普遍性」であり，すべての生物の中で機能している化石的システムともいうべきものである。そして，この「普遍性」こそが，今日のバイオテクノロジーの中核をなす遺伝子組換え技術を生み出し，支えている。ウイルス，細菌から哺乳類にいたるまで，すべての生物がDNAを共通の遺伝物質とし，その発現も共通の機構を用いていることを考えると，40億年前に出現した原始生命体からさまざまな進化を遂げることにより，よくもこれほど多くの生物が今日存在するようになったものだ，と感心させられる。

## 1-2-3　DNA複製と突然変異
### (1)　DNA複製

　この項では，ゲノムDNAの構造がそっくり親から子へと受け継がれる分子レベルのしくみの最も基本である「複製」について，大腸菌を例にとって概説する。DNAの複製は，遺伝の重要な属性である「普遍性」を支えるメカニズムであるが，ここでは，進化や疾病とも関連する，遺伝のもう一つの属性，すなわち「変異性」の背景にある，DNAの突然変異についても触れることとする。上で述べたように，遺伝情報は化学物質であるDNAを介して伝達される。このことから，遺伝情報が細胞から細胞に伝わるためには，細胞が分裂する前に親細胞のゲノムDNAとそっくり同じものがもう一そろえ用意され，それが分裂に際して娘細胞へ受け継がれるのだ，ということが推測できよう(図1-15, 1-16)。

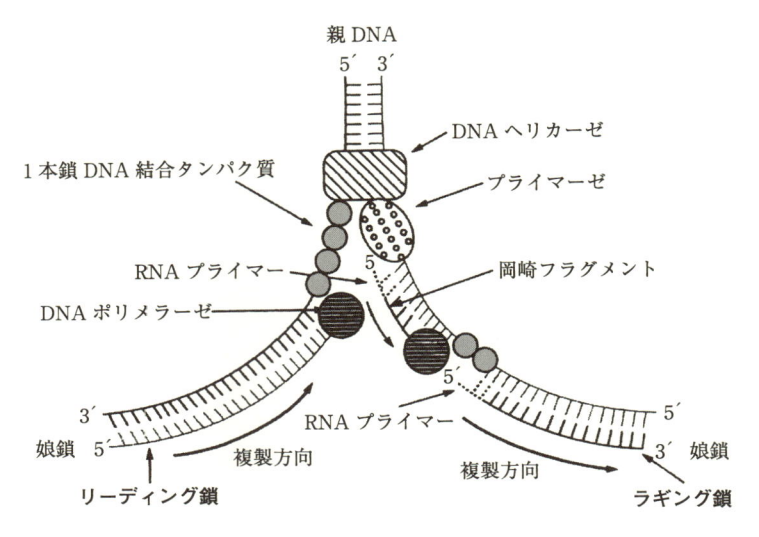

**図 1-5 DNA 複製とそれに関与するタンパク質**
[左右田, 2001 より]

　細胞分裂前に親細胞ではもう一そろえのゲノム DNA が合成される。これを「複製」とよぶ。図 1-5 は, 複製のようすを模式的に簡略化したものである。複製は, 複製起点とよばれる AT-rich な部位から開始される。まず, ヘリカーゼ(DNA 巻き戻し酵素)の作用により DNA の 2 本鎖が分かれる。次に, プライマーゼにより合成された短鎖 RNA が, 部分的に解かれた各 DNA 鎖に結合する。このプライマーを基点として DNA ポリメラーゼが働き, DNA 鎖が伸長する。DNA の伸長方向($5' \rightarrow 3'$；詳しくは第 2 章)は決まっているため, ラギング鎖ではいくつもの小さな断片が不連続に合成され, その後, DNA ポリメラーゼとリガーゼによりすき間が埋められる。この小さな断片は, 発見者の名にちなみ, 岡崎フラグメントとよばれる。このように, 各々の鎖が鋳型になって, 塩基の相補性の原理により新しい鎖が合成され, もととまったく同じ二つの二重らせんが完成し, 複製が完了する。このとき, 新たにつくられた二重らせんのうち片方の鎖は, もとの鎖がそのまま使われていることから, 半保存的複製とよばれる。下等生物から高等生物にいたるまで, 複製機構の基本はここで述べたとおりであり, 分子レベルではこのようにして, 親から子へ引き継ぐための遺伝子 DNA が合成されている。

## （2）突然変異

複製はきわめて高い精度で行われるが，それでも $1/10^9$ 程度の割合で，合成ミスが生じる．その結果，DNA の塩基置換が起こり，突然変異が生じる．このような複製ミスにより生じる突然変異以外に，紫外線や化学物質の作用でDNA が損傷をこうむることにより突然変異が生じることもよく知られている．こうした外的要因による DNA の塩基配列の変化に対して，内的要因により DNA の塩基が置換されることもある．例えばアデニン（A）の場合，通常はアミノ基（—$NH_2$）をもっているが，$1/10^8$〜$1/10^{13}$ の頻度で，それがイミノ基（—NH）に変わった異性体が存在する．このような異性体が DNA に使われると，A-T 対から G-C 対への変換が起こる．またチミンの場合，ケト基（=O）が水酸基（—OH）に変わった異性体が存在する．この場合は G-C 対から A-T 対への置換が誘発される．

遺伝子の突然変異については，変異原物質などの影響がよく問題にされる．しかし上述したように，化学物質としての DNA にそもそも変異誘発機構が組み込まれていることを，見逃してはいけない．進化のことを考えると，むしろ DNA にこのような性質があるからこそ，遺伝物質として適していると考えることができる．すなわち，こうした DNA 塩基配列の変化が「突然変異」として固定されれば，生物の形質が遺伝的に変化したことになり，場合によっては致死的となり，そこで絶えることになるが，生き残って集団内に広がっていけば，新たな種の特徴として固定され，進化が起きることになる．とはいえ，遺伝情報伝達物質である DNA の塩基配列の変化は，その生物の存続にとって多くの場合，致命的である．生物はそのような事態に対処するために，DNA の異常に対する修復機能を有しているのである．

## 1-3　生命を織り成す糸——遺伝情報の発現調節機構

前節では，DNA に記録されている遺伝情報が発現してタンパク質が合成されるまでのメカニズム，および親の遺伝情報がどのように子へ伝達されていくのか，その基本メカニズムを概説した．生物は誕生して死にいたるまで，その成長過程において，内的因子や周囲の環境による外的因子により，さまざまな影響を受ける．生物はそれらの影響に対して，個体および個々の細胞レベルで適切に対応することにより，生命を維持している．その対応とは，生体内でさまざまな機能をもつタンパク質をつくり出すことによるものであり，それらのタンパク質は，適所で，適時に，適量になるよう，厳密に制御されている．本

節では，そのタンパク質合成の第一ステップである遺伝子の転写制御について解説する。まず，最もよく理解されている原核生物の例を中心に述べ，そのうえで真核生物における代表的な制御機構について触れることにする。

### 1-3-1　原 核 生 物
#### (1)　*lac* オペロン（正-負の制御）

大腸菌のラクトース代謝に直接関与する酵素は3種類あり，β-ガラクトシダーゼ，パーミアーゼ，ガラクトシドアセチラーゼである[*2]。それぞれ *lacZ*, *lacY*, *lacA* と名づけられているこれら3種類の酵素遺伝子は，図1-6に示すように，この順序ですき間なく並んで構造遺伝子群を形成している。それに対して，これらの遺伝子の上流に，これら三つの遺伝子発現をまとめて制御している調節領域があり，オペレーター，プロモーターおよびCRP（cAMP受容タンパク）[*3]結合部位から構成されている。これらの遺伝子群はラクトースオペロンを形成している。さらに，この調節領域のすぐ上流に，リプレッサータンパク質の遺伝子がある。さて，ラクトース代謝にかかわる *lacZ*, *lacY*, *lacA* の遺伝子は，培地中にラクトースが存在しない場合，発現していない。これは，リプレッサータンパク質がオペレーターに結合し，RNAポリメラーゼによる転写を抑制していることによる。しかし，培地中にラクトースを添加すると，ラクトースはただちに細胞内に取り込まれ，β-ガラクトシダ

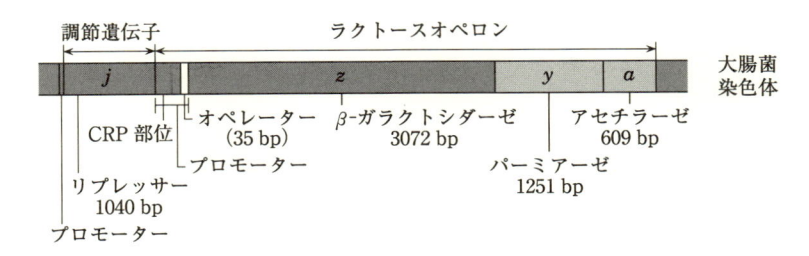

**図 1-6　ラクトースオペロン地図**
［Mathews *et al*., 2000 より］

---

[*2]　β-ガラクトシダーゼはラクトースをグルコースとガラクトースに分解する酵素，パーミアーゼはラクトースを細胞内へ取り込む酵素，ガラクトシドアセチラーゼはガラクトシドをアセチル化する酵素。
[*3]　CAP（カタボライト遺伝子活性化タンパク）ともいう。

1-3 生命を織り成す糸――遺伝情報の発現調節機構

―ゼの作用により生じたアロラクトース*4はすばやくリプレッサータンパク質と結合する。リプレッサータンパク質はアロラクトースと結合することによりDNAとの結合能が極端に弱くなり，オペレーターから遊離する。すると，待機していたRNAポリメラーゼは障害がなくなったことで，堰を切ったようにmRNAの合成を始める。3種類の酵素の遺伝情報は1本のmRNAに写し取られ，そのまま，リボソームがこのmRNA上を移動しながら，β-ガラクトシダーゼ，パーミアーゼおよびトランスアセチラーゼをこの順に合成してい

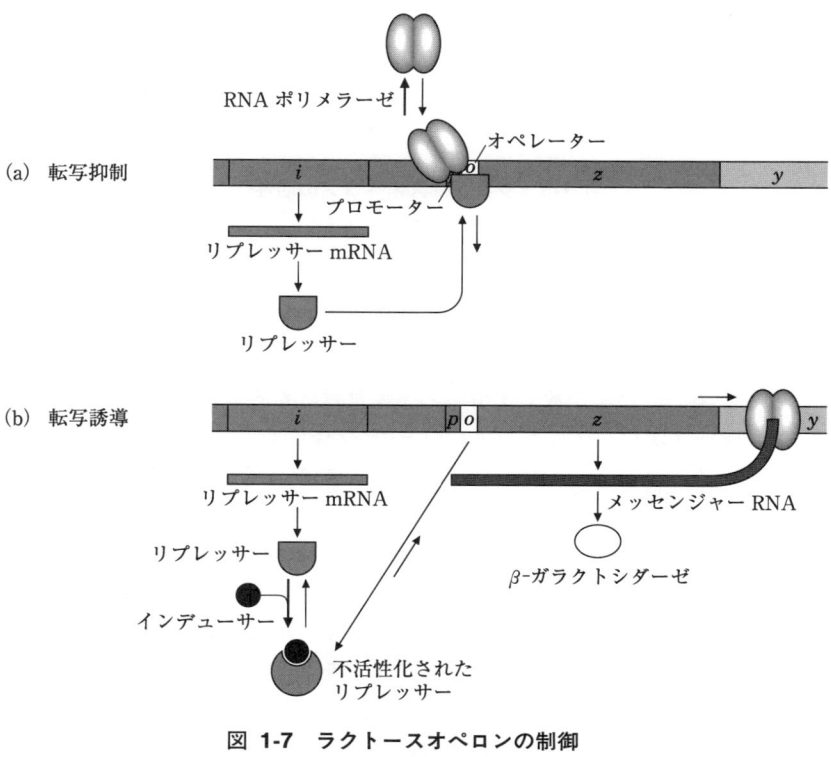

(a) 転写抑制

(b) 転写誘導

**図 1-7 ラクトースオペロンの制御**
[Mathews *et al.*, 2000 より]

---

*4 ラクトースのように，添加することによりその物質の代謝に関連する酵素の合成を誘導するような化合物を誘導剤という。大腸菌のラクトース代謝に関与する酵素はラクトースを添加することにより誘導されるが，直接の誘導剤はカタボライト（異化代謝産物）であるアロラクトースである。

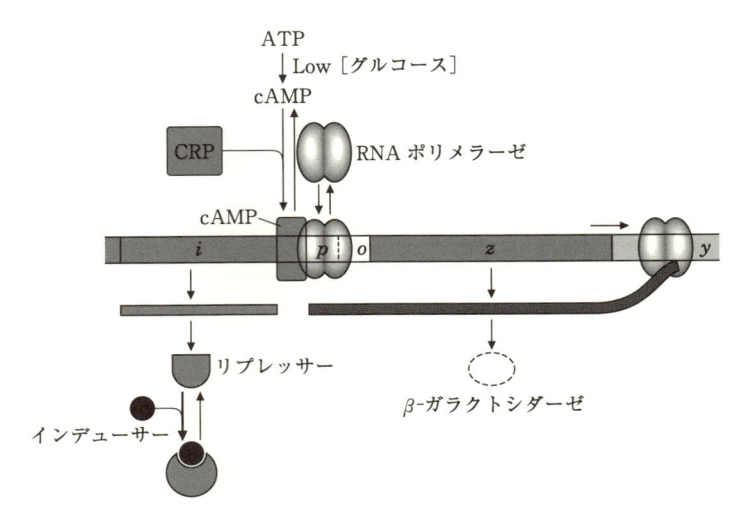

**図 1-8　ラクトースオペロンの活性化**
[Mathews *et al*., 2000 より]

く（図 1-7(a)，(b)）。これらの酵素の生産は，ラクトースを培地中に添加したわずか数分後には，数千倍に達すると考えられる。しかし，培地中にラクトースがなくなると，わずか数分で酵素の生産はほとんど 0 の状態に戻る。これは，ラクトースがなくなると，ラクトースと結合していないリプレッサーが再びオペレーターに結合し，mRNA の合成が抑制されること，さらに，合成された mRNA の半減期が 3 分程度であることによる。このように，ラクトース代謝に関する遺伝情報の発現は厳密に調節されており，リプレッサーが結合することにより発現がオフにされることから，リプレッサーによる負の調節を受けていることになる。また，細胞内 cAMP 濃度の増加により CRP が CRP 結合部位に結合することにより，*lac* オペロンの転写を活性化する正の調節が働く（図 1-8）。ラクトース代謝にかかわる酵素遺伝子のように，構造遺伝子群とその発現の調節に関与する領域から構成される遺伝情報の発現単位のことを，オペロンとよぶ。オペロンは，転写単位であると同時に調節単位でもある。

（ 2 ）　***trp* オペロン**

　*lac* オペロンが誘導型であるのに対して，トリプトファン合成に関与するトリプトファン（*trp*）オペロンは抑制型である。トリプトファンが存在しない場合，リプレッサーは不活性であるが，トリプトファンが豊富にある状態では，

## 1-3 生命を織り成す糸——遺伝情報の発現調節機構

トリプトファンがコリプレッサーとしてリプレッサーと結合することにより，リプレッサータンパク質を活性化し，この複合体がオペレーターに結合することにより，オペロンを抑制する。さらに，*trp* オペロンは，転写減衰（アテニュエーション）とよばれる調節を受ける。通常，転写の終結が転写単位のmRNA を合成し終わったところで起こるのに対して，転写単位の途中で転写の終結が起こり，中断される現象である。DNA 上のこの減衰信号はアテニュエーターとよばれ，構造的にはターミネーターと似ており，アテニュエーションは終結制御の一種と考えられている。アテニュエーションはアミノ酸生合成のオペロンで見られ，アミノ酸の欠乏状態をアミノアシル tRNA の濃度によって感知することにより，そのアミノ酸の合成酵素系遺伝子の転写を調節する機構である。ここでは，代表的なアテニュエーションの例として，大腸菌のトリプトファン生合成に関与する *trp* オペロンについて説明する（図 1-9）。

*trp* オペロンでは，プロモーターからの転写開始点のすぐ下流にアミノ酸十数個からなるリーダーペプチド領域があり，その下流にアテニュエーターが存在する。リーダーペプチド内には Trp コドンの配列が複数個見られる。タンパク質の合成は，転写の途中，すなわち mRNA の合成途上ですでに始まっている。アミノアシル tRNA がある濃度以上存在すると，リーダーペプチド部分は正常に合成され，リボソームが停滞することはない。結果的に，mRNAのアテニュエーター部分でヘアピン構造，すなわち，減衰信号が形成されるこ

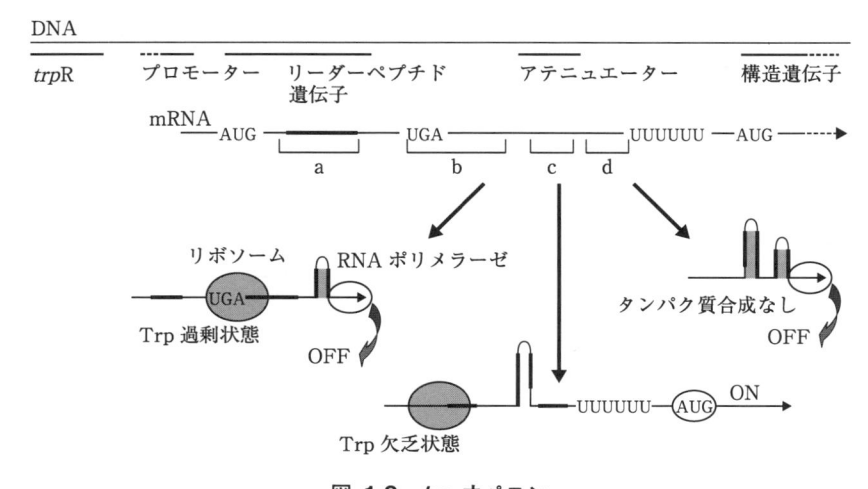

**図 1-9** *trp* オペロン

とになり，RNAポリメラーゼが遊離し，転写が停止する．これに対して，Trpを結合したアミノアシルtRNAが欠乏すると，リーダーペプチドの合成が止まってリボソームはそれ以上進めなくなる．すると，合成途上のmRNA上ではアテニュエーターの手前で大きなヘアピン構造が形成されることになり，mRNAはアテニュエーターのところでヘアピン構造を形成できない．その結果，転写は続き，構造遺伝子領域へと読み通される．アテニュエーションの程度は，あくまでアミノアシルtRNA濃度に依存しているが，遊離のTrp量が増加すると，そのトリプトファンのリプレッサー活性化によるオペレーターからの転写制御も受けることになる．つまり，Trpオペロンは，アテニュエーションとリプレッサーによる二重調節を受けている．

( 3 ) *fla* オペロン

サルモネラ菌の鞭毛タンパク質は2種類あり，遺伝子はそれぞれ*H1*, *H2*である．この2種類の遺伝子が，状況に応じて選択的に発現し，結果として2つの相(H2相とH1相)を示す．この遺伝子発現の制御に，「部位特異的組換え」という方法が利用されている．図1-10に示すように，*H2*遺伝子の上流に14 bpの逆向きの反復配列IRLとIRRにはさまれた約1000 bpの領域があり，組換えによるその領域の正逆方向変換(フリップフロップ)によって，*H2*遺伝子の発現が制御される．この特異的組換え反応を触媒するのがhinリコンビナ

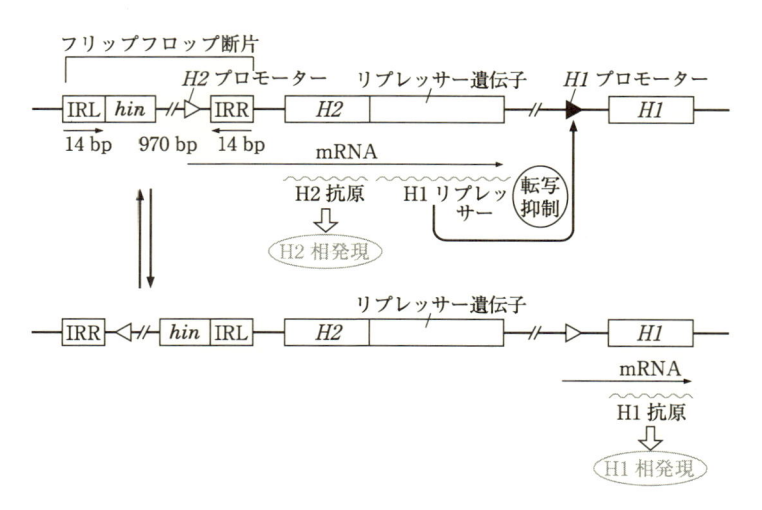

図 **1-10** *fla* オペロン
[小関ほか, 1996 より]

1-3 生命を織り成す糸——遺伝情報の発現調節機構　　19

ーゼとよばれる酵素で，その遺伝子（*hin*）は IRL と IRR にはさまれた領域内に存在する．この領域内には *H2* 遺伝子のプロモーターがあり，このプロモーターが *H2* 遺伝子に近い上流に位置するときは，*H2* 遺伝子とその下流の *H1* リプレッサー遺伝子の転写が起こり，*H2* 遺伝子が発現されるとともに *H1* 遺伝子の転写はリプレッサーによって抑制されるので，H2 相を示すことになる．しかしこの領域が逆に向いた場合は，*H2* のプロモーターが遠く離れた上流に位置し，かつ逆向きになるために，機能しなくなる．その結果，*H2* 遺伝子と *H1* リプレッサー遺伝子の転写は起こらない．この場合，H1 相が現れることになる．2種類の遺伝子 *H1*, *H2* が発現するタンパク質は，異なる抗原性をもっている．このようなタンパク質を状況に応じ選択的に発現することは，サルモネラ菌にとって免疫作用を回避するうえで有利に働くと考えられる．

**（4） SOS 調節系**

　DNA 複製障害や DNA 損傷など，細胞の生存にとって非常事態が生じた場合，それまで発現が抑制されていた一群の遺伝子の発現が誘起され，この非常事態に対処するように働くしくみがあり，SOS 機構とよばれている．この SOS 機構の調節系の主役は *recA* 遺伝子である．遺伝子産物である RecA タンパク質は，DNA の組換えや DNA の修復機構にかかわりをもつタンパク質であるが，SOS 調節系では，プロテアーゼ活性をもつタンパク質として機能す

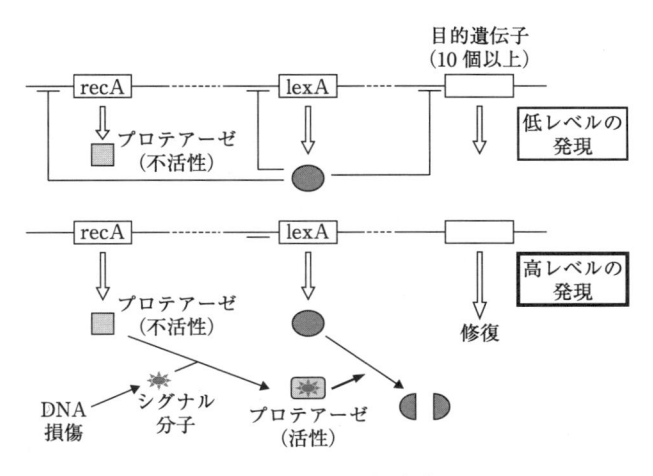

**図 1-11　SOS 調節系**

表 1-2 SOS 応答機能に関与する遺伝子

| SOS 応答機能 | 関与する遺伝子 |
|---|---|
| DNA 修復機能の増加 | |
| 　切り出し修復 | $uvr$A, $uvr$B, $uvr$C |
| 　組換え修復 | $rec$A |
| 突然変異率の増加 | |
| 　誤りがち修復 | $umu$D/C, $rec$A |
| 細胞分裂の阻害 | $sul$A ($sfi$A) |
| 溶原ファージの誘発 | $him$A |

る。図 1-11 に SOS 調節系のスキームを示す。DNA 損傷などにより生じたオリゴヌクレオチドなどにより RecA タンパク質は活性化され,プロテアーゼ活性を示すようになる。この活性化された RecA タンパク質は,SOS 調節系の遺伝子群(SOS レギュロン)の発現を抑制していたリプレッサーを分解し,それまでの抑制を解除する。例えば,LexA リプレッサーの抑制が解除されることにより,DNA の複製,組換えや修復などに関与する遺伝子が発現する(表 1-2)。

### 1-3-2 真核生物

　真核生物の転写調節は,原核生物に比べて複雑である。RNA ポリメラーゼも I, II, III の 3 種類あり,mRNA は RNA ポリメラーゼ II により合成される。しかも,RNA ポリメラーゼに加え,転写因子とよばれるタンパク質性因子を必要とする。転写因子は,転写開始点の上流に存在する特異的な塩基配列を認識して結合する DNA 結合タンパク質である。発現調節の基本的な機構は細菌と同様で,DNA 上の特異的な配列(制御シグナル)に転写因子などが結合することにより,転写開始頻度を調節する。RNA ポリメラーゼ II には多くの転写因子が関与するが,転写開始点付近で複合体を形成する基本転写を担うものと,さらに上流領域に結合して転写効率と特異性を調節するものに分けられる。RNA ポリメラーゼ II は,転写開始点から 25〜30 bp 上流にある TATA ボックス(原核生物のプロモーターに相当する配列)とよばれる特異的な配列部分において,複数の基本転写因子(TATA ボックス結合因子(TBP)など)と複合体を形成する(図 1-12)。開始点から 50〜100 bp 上流には GGCCAATCT や GGGCG のような共通配列があり,それぞれ CAAT ボックスと GC ボックスとよばれる。また,転写開始点からは離れたところにあって,その位置関係,

## 1-3 生命を織り成す糸——遺伝情報の発現調節機構

距離や方向とは関係なく転写活性を著しく上昇させる,エンハンサーとよばれる領域があり,出芽酵母ではこの領域を上流活性化配列(upstream regulatory sequence ; URS)とよぶ。これらの制御シグナルに転写因子が結合し,基本転写複合体と相互作用することにより,転写頻度を調節しているものと考えられる。URSによる発現制御の例として,出芽酵母におけるガラクトース代謝系酵素およびアミノ酸生合成系酵素の発現調節が詳しく研究されている。

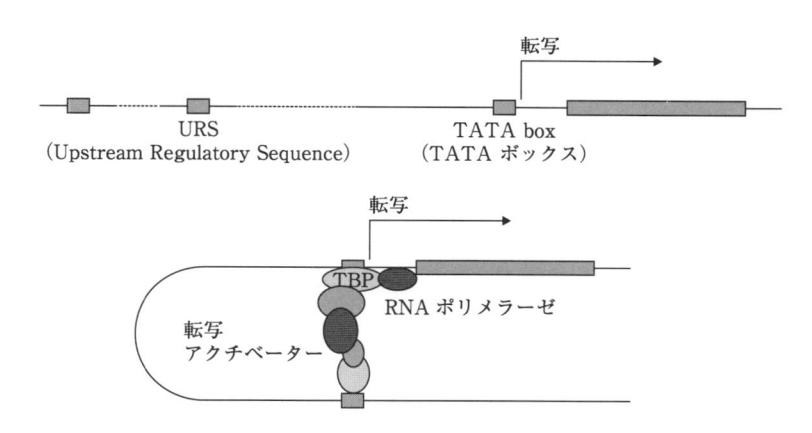

図 1-12 真核生物の遺伝子発現調節

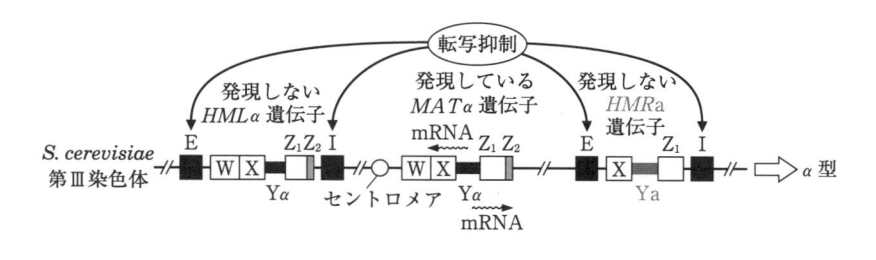

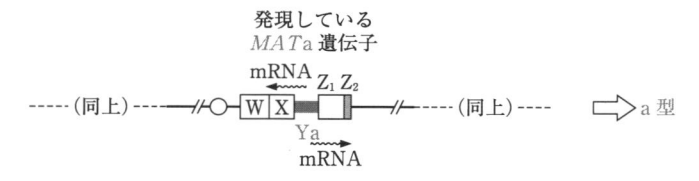

図 1-13 酵母の遺伝子発現調節
[小関ほか,1996より]

興味深い発現制御の例として、酵母の性別ともいうべき接合型(mating type)を決定する遺伝子の発現調節を紹介する。出芽酵母の接合型はa型と$\alpha$型である。*MAT*a遺伝子と*MAT*$\alpha$遺伝子のどちらが発現するかによって、配偶子の型がa型か$\alpha$型となる。図1-13に示したように、第3染色体の左右の末端近くにそれぞれ*HML*と*HMR*とよばれる遺伝子があり、それぞれにYaまたはY$\alpha$とよばれる領域をもつ。この領域はEおよびI領域にはさまれており、このEおよびIにSIR(silent information regulator)タンパク質が結合することにより、発現が抑えられる。これは、リプレッサーによる抑制とは異なる発現調節機構であり、サイレンシングとよばれる。*MAT*遺伝子内でYaとY$\alpha$のどちらの領域が利用されるかは、どちらの領域を含む遺伝子が鋳型として*MAT*遺伝子の再構築に利用されるかにより決定される。

## 1-4 生き続ける生命

地球に最初の生命体が現れたのは、約40億年前といわれている。それ以来生命は営々と生き続け、現在の多様な生命体を生み出してきた。この節では、生命が生き続けるために、また生き続けることによって獲得した機能について考える。生物の機能といっても、じつに多様である。したがって、ここでは代表的な機能(代謝、生殖、遺伝、進化)を取り上げる。また、「このような見方・考え方もある」ということを知ってもらうために、著者独自の解釈も含めて紹介する。

### 1-4-1 代　　謝

生物は体外から取り入れた物質を体内で変換する(図1-14)。ある反応によって生じたエネルギーは他の反応の進行に使われるか、熱として使われる。また、反応産物は別の反応の基質になる。その繰り返しにより、特定の最終産物がつくられる。これが代謝経路である。最終代謝産物は体を構成する成分、貯蔵物質ないしは不要物として体内に蓄えられる場合もあるが、特定の目的のために体外に排出される場合もある。生体内ではきわめて穏やかな条件で種々の反応が進行するが、これは酵素が触媒として働くためである。酵素にはさまざまな種類があるが、基本的にはタンパク質である。生物は当然のことながら、タンパク質も体内でつくる。また、DNAはもちろん、遺伝情報伝達物質であるRNAも、体内でつくられる。要するに、生物の体は完全自動制御の代謝工

## 1-4 生き続ける生命

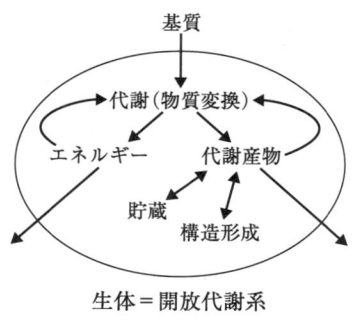

```
          基質
           ↓
     →代謝(物質変換)←
    ↙    ↓    ↘
エネルギー   代謝産物
    ↓    ↘  ↙  ↓
    ↓    貯蔵   ↓
    ↓        構造形成
    ↓          ↓

     生体 = 開放代謝系
```

**図 1-14　代　謝**

場なのである。

　ところで，「生物は恒常性(homeostasis)を維持している」とよくいわれる。ある代謝産物に関して，つくる量と消費・分解する量とが同じであると，その代謝産物の量は一定に保たれる。生物が，このようにして恒常性を維持する機構をもっていることは事実である。しかしながら，この生物の恒常性が永遠に続くことはない。恒常性を維持できる時間幅は代謝産物によって，また生体の外部ならびに内部環境によって，異なる。むしろ，生体は時間とともに確実に変化すると認識しておくほうが，生物を考えるうえでは重要である。

　上に述べたように，生物は開放代謝系であり，外部とつながっている。この視点から，生態系を見てみる。植物は炭酸ガスと水からグルコースを合成する。一方，動物は光合成をせず，草食動物は植物を餌にし，それをエネルギー源にして生きている。そして，草食動物を肉食動物が食べる。いわゆる食物連鎖である。

　弱肉強食という言葉が使われることもある。ヒツジとオオカミを例にして考えてみよう。オオカミはヒツジを襲って食べる。だからオオカミは強者で，ヒツジは弱者ということになる。しかし，よくよく考えると，オオカミはヒツジを食べないと生きられない。ということは，オオカミの生存の鍵はヒツジが握っているのである。はたしてオオカミは強者であろうか？

　さらに話を続けよう。ヒツジは草原の草を食べて生きているが，草はヒツジやオオカミの糞や死骸を肥料にして生育する。この場合，糞や死骸がそのまま肥料になるのではない。糞や死骸を餌にする小動物がおり，さらにその小動物の糞や死骸を栄養源にしている微生物がいる。そしてこのような微生物の代謝

産物を,植物が光のエネルギーを使い,栄養源として利用しているのである。したがって,食物連鎖というよりは食物連環である。さらにいえば,物質循環である。生体を構成している元素はさまざまな物質に姿を変えながら,個体の体内を循環(代謝)するだけではなく,さまざまな生物種の間を循環している。これが生態系の姿である。いうならば,生態系は代謝系である。多様な生物が,生態系の中で,物質変換を通してお互いに依存しながら生き続けているのである。

### 1-4-2 生　殖

個体の生命は代謝によって維持されている。しかし,個体には寿命がある。生命が生き続けているのは,生物が子孫をつくる(生殖する)からである。生物の生殖方法は,無性生殖と有性生殖の二つに大別される。木の枝を地面に刺しておくと根が出て,独立の個体として生長をはじめる場合や,イチゴが"ランナー"を出して増えたり,ヤマイモが"ムカゴ"で増えるのは無性生殖である。動物では無性生殖の例は少ないが,プラナリアを切り刻んだときにそれぞれの断片が個体に復元するのは無性生殖である。このように,個体の一部が分かれて,新たな個体になるのが無性生殖である。細胞レベルでいうと,体細胞分裂において,遺伝物質(DNA)が複製し,それが二つの娘細胞に均等に分配される(図1-15)。このしくみによる増殖方法が無性生殖である。これに対し

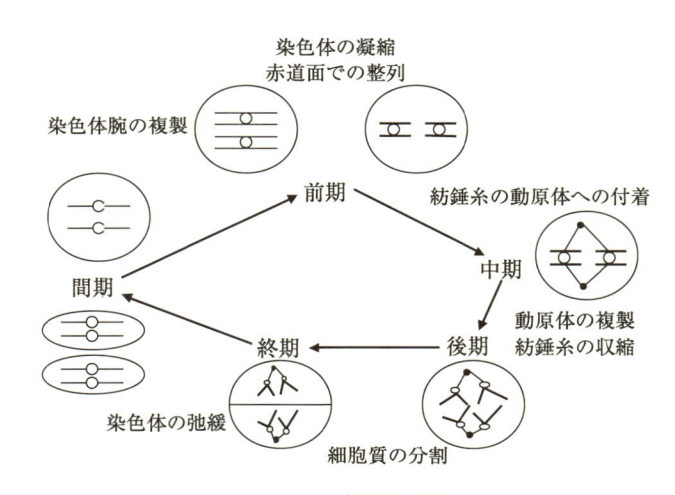

図 1-15　体細胞分裂

## 1-4 生き続ける生命

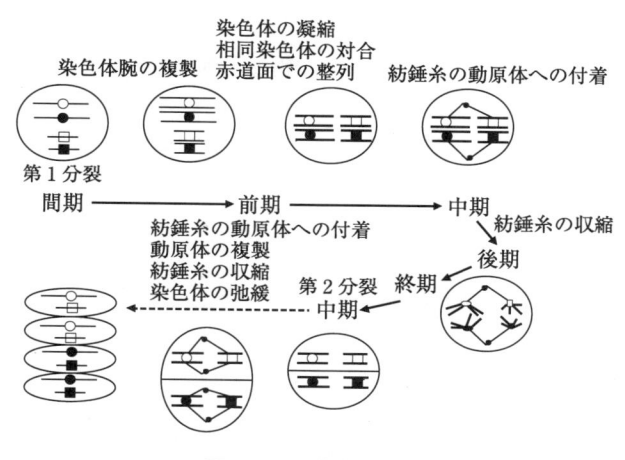

**図 1-16 減 数 分 裂**

て，有性生殖では，雌性個体と雄性個体がつくる生殖細胞（雌性配偶子と雄性配偶子）が合体して単一の細胞（受精卵）になる。受精卵は体細胞増殖を繰り返して個々の個体を形成し，個体の成熟に伴い組織の一部で減数分裂（図 1-16）が起こり，それによって生殖細胞が形成され，同じサイクルが繰り返されるのである。つまり，有性生殖は，"受精"と"減数分裂"を繰り返す増殖方法である。

受精では，雌性親と雄性親由来の二つの生殖細胞がもつ遺伝情報の融合が起こるので，受精卵は生殖細胞に比べて2倍量のDNAをもつ（生殖細胞を $n$ 世代，受精卵およびそれから体細胞分裂で増える細胞を $2n$ 世代という）。そして，減数分裂では，雌性親と雄性親由来の遺伝子の組み合わせを変えて，次の世代の生殖細胞が形成される。このことは，次のことを意味する。すなわち，無性生殖では，種集団の遺伝的多様性はほぼ突然変異だけによって生じる。それに対し，有性生殖には，(1) 減数分裂時における遺伝的組換え（相同染色体対合時の交叉に伴って生じる染色体内組換え）のしくみに加え，(2) 両親由来の相同染色体2本からなるすべての染色体ペアにおいて，任意の片方が減数分裂時に配偶子細胞に振り分けられることにより，染色体の多様な組み合わせが生み出されるしくみがある。有性生殖では，これらのしくみが遺伝的多様性の創出に大きく寄与する。

有性生殖ではさらに，親世代は次世代の生存を確保するための機能をもつよ

うになる。例えば，卵を親の監視下におく（背中に乗せたり，口の中に入れたり，巣をつくりその中に入れたり）方策である。さらに，配偶子（とくに雌性配偶子；卵）を親世代の体内に入れ，次世代（胚）がある程度生育してから体外に出す方策もある。単に雌性配偶子と雄性配偶子の合体だけでなく，子供を育てる方法も含めて生殖を考えるべきである。

### 1-4-3 遺　　伝

　Mendelは遺伝子が不変であると考えた。しかしその後，遺伝子が非常に低い頻度ではあるが，変化することが明らかになった。つまり，遺伝子には不変性と変異性の二面性がある。そして，この遺伝子の二面性はDNAの化学的特性に内在しているのである。このあたりの話は，1-2節において説明したため，ここでは少し趣の違った話をしよう。

　DNAが日常語になって久しい。しかし，DNAという言葉がときには間違って使われているのが気になる。例えば，日本人が日本らしい風景を眺めて感慨にふけるのは「日本人のDNAを引き継いでいる」ためであり，子供が親の職を継ぐような場合も「父親のDNAを引き継いでいる」ためらしい。「科学用語を使うことによってもっともらしい印象を与えたがる風潮」が，「生命現象の根源にDNAがあるという分子生物学の成果」を利用しているとしか思えない。これらは科学からほど遠い姿勢である。「本当かな？」と思い，「本当のことを知るためにはどうするのか？」と考えるのが科学の姿勢である。この姿勢から始まったはずの分子生物学の成果が現在，「DNAがすべての根源にある」ということばかりが過剰に強調されることによって，思考停止の原因になっていることはないだろうか？　以下，少し立ち止まって遺伝について考えてみよう。

　子が親に似ていると，「それは遺伝だ」とあたりまえのようにいう。しかし言語を考えてみよう。私事ではあるが，わが家の夫婦は日本語を話す。われわれには娘と息子が1人ずついるが，どちらも日本語を話す。日本語を話すという点では，われわれの子供は両親に似ている。しかし，これは明らかに遺伝ではない。というのは，アメリカで生まれた娘は家では日本語を，保育園では英語を話していた。もしも彼女が，アメリカで小学校，中学校，高校と進学していたら，英語が母国語に近い人生を過ごすことになっていたであろう。言語は学習によって習得するのであって遺伝で決まるのではないのである。

　次に，親子鑑定にも使われる血液型について，最も広く知られているABO

1-4 生き続ける生命

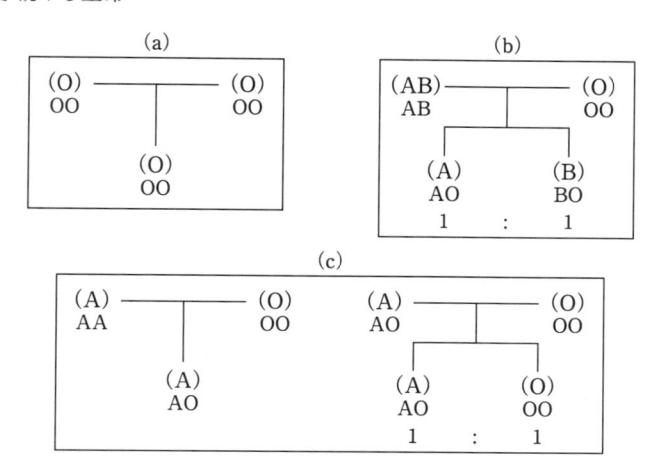

```
        (a)                           (b)
  (O) ────── (O)              (AB) ────── (O)
  OO         OO                AB          OO
        │                            │
       (O)                     ┌─────┴─────┐
       OO                     (A)         (B)
                              AO          BO
                               1    :     1

                (c)
  (A) ────── (O)          (A) ────── (O)
  AA         OO           AO          OO
        │                        │
       (A)                 ┌─────┴─────┐
       AO                 (A)         (O)
                          AO          OO
                           1    :     1
```

**図 1-17 ABO 式血液型の遺伝**

式血液型を例に考える。両親が O 型（遺伝子型は OO）の場合，生まれる子供はすべて O 型であり（図 1-17(a)），親子は似ている。両親が AB 型と O 型の場合，子供は A 型と B 型とが 1：1 の比率で生まれるはずであり，どちらにしても子供は親に似ていない（図 1-17(b)）。両親が A 型と O 型の場合は，A 型の親の遺伝子型が AA であるか AO であるかで子供の期待値が異なる（図 1-17(c)）。AA であれば 100% A 型（AO）であるが，AO であれば A 型と O 型とがそれぞれ 50% であり，いずれにしても，子供は一方の親には似るが，もう一方の親には似ない。

　言語という遺伝子では決まらないことがはっきりしている表現型と，血液型というほぼ完全に遺伝子で決まる表現型を例に挙げたが，例えば「花が好き」という性格はどうであろうか？　両親から「花好き遺伝子」を受け取ったからなのか，「花好きという家庭環境」で育ったからなのか？　また「右利き・左利き」は（今は子供を左利きから右利きに矯正する親はあまりいないが，昔は多かった）？「肥満」は？　これらの問いに安易に答えを出すのは，科学の姿勢ではない。答えを出すためにはどのような観察や実験を行う必要があるのかを考え，観察をきちんと行い，結果をきちんと判断して結論に到達するのが本当の意味での科学の姿勢である。そして，日常の生活においてもこのような姿勢をもつことが求められることを，忘れてはいけない。

　最後に，「DNA は命の設計図である」という言い方について，考えてみる。

設計図は「そのとおりに部品を作り，また部品を組み立てるために」誰かが書いたものである．DNAの場合，誰が書いたのか？「DNAがDNAを設計している」というわけのわからないことになる．そもそも，先にも述べたように，DNAにはそれ自体に複製時に間違いが起こることが組み込まれている．間違いを織り込んだ設計図は，設計図といえるであろうか？著者は，「DNAは作業記録である」と考えている．たとえていうと，製品を作ったときの作業記録を部品としてその製品につけておくのである．そうすれば，その製品がよく売れたときには，その作業記録のとおりの手順で同じ製品を作ることができる．さらに，その製品に部分的な変更を加えた場合にも，その作業記録をその製品につけておく．売れれば改良型の製品を作ればよいし，売れなければ作るのをやめるだけである．このような見方をすると，DNAは部品の一つにすぎないということになる．ただし，よくできた部品ではある．

### 1-4-4 進 化

進化は実験・実証できないということから，長い間「学」ではなく「論」にすぎないと考えられていた．しかし，ゲノムプロジェクト（表1-1参照）の進展とともに，分子進化学の手法を用いて生物の類縁性を数量的に扱うことが可能になってきている．だがここではその話題には立ち入らず，今では古典的というべきかもしれない進化についての考え方のうち，著者の好みで選んだものをいくつか紹介する．

1. **用不用説** 生物の進化を最初に科学的に論じたのはLamarckである．彼はキリンの首が長いのを次のように説明した．「キリンはもともと首が短かった．しかし，他の生物が食べられない高い木の葉を食べようとして首を伸ばしていると，少しではあるが首が長くなった．この少し首が長くなったキリンは，少し首が長い子供を産んだ．この少し首が長い子供のキリンも高いところの葉を食べようと首を伸ばし，首がさらに少し長くなった．これを繰り返している間に，現在のキリンのように首が長くなった．」これが用不用説である．「努力すれば報われる」というのはある意味で魅力的ではあるが，現在の遺伝学では用不用説が前提としている獲得形質の遺伝は完全に否定されている．

2. **自然選択説** Darwinはガラパゴス諸島の生物を調査し，同種であっても島ごとに形態が少しずつ異なっていること，またその形態が島の環境に適していることに気づいた．ハトやイヌなどでは，特定の形質をもった個

体を選んで子供をつくらせることを繰り返して品種が形成されることを知っていた Darwin は，自然が特定形質を選択することで進化が起こると考えた。Darwin は生物集団中の変異を認識していたが，変異の要因を理解できなかった。これに対して Mendel も集団内の変異に気づき，さらにその要因が遺伝子であることを明らかにした。しかし，Mendel が考えた遺伝子は不変であり，遺伝と進化は結びつかなかった。ところがその後，遺伝子は非常に低い頻度ではあるが，変化することが明らかになった。そして，遺伝子の無方向的変化(突然変異)と自然選択とが進化の原動力である，という考え方が定着した。

3. **棲み分け説**　サルの研究で有名な京大学派の創始者である今西錦司は，生態学者であった。同じ種でも棲んでいる場所によって形態が異なることを観察し，「棲み分け説」を提唱した。このことは生態学からみた進化の要因として，重要な指摘である。しかしながら，彼は「生物は変わるべきときには種全体が一斉に変わる」と考えた。この考え方はあまりにも生気論的であるために，進化説としては受け入れられなかった。ただし，集団内における遺伝子頻度の変動を今西流に表現したもの，と考えることも可能である。

4. **中　立　説**　遺伝学には，分子遺伝学と対極にある集団遺伝学がある。集団遺伝学では，進化は生物集団における遺伝子頻度の変動であると考える。したがって，自然選択説は「生存に適した形質をもたらす遺伝子が集団に蓄積する」説ということになる。ところが，集団遺伝学者であった木村資生は，遺伝子の多くは生存上の有利・不利に対してそれほど差がない場合でも，遺伝子頻度が変動することを，数学的に証明した。つまり，進化(遺伝子頻度の変動)は偶然性によるという主張である。この考え方は，Darwin の自然選択説に対して木村の中立説とよばれる。中立説は，コドンの3番目の塩基が変わっても多くの場合アミノ酸の置換につながらない(つまりタンパク質の機能には影響しない)など，分子生物学の知見とも矛盾しないことから，研究者レベルでは広く認知されているが，一般社会には自然淘汰説ほど十分に認知されていない。

進化の話をすると，よく「人間は進化の頂点にいるが…」とか「人間は猿から進化した」という言葉が出てくる。こうした言葉の根底には，「進化とは生物が"よりよい"方向に変化すること」という認識があるように思える。だが，これは Darwin の適者生存説の過度の影響である。環境が均一ではないこ

と，また環境が時間とともに変化することを見逃してはいけない．ある時間，ある環境に適した形質が，別の時間，別の環境にも適しているとは考えられない．つまり，時間にかかわりなくどの環境にも適したスーパー生物が存在するという考えは，幻想なのである．また，生物の進化が一直線に進むというのも幻想なのである．ある分類群の生物を取り上げたとき，化石などを見ると，進化が一定の方向に向いているように見えることは多い．しかし，さまざまな分類群の生物を見ていけば，進化は白か黒かという選択ではなく，「ああいうやり方もあればこういうやり方もある」ものだ，ということに気づく．そして，だからこそ，多様な生物が生き続けているのだ，ということも理解できるだろう．人間が40億年の生命を受け継いでいるのは事実であるが，大腸菌や出芽酵母も，シロイヌナズナも，サルやイヌやキジも，同じ時間の生命を受け継いでいる．人間が自分の感情で，人間を地球の，また宇宙の中心におきたい気持ちはわからないでもないが，冷静に周りを見る必要がある．そして，それを可能にするのが，科学の役割である．


■ 参考文献(1章)

Brown, T. A.／西郷薫 監訳(1994)『ブラウン分子遺伝学（第2版）』，東京化学同人.
石田寅夫(1998)『ノーベル賞からみた遺伝子の分子生物学入門』，化学同人.
Mathews, C. K., van Holde, K. E, Ahern, K. G. (2000) "Biochemistry (3rd ed.)", Addison Wesley Longman.
小関治男ほか(1996)『生命科学のコンセプト　分子生物学』，化学同人.
Schrödinger, E.／鎮目恭夫・岡小天 訳(1951)『生命とは何か』，岩波新書.
左右田健次 編著(2001)『生化学—基礎と工学—』，化学同人.
Voet, D., Voet, J. G.／田宮信雄ほか 訳(1996)『ヴォート生化学 上・下（第2版）』，東京化学同人.
Watson, J. D.／江上不二夫・中村桂子 訳(1970)『二重らせん』，タイム・ライフ・インターナショナル.
八杉龍一(1985・1986)『生物学の歴史 上・下（NHKブックス468）』，日本放送出版協会.

# 2 分子から細胞へ

## はじめに

　地球上には，目に見えないウイルスや微生物から，動物や植物まで，さまざまな種類の生物が共存している。これらの生物はすべて，見た目も挙動も大なり小なり異なっている。しかし，多少の違いはあれど，生物の基本となる構成成分や生きていくためのメカニズムは共通である。生物を理解するためには，まず生物の構成成分を知ることが重要である。それも，構造や機能を分子レベルで，化学的に理解したほうが，より理解が深まるのである。

　本章では，基本となる生物の構成成分となるタンパク質，遺伝子(核酸)，糖質，そして脂質を，分子レベルの細かいところまで見ていき，それらの役割について理解を深める。その後，生物の基本ユニットとなる細胞について話を発展させる。この章を理解することにより，次章以降の面白みが増してくるだろう。また，若い読者が研究や開発の道に進んだ場合には，生物についてのこのような基本的な理解が，研究やその後の応用開発において，新しいアイディアをよんでくれるだろう。

## 2-1　タンパク質の機能と神秘

　タンパク質は，DNAあるいはRNAなどの遺伝物質と同様に，すべての生命体に存在し，細胞あるいは個体において，生命活動の中心的担い手として多岐にわたり機能している高分子化合物である。例えば，体の中に取り込んだ栄養素を分解してエネルギーを取り出したり，逆にそのエネルギーを使って体に必要な物質をつくり出したりする，代謝の担い手としての酵素，膜に存在して

さまざまなシグナルを感知するレセプター，イオンチャンネル，酸素の運搬に関与するグロビンタンパク質，細胞骨格を構成する構造タンパク質などなど…。生命体にとって非常に大切なものということから，タンパク質はギリシャ語で「第一等の」を意味する「proteios」という語に由来し，英語では「protein」と名づけられている。また，日常食事の際に，ビタミンや繊維質を補給するために果物や野菜を食べなさいと言われるのと同様，良質なタンパク源として魚やお肉を取りなさいとも，よく言われる。このように栄養学的にもタンパク質は重要なものであるが，本節ではその生化学的な面に焦点を当て，タンパク質の構造と性質および代表的な機能について概説する。

### 2-1-1 タンパク質の基本構造

タンパク質はすべて，アミノ酸とよばれる小さな分子が構成単位となって連なった高分子化合物である。タンパク質の構成成分となる基本アミノ酸は図2-1に示す20種類である。この世に存在する多くの分子は鏡像異性体を有しているが，アミノ酸も例外ではなく，L体，D体のアミノ酸が存在する(図2-2)。アミノ酸は，鏡像異性体の存在しないグリシンを除き，すべてL-アミノ酸である。すなわち，生体を構成しているタンパク質はL-アミノ酸で構成されている[*1]。このL-アミノ酸が図2-3に示すペプチド結合を介して多数脱水縮合したものがタンパク質であり，L-アミノ酸が50個程度連なった小さいものから，1000個以上が連なった大きなものまで，さまざまなサイズのものが存在する。このアミノ酸の並び方を一次構造という。アミノ酸はアミノ基とカルボキシル基を共通にもつが，側鎖の部分はそれぞれのアミノ酸の種類ごとに特有の構造を有している。そしてこの側鎖の構造の違いが，アミノ酸の種類による特性の違いをもたらしている。100残基のアミノ酸から構成されるタンパク質の種類は，理論的には$20^{100}$，つまり約$10^{130}$通りという，天文学的数となる。生体内でタンパク質は，ゲノム内の遺伝子情報にのっとり，前章で述べた転写→翻訳という過程を経て合成される。

---

*1 近年，D-アミノ酸を含む生理活性ペプチドの発見や，遊離のD-アミノ酸の脳における役割に，注目が集まっている。また，老化とともにタンパク質中のL-アミノ酸がD-アミノ酸へラセミ化し，D-アミノ酸を含むタンパク質が生成してくることが明らかとなっている(眼の水晶体，歯のエナメル質，脳など)。D-アミノ酸が生じることによりタンパク質の高次構造が変化し，不溶化や低機能化を招く。白内障やアルツハイマー病では，D-アスパラギン酸の増加がタンパク質の不溶化に関係していると考えられている。

2-1 タンパク質の機能と神秘

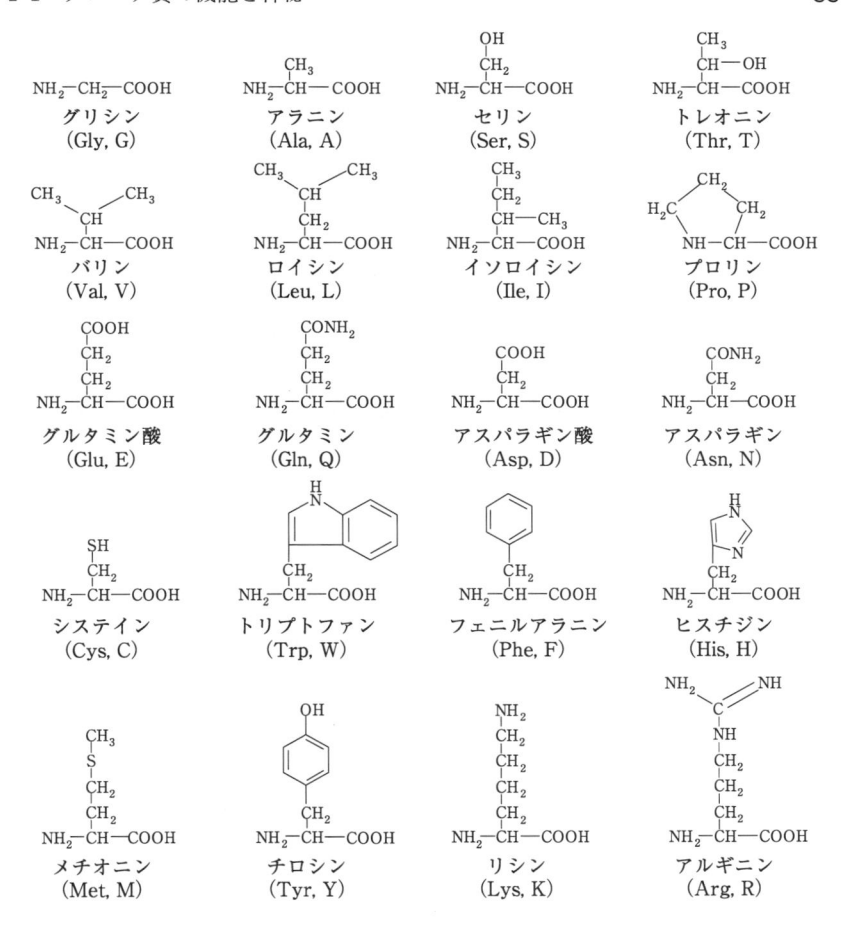

**図 2-1 タンパク質を構成する基本アミノ酸**
( )内には3文字および1文字略語を示してある。

　タンパク質は，アミノ酸がペプチド結合により鎖状に連なって伸びていきながら，アミノ酸側鎖間の相互作用(水素結合，疎水性相互作用など)により α-ヘリックス，β-シートなど，二次構造とよばれる構造を形成する(図2-4)。そして，二次構造を形成しながらさらに三次構造とよばれる立体構造へと折りたたまれていき，酵素やレセプターなどのさまざまな機能，すなわち生物活性をもつタンパク質となる。さらには，2個以上の同種または異種のタンパク質成分が寄せ集まり，四次構造(サブユニット構造ともいう)を形成する(図2-5)。

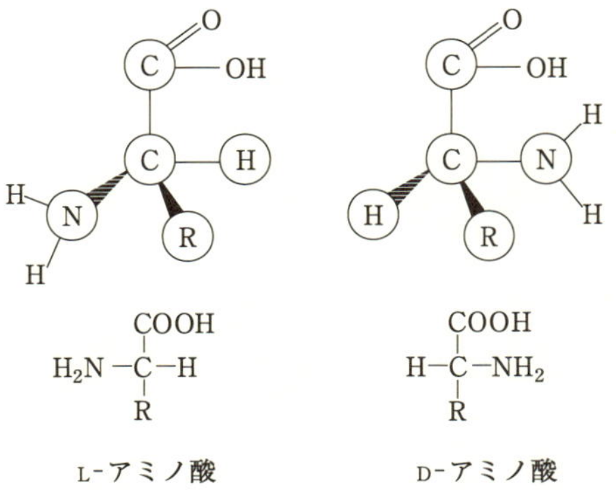

図 2-2 アミノ酸の立体構造

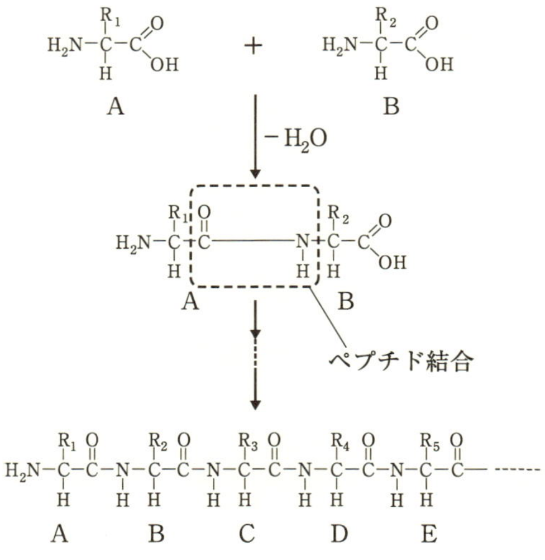

図 2-3 ペプチド結合とタンパク質の一般化学式

　生体中では，多くのタンパク質がサブユニット構造を形成している。タンパク質が生体内で決まった機能をもつためには，サブユニット構造も含め，ある決まった立体構造を形成する必要がある。どのような立体構造を最終的に形成するかは，タンパク質のアミノ酸配列により決まる。このように，生体内で合成されたペプチド鎖は，そのアミノ酸配列に規定された相互作用をすること

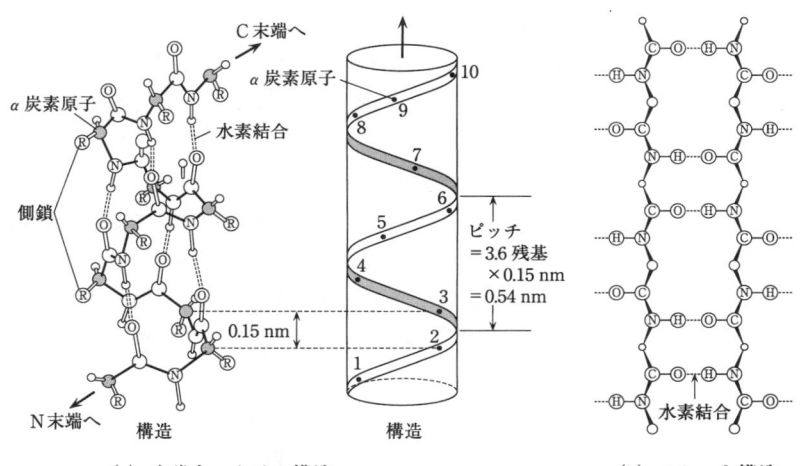

(a) 右巻き α らせん構造　　　(b) β シート構造

**図 2-4　タンパク質の立体構造**
［岡山，1994 を改変］

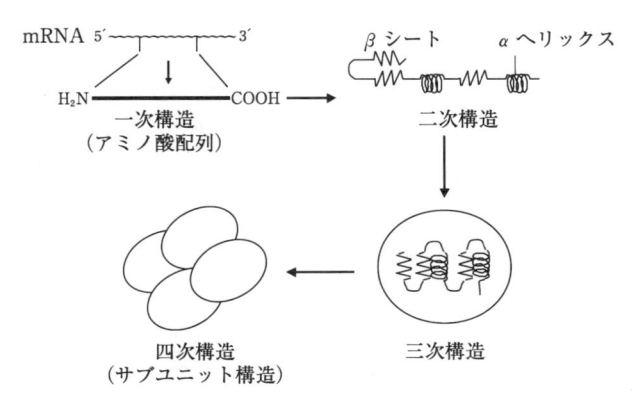

**図 2-5　タンパク質の高次構造形成**
［田村・山本，2003 より］

で，二次構造を形成し，さらに三次構造，四次構造という高次構造の形成を経て，機能をもったタンパク質となる。タンパク質によっては，機能をもつ正しい高次構造を形成するために，分子シャペロン[*2]とよばれるタンパク質の手助けを必要とするものもある。

## 2-1-2 タンパク質の機能と役割

われわれは毎日の生活で，さまざまな食物からタンパク質を摂取している。とくに，牛，豚，鳥，魚，卵，大豆などは代表的なタンパク源である。ヒトを含めタンパク質を摂取する生物では，摂取したタンパク質はトリプシン，キモトリプシンなどのタンパク質を分解する酵素（プロテアーゼ）やペプチダーゼの作用により，アミノ酸に分解される。アミノ酸は，再び生体中で必要とされる多種多様なタンパク質の合成素材として利用されるか，さらに分解されてエネルギーとして利用される。アミノ酸に含まれる炭素，水素，窒素は，それぞれ二酸化炭素，水，尿となり排出される。ヒトは，必須アミノ酸[*3]とよばれる八つのアミノ酸については合成できないので，必ずタンパク質などのアミノ酸源からとらなければならない。このようにタンパク質は，生命体の構成成分の材料やエネルギー源として，栄養学的にきわめて重要である。

一方，タンパク質の生化学的，細胞生理学的な面からは，とてもここでは説明しきれないほど多くのタンパク質が，さまざまな役割を生体内で担っている。前章で述べたように，生命の営みは，いうならば生体内におけるさまざまな物質間のコミュニケーションであり，その主役がタンパク質である。したがって，タンパク質は生命のありとあらゆる活動にかかわっているわけだが，いまだに，機能の解明されていないタンパク質もたくさんある。とはいうものの，日進月歩，新たな機能をもったタンパク質が次々と解明されている。この項では，身近な例を引き合いに出しながら，タンパク質の機能，役割の一端を解説する。

1. **生体触媒** 生体内では，栄養源として取り入れたさまざまな物質を分解し，エネルギーを取り出したり，分解産物をもとにして生命体として必要なものをつくり出したり，片時も休むことなくいくつもの化学反応が進行している。この化学反応を適切な速度で，正確に触媒しているタンパク質を酵素という。酵素が触媒する一連の化学反応が代謝である。一例とし

---

[*2] タンパク質が機能を発揮するためには，正しい立体構造をとる必要がある。生体内で合成されたのち，自身できちんとした立体構造を形成するタンパク質もあるが，分子シャペロンというタンパク質の立体構造形成（フォールディングという）を手助けするシステムがある。分子シャペロン自身もタンパク質であり，その多くは熱ショックタンパク質（heat shock protein；Hsp）である。大腸菌のシャペロニン（GroEL），Hsp70（DnaK）など。

[*3] ヒトの必須アミノ酸は，L-バリン，L-イソロイシン，L-ロイシン，L-トレオニン，L-リシン，L-メチオニン，L-フェニルアラニンおよびL-トリプトファンである。植物や微生物には必須アミノ酸はない。

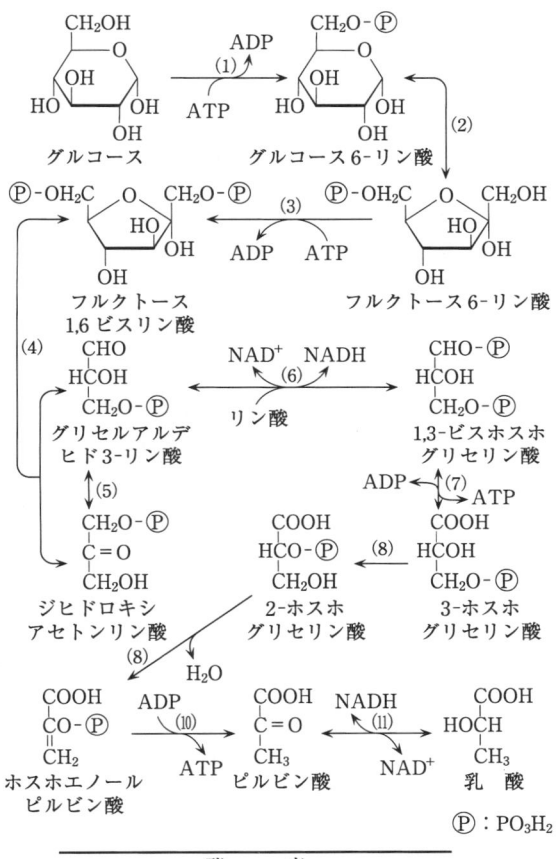

2-1 タンパク質の機能と神秘

図 **2-6** 解糖系の代謝経路にかかわる酵素

| 酵　　素 |
|---|
| (1) ヘキソキナーゼ，グルコキナーゼ |
| (2) ホスホグルコースイソメラーゼ |
| (3) ホスホフルクトキナーゼ |
| (4) アルドラーゼ |
| (5) トリオースリン酸イソメラーゼ |
| (6) グリセルアルデヒド-3-リン酸<br>　　デヒドロゲナーゼ |
| (7) ホスホグリセリン酸キナーゼ |
| (8) ホスホグリセロムターゼ |
| (9) エノラーゼ |
| (10) ピルビン酸キナーゼ |

$P : PO_3H_2$

て，図2-6にグルコースの代謝系の一部(解糖系)を示す。ここに示す各種酵素が触媒する連続した化学反応によって，グルコースはピルビン酸にまで分解され，さらに，エネルギーを獲得するために次なる代謝経路(クエン酸回路)へと入っていく。その他に身近な酵素として，デンプンをグルコースにまで分解するアミラーゼ，肉などのタンパク質をアミノ酸まで分解するプロテアーゼ，脂質を脂肪酸やグリセリンに分解するリパーゼ，お酒を飲んだときに働くアルコール脱水素酵素などがある。酵素は，生体内で重要な働きをしているだけではなく，その生体触媒としての高い特殊な能力を活かして，有用物質の生産や生体関連成分の検出などにも利用されている。

2. **刺激の受容と伝達**　生命体の営みを突き詰めれば，化学物質を介した情報のやり取りである。そのやり取りがうまくいかなくなったとき，生の営みは破綻を来たす。個体として行う外界との情報交換や，生体内部における細胞間での情報交換においても，その前線で活躍しているのが，レセプター(受容体)である。例えば，われわれは匂いを感じたり，味を感じたりする。そのしくみは，鼻や舌の細胞表面に存在するレセプタータンパク質に匂い物質や味物質が結合することにより，それぞれの物質が結合したことが信号となり，脳へ伝達されるというものである。また，神経伝達に関係するレセプタータンパク質も多数研究されている。

3. **構造体の形成と維持**　さまざまなタンパク質が生命体の構造体形成，維持に関与している。代表的なものとして，細胞の骨格維持の役割をもつチューブリン，筋肉タンパク質であるアクチンとミオシン，腱・皮膚・骨などの骨格形成と維持を担うコラーゲン，目の水晶体を構成するクリスタリン，昆虫やクモ類のつくる糸の成分であるフィブロイン，そして，毛・爪・角の成分であるケラチンなどがある。

4. **物質の移動と保持**　生命体は，合成した物質や外界から取り込んだ物質を，体内の特定の場所や体のすみずみへと移動させる機能を有している。好気性生物はエネルギーを生み出すために酸素を必要とする。ヒトなどの動物では，酸素を体のすみずみまで運んでいるのは，ヘモグロビンというタンパク質である。筋肉組織において酸素を貯蔵する役目を担っているのは，ミオグロビンというタンパク質である。水に溶けにくい脂質は，タンパク質成分と結合してリポタンパク質とよばれる水溶性複合体を形成することにより，血液中を運搬される。ビタミンも，血清アルブミンやグロブ

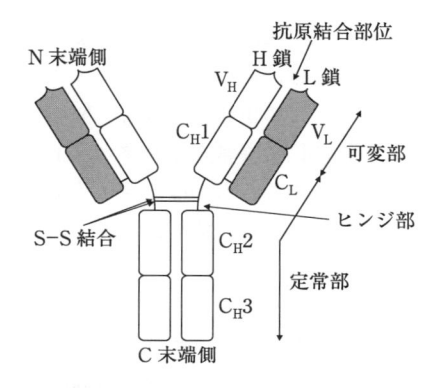

**図 2-7　IgG 抗体の基本構造**
H 鎖は $V_H$, $C_H1$, $C_H2$, $C_H3$ の四つのドメインとヒンジ部からなり，L 鎖は $V_L$, $C_L$ の二つのドメインからなる．[小山，1996 より]

リンタンパク質などと結合して運ばれる．また，体内に入ってきた有毒金属は，メタロチオネインといいタンパク質と結合することで排出される．

5. **エネルギー変換**　上で述べたように，好気性生物は外部から取り込んだ物質，あるいは自分で生合成した物質を酸素を用いて酸化分解することにより，エネルギーを獲得している．真核生物では，細胞内のミトコンドリアの内膜に存在する呼吸鎖電子伝達系を構成するたくさんのタンパク質が，電子の流れをつくり出すことによりエネルギーをつくり出している．植物では，光合成にかかわるタンパク質である集光性クロロフィルタンパク質複合体が，光エネルギーを電子の流れに変えることにより，水と二酸化炭素からグルコースの生産を行っている．

6. **生命体の監視**　細胞表面に顔を出して，細胞自身の属性を細胞外部に向けて明確にしている自己抗原タンパク質や，体内に侵入してきた異物を非自己と認識して無力化する体液性免疫の主役である抗体タンパク質（免疫グロブリン；図 2-7）など，生命体の監視機構ともいえる免疫系においても，タンパク質は自己・非自己の認識，および非自己の排除という重要な役割を担っている．

## 2-1-3　タンパク質の異常と疾病

DNA 上のヌクレオチド配列として暗号化された遺伝情報は，最終的にアミノ酸配列情報として，タンパク質に伝達される．そしてタンパク質は，そのア

ミノ酸配列によって決まる構造に由来する，さまざまな機能を発揮する。生体内でこれらのタンパク質どうしは，直接に，あるいは媒体を通じてネットワークを形成しており，生命体としての恒常性の維持に努めている。したがって，これらのタンパク質が何かの要因で異常を来たすと，生命体の存続を脅かすことになる。この「要因」のうち最たるものは，遺伝子上のヌクレオチドが突然変異により変化することに起因する遺伝病であろう。以下に代表的な遺伝病を2例挙げる。

アミノ酸はタンパク質の構成成分として，また，エネルギー源として生体内において重要な役割を担っており，アミノ酸代謝酵素によってその同化と異化のバランスが維持されている。しかし，アミノ酸代謝酵素が正常に機能しないとそのバランスが崩れ，生体で必要とされる範囲の量を超えたアミノ酸や毒性のある中間代謝産物が蓄積し，各器官の細胞に毒性を示したり，体に不可欠な物質が生成できなくなる。このように先天的にアミノ酸代謝酵素が正常に機能しないことにより起こる疾病としてアミノ酸代謝異常症が知られており，神経の発達障害や精神発達の遅れなどの症状が現れることが多い。この原因としては，特定アミノ酸の体内濃度が高くなるため，神経組織において他のタンパク質合成が阻害されること，あるいはアミノ酸代謝物不足による脳のエネルギー代謝系の低下などが推測される。フェニルケトン尿症やメープルシロップ尿症など多くのアミノ酸代謝異常症が知られているが，ここでは，フェニルケトン尿症について述べる。通常われわれの体の中では，フェニルアラニンをチロシンに変換するフェニルアラニンヒドロキシラーゼという酵素が働いている。この酵素の遺伝子になんらかの異常が生じ，この酵素が生体内で正常に機能しなくなると，血中のフェニルアラニン濃度が上昇し，同時にフェニルピルビン酸への変換も進む。フェニルアラニンおよびフェニルピルビン酸が腎臓での吸収閾値を超えると，尿中に排泄されるようになる。そのためこの病気は，フェニルケトン尿症として知られている。この患者の尿は，フェニルピルビン酸から生じるフェニル酢酸特有のにおいがする。

鎌状赤血球貧血症は，赤血球中のヘモグロビン分子中の1アミノ酸（グルタミン酸）が他のアミノ酸（バリン）に置き換わることによって発症する遺伝病である。黒人に多く見られる疾病であるが，この患者はある種のマラリアに対して抵抗性があることも知られている。

タンパク質の異常による疾病の中には，上に挙げた二つの遺伝病のように，DNAの塩基置換や欠失に起因するものがある一方で，タンパク質それ自身が

内在的に異常構造をとる因子をもち，疾病を引き起こす場合がある．その一つとして，近年話題となった，というより，世界を震撼させたのが，牛海綿状脳症（BSE）である．これは狂牛病*4 ともよばれ，脳がスポンジ状にスカスカになってしまう病気である．狂牛病にかかった牛を食べたらヒトも罹患する可能性があるということで，牛丼騒ぎに見るようにわれわれの食生活を脅かした．現在も，その検査体制について国際的に物議を醸している．ヒトでも同様な病気が知られており，クロイツフェルト・ヤコブ病（CJD）とよばれている．これらの疾患はいずれも，脳内のプリオンタンパク質が異常型プリオンタンパク質に転換し，その病原型プリオンタンパク質が次から次に正常型プリオンタンパク質を異常型へと転換することによって引き起こされることから，プリオン病とよばれる（6章6-3節参照）．正常型プリオンタンパク質を異常型へと転換するメカニズムや，異常型プリオンタンパク質が生じることにより，どのようにしてプリオン病に典型的な症状が脳組織に現れてくるのかについて，現在精力的に研究が進められている．

このようにタンパク質が異常化するのではないが，本来生産されてはならないタンパク質が生産されることにより，生体内ネットワークを乱し，疾病を引き起こす例として，自己免疫疾患がある．免疫系は通常，自己生体成分に対しては寛容になっているが，なんらかの原因で自己成分に対する抗体タンパク質を生産して自己組織を攻撃し，重篤な疾病を引き起こすことがある．例えば，バセドウ氏病は，甲状腺細胞上の甲状腺刺激ホルモンレセプターに対する自己抗体が生産されることが原因であり，重症筋無力症は，神経系のアセチルコリンレセプターに対する自己抗体が生産されることで発症する．また，糖尿病の中には，本来生産されるべきでないタンパク質（自己抗体）が生産されることが原因で発症するものもある．適切なタンパク質が，適切なときに，適切な場所で，適切な量だけ働くということが，生命体の恒常性を維持するための基本であるといえよう．

### 2-1-4　タンパク質の分析法
生体中で代謝，構造体などさまざまな機能を担っているばかりか，重要な食

---

*4　正式には，牛海綿状脳症（BSE；bovine spongiform encephalopathy）といい，狂牛病（Mad-Cow Disease）は俗称である．この病気はウシの進行性神経系疾患で，伝達因子により感染すると考えられている．この伝達因子がプリオンタンパク質である．

物として日々摂取しなければならないタンパク質をくわしく分析することは，生命科学の基礎研究において重要であると同時に，医療分野や食料分野の研究においてはわれわれの健康管理に直結することからも，きわめて重要といえよう。紙面の都合上，ここではタンパク質の分析方法について，簡単に触れるにとどめる。

　昨今のタンパク質分析法は，大きく2通りに分けられる。一つは，対象とするタンパク質試料を直接，分析機器に供することにより，目的とする情報を得る方法であり，もう一つは，前者で得たタンパク質に関する部分的な情報について，コンピューターを利用してデータベースとの比較，計算を行い，対象とするタンパク質に関するより詳細な情報を得る方法である。前者には，電気泳動やHPLC(high-performance liquid chromatography，高性能液体クロマトグラフィー)を使ったタンパク質の分離，分子量測定，アミノ酸配列決定や，X線によるタンパク質の結晶構造解析[*5]に加え，最近では，マススペクトルを用いた分析法も登場した。後者では，前者の方法で得たタンパク質のアミノ酸配列情報の一部をもとにして，データベースからホモロジーをもつ既知タンパク質を検索したり，全アミノ酸配列から立体構造を予測することも可能になっている。現在，コンピューターを利用するタンパク質の分析法は，タンパク質の諸性質を解明するうえでなくてはならない方法となっており，生命科学の研究を支える柱として，さらに日進月歩の発展をし続けている分野でもある。

## 2-2　遺伝子の機能と神秘

### 2-2-1　遺伝子とは

　遺伝子という概念はどのようにして生まれてきたか，まずその歴史や由来を述べてみたい。

　われわれ人間が，おびただしい数の細胞から構成されていることはよく知られており，その数は60兆個ともいわれている。その高等生物の細胞中には二重膜で囲まれた核(nucleus)という組織がある。1969年，スイスのMiesherによって核の中に酸性の物質の存在が発見され，核酸(nucleic acid)と名づけら

---

[*5] ゲノム解析とクローニングおよび遺伝子発現技術の飛躍的な進展の結果，細菌の全タンパク質のX線結晶構造解析プロジェクトも行われるようになった。この中でX線結晶解析に威力を発揮しているのが，Spring-8(Super Photon ring 8)などの放射光施設である。

れた．その後この核酸は，「遺伝形質を規定する重要な物質」であることが明らかとなった．この「遺伝形質を規定する重要な物質」という概念は，遺伝情報を担う構造単位，つまり遺伝形質を規定するものとして，1900年代初期に「遺伝子(gene)」という単語として提案されていた．"gene"という語は，水素(hydrogen)や窒素(nitrogen)の接尾辞になっている「根源的な要素」を意味する語に由来するものといわれている．

　その後，分子レベルで研究が進み，核酸の中にデオキシリボ核酸(deoxyribonucleic acid, DNA)とリボ核酸(ribonucleic acid, RNA)が存在することが明らかとなった．DNAの中にはタンパク質をつくるための暗号があることが解明され，この部分が遺伝子と考えられるようになった．さらにRNAから構成されているウイルス(RNAウイルス)が発見され，RNA中にも機能する単位が認められた．現在では，遺伝子は，「高分子DNAまたはRNA(一部のウイルス)中の一定領域の塩基配列により規定される遺伝の作用単位」と定義されている．つまり，DNAとRNAの中にたくさんの遺伝子がある，と理解して欲しい．

## 2-2-2　RNAとDNAの類似性・相違性

　RNAとDNAという言葉をよく耳にするようになってきたが，それらの違いはどこにあるのだろうか．構造と役割から眺めてみたい．

　生体の中に存在するこの2種類の物質が核酸であり，ヌクレオチド(nucleotide)という低分子物質を基本ユニットにしている．ヌクレオチドは，糖(リボースまたはデオキシリボース)を中心に塩基とリン酸が結合した物質である(図2-8；ヌクレオチドの平均分子量は約300であることを覚えておくと，

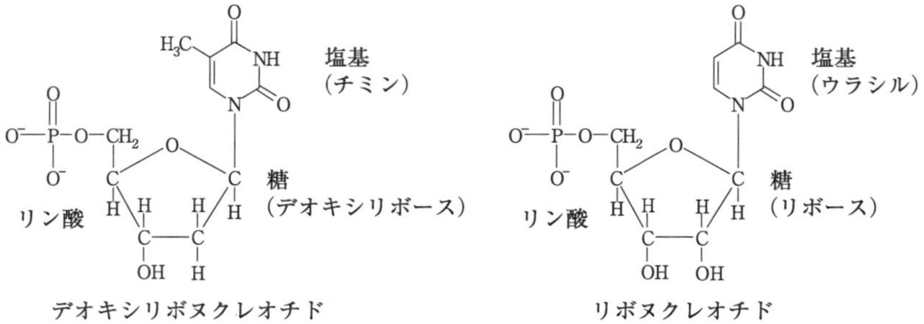

**図 2-8　DNAおよびRNAの構成単位**

遺伝子の大きさ(分子量)を把握するのに役立つ)。このヌクレオチドが複数集まって,遺伝情報を担うことになり(遺伝子),さらに鎖状にたくさん連なりひも状になって,RNAやDNAを構成している。

さて,RNAとDNAは化学構造上,何が違うのであろうか？

第一に,ヌクレオチド中の糖が両者で異なる。RNAはリボース,DNAはデオキシリボースである。リボースから酸素が一つなくなったもの(デオキシの意味)がデオキシリボースであり,これがDNAを構成する糖である。なぜRNAのヌクレオチドを構成する糖がリボースで,DNAではデオキシリボースなのかは十分に解明されておらず,不思議の一つである(一説には,デオキシリボースはきわめて安定であるため,遺伝子の本体であるDNAは安定なデオキシリボースをもち,代謝回転の速いRNAはリボースであるともいわれている)。

糖に結合する塩基にも違いがある。RNAはアデニン(A),シトシン(C),グアニン(G),ウラシル(U)の4種類であるが,DNAではUがチミン(T)に入れ替わったA, C, G, Tの4種類である(図2-9)。

DNAとRNAには全体構造にも大きな違いがある。いずれもヌクレオチドが連なった鎖状の高分子であるが,RNAは1本(1本鎖)からなり,DNAは2本(2本鎖)からなる。DNAの2本の鎖は,向き合う塩基どうしで水素結合しており,らせん状に巻いた構造をしている(図2-10)。DNAが2本鎖であるこ

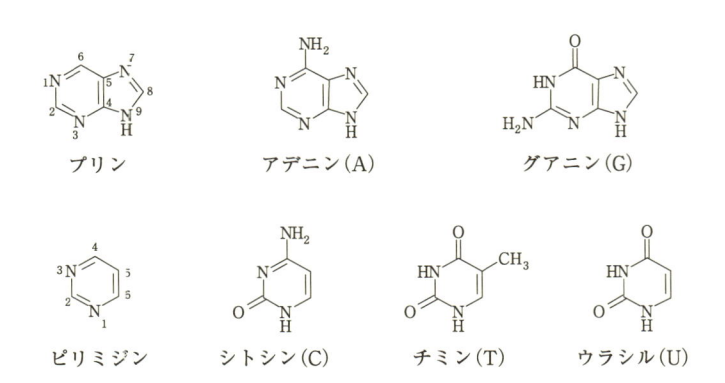

**図 2-9 プリン塩基とピリミジン塩基**
プリン塩基にはアデニン(A)とグアニン(G),ピリミジン塩基にはシトシン(C),チミン(T),ウラシル(U)がある。プリン自身とピリミジン自身は核酸には含まれない。

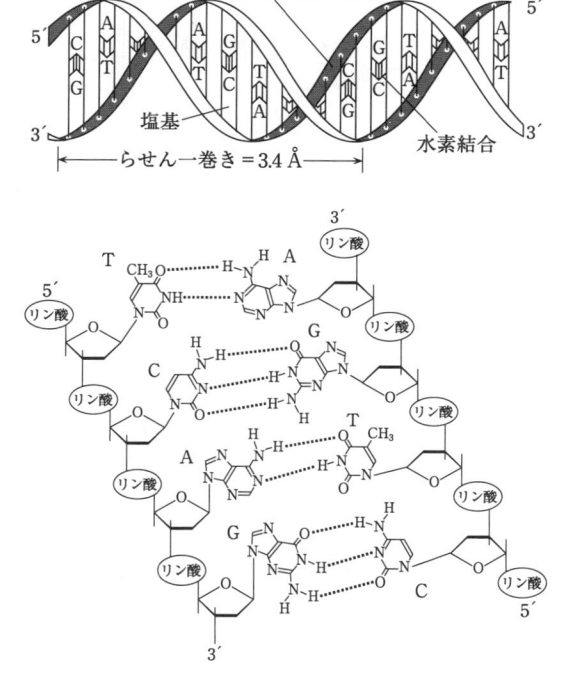

**図 2-10** DNAの二重らせん構造および2本鎖間の相補的な塩基の水素結合
［羽柴・山口，2003を改変］

との意義は，片方は保存用とし，もう片方を鋳型として必要な部分のみ，RNA（伝令RNA）に写し取る（転写，transcription）ことにある。またDNAの複製（replication）の際，2本鎖のうち1本はそのまま受け継がれるため，正確な複製を可能としている。さらにまれに生じる損傷の修復においても，DNAの2本鎖構造は重要な役割を果たしている。生命の設計図であるDNAは，厳重にその情報が管理されているのである。

二重らせん構造の解明は，1953年WatsonとCrickによってなされ，分子生物学という新しい学問領域を生んだ。この発見は20世紀最大の発見の一つといわれており（1962年ノーベル医学生理学賞受賞），これを契機として，分子レベルの遺伝子構造解明が進められるようになったほか，転写，複製，遺伝子発現などの新しい概念や関連の技術が次々と誕生した。

次に，RNAとDNAの物理化学的性質の類似性と相違性について述べる。

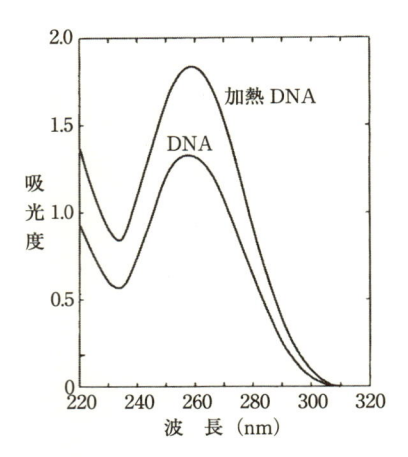

**図 2-11 DNA の吸光スペクトル**
[八木・尾形, 1996を改変]

RNAとDNAについて，光の吸収のしやすさがその波長によってどう変わるかをみてみると，ともに紫外線である波長260 nm付近に吸収極大をもち（この吸光度はタンパク質の280 nmの吸光度よりもずっと大きい），230 nm付近に吸収極小をもつという特徴がある（図2-11）。これは，RNAとDNAともにプリンおよびピリミジンに由来する塩基を有しているためである。ただしDNAの場合，その溶液を加熱するとさらに吸光度が増す（濃色効果）。DNAは規則正しい二重らせん構造をしているため，全体での吸光度は個々の塩基の吸光度を加えたものよりも小さくなる（淡色効果）。加熱により二重らせん構造の水素結合が切れて二重らせん構造がほどけていくと（DNAの変性），個々の塩基が自由になり独立に光を吸収して，吸光度が増していくのである。またRNAとDNAは，アルカリ溶液中で挙動が異なる。RNAは弱アルカリ水溶液中で容易に加水分解されるが，DNAは安定に存在する。こうした性質は，RNAとDNAの分別やRNAの構造解析研究に用いられている。

### 2-2-3　DNA

　DNAの構造がわかる前に，DNAの塩基数を調べる研究が行われた。その結果，AとTおよびCとGの数が等しいことが明らかになった。この発見は，AとTおよびCとGが対をなしていることを示唆していた。この当量関係は，発見者であるChargaffにちなみ，シャルガフの法則という。

その後DNAの構造解析により，DNAは生体内で，ヌクレオチドが多数連なったポリヌクレオチド2本が塩基どうし水素結合で結ばれ，対をつくった二重らせん構造でもって，存在していることが明らかとなった。AとTは2本の水素結合，CとGは3本の水素結合で結ばれている(図2-10)。このように，DNAはAとT，およびCとGが対をつくり2本鎖を形成しているため，DNAの大きさを示す場合，ベースペア(base pair, bp)またはキロベースペア(kb, 1000 bp＝1 kb)で表される。例えば，100 bpは100個の塩基が対をなしていることを示している。

DNAの長さは，生物種によって大きく異なる。DNA塩基配列決定技術が格段に進歩した20世紀末から，さまざまな生物のゲノム解析が行われている。ゲノムとは，完全な生活を営むうえで必要最小限の遺伝子群を含む染色体の一組みを示す。細菌やファージなどの一倍体生物の染色体は，一つの巨大なDNAまたはRNA分子から構成されているので，その巨大な核酸分子がゲノムに相当する。これまでに解読されたゲノムの例を，第1章表1-1に示す。

ゲノムプロジェクトの目的は，その生物の全遺伝子とその遺伝子産物であるタンパク質の完全な一覧表(データベース)を作成し，このデータベースを利用して，科学技術の発展に寄与することである。現段階では，3000万種類存在するともいわれている生物種のうち，ごく一部について，解析が終了したにすぎないが，生物の共通性など，さまざま情報が得られている。最近では，ゲノム情報を用いた応用研究や，ゲノム情報だけでは説明できない現象(エピジェネティクス)に関する研究などを示す「ポストゲノム」という言葉が用いられるようになり，今後，そうした研究がますます盛んになっていくと考えられている。

### 2-2-4　RNA

DNAから必要な部分のみ転写されて合成される伝令RNA(メッセンジャーRNA, mRNA)は，DNAと比べるとその長さは短い。mRNAは，DNAから写し取られた情報に従って，タンパク質をつくる役目を担っている(翻訳，translation)。翻訳の役目を終えると，mRNAは細胞には不必要になるため，すぐに分解される(バクテリアでは数分，動物細胞でも数時間後には分解される)。このようにmRNAは，寿命が短く分解されやすい構造にするため，1本鎖であるともいえる。

mRNA以外のRNAとしては，タンパク質合成のためのアミノ酸を運ぶ役

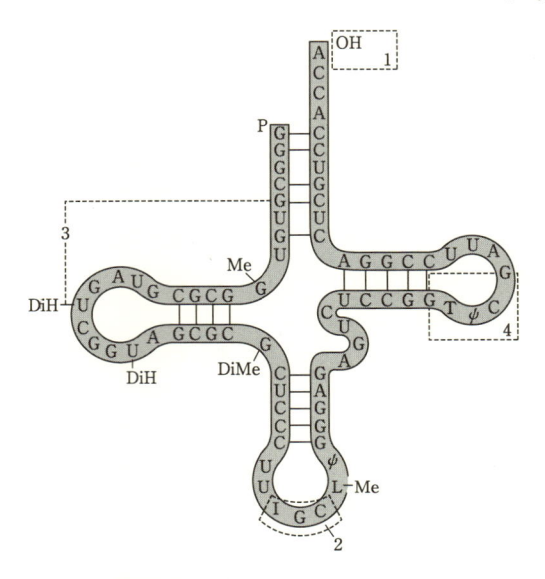

図 2-12　酵母アラニンの tRNA

目を担う転移RNA（トランスファーRNA，tRNA）と，タンパク質合成装置であるリボソームの中にあるリボソームRNA（rRNA）が存在する．tRNAとrRNAは安定RNA（Stable RNA）ともよばれ，mRNAと比べるとその寿命は長いのが特徴である．tRNA，rRNAはともにmRNAと同じ1本鎖であるが，1本鎖の中で水素結合を形成してらせん状になっており，これが分解されにくい構造となっている．

　tRNAは約80個のヌクレオチドからなる比較的小さな分子で，タンパク質をつくっているアミノ酸を運ぶ役目をもつ（図2-12）．一方rRNAは，タンパク質生合成の場であるリボソーム中にあり，リボソーム粒子を構成する．RNAの中で細胞内に最も豊富に存在するRNA種である．

### 2-2-5　遺伝暗号および遺伝子発現

　DNAに刻まれた遺伝情報は，生体内でどのように発現するのであろうか？DNAからタンパク質が合成される過程，つまり遺伝子発現について，理解を深めよう．

　DNAは細胞の核内にあり，DNA上の遺伝情報が刻まれた部分，つまり遺伝子は，RNA合成酵素によりmRNAへと転写される．DNAがすべて転写

されるのではなく，必要とされる遺伝情報のみ転写されていく．遺伝情報を受け継いだ mRNA は，核から細胞質へ出て，タンパク質生合成の場であるリボソームと結びつく．その後，mRNA 上にある遺伝暗号に基づいて，特定の構造や機能をもつタンパク質が合成されていく．つまり，細胞内では DNA → RNA → タンパク質という順序(RNA ウイルスの場合は RNA → DNA → RNA → タンパク質)で遺伝的特性が伝えられていくのである．これは分子遺伝学の基礎となるものであり，セントラルドグマ(central dogma)とよばれている(第1章参照)．

DNA から転写された mRNA には，DNA の遺伝暗号が書き込まれている．遺伝暗号は mRNA 中の4種類の塩基により暗号化されており，全20種類のアミノ酸に対応している．その遺伝暗号は，有機合成化学者の精力的な研究により解読された．彼らはいくつもの RNA 鎖を化学合成し，試験管内でのタンパク質合成系を利用して短いペプチド鎖を合成させた．その結果，遺伝暗号は3個の塩基がセットで一つのアミノ酸に対応したものであることが明らかとなった．この3個の塩基セットをコドンという．その後の研究で，アミノ酸の種類によっては数個のコドンが重複して1種類のアミノ酸に対応している場合があり(コドンの縮重)，翻訳が開始されるコドン(開始コドン)は AUG(メチオ

表 2-1 遺伝の暗号表

| 第一字↓ | 第二字 | | | | 第三字↓ |
|---|---|---|---|---|---|
| | U | C | A | G | |
| U | UUU `}` Phe<br>UUC<br>UUA `}` Leu<br>UUG | UCU `}` Ser<br>UCC<br>UCA<br>UCG | UAU `}` Tyr<br>UAC<br>UAA `}` 停止<br>UAG | UGU `}` Cys<br>UGC<br>UGA 停止<br>UGG Try | U<br>C<br>A<br>G |
| C | CUU `}` Leu<br>CUC<br>CUA<br>CUG | CCU `}` Pro<br>CCC<br>CCA<br>CCG | CAU `}` His<br>CAC<br>CAA `}` Gln<br>CAG | CGU `}` Arg<br>CGC<br>CGA<br>CGG | U<br>C<br>A<br>G |
| A | AUU `}` Ile<br>AUC<br>AUA<br>AUG Met | ACU `}` Thr<br>ACC<br>ACA<br>ACG | AAU `}` Asn<br>AAC<br>AAA `}` Lys<br>AAG | AGU `}` Ser<br>AGC<br>AGA `}` Arg<br>AGG | U<br>C<br>A<br>G |
| G | GUU `}` Val<br>GUC<br>GUA<br>GUG | GCU `}` Ala<br>GCC<br>GCA<br>GCG | GAU `}` Asp<br>GAC<br>GAA `}` Gln<br>GAG | GGU `}` Gly<br>GGC<br>GGA<br>GGG | U<br>C<br>A<br>G |

ニンに対応)であること,さらには句点に相当する終止コドンは UAA, UGA,および UAG と 3 種類あることがわかった(終止コドンはアミノ酸を指定しないことから,ナンセンスコドンともよばれている)。最終的に,表 2-1 に示すコドン表が完成した。

## 2-3 糖質の機能と神秘

### 2-3-1 糖質とは

糖質(別名:炭水化物)という名称は元来,$C_n(H_2O)_m$ という一般式を有する化合物に対し使われてきた。しかし,今日ではこの定義は拡大され,本節で述べる種々の化合物が,糖質あるいは炭水化物と総称されている。

日常なじみの深いコメの主成分はデンプンである。デンプンは単糖である D-グルコースが多数結合した多糖である。同じく D-グルコースが多数結合したものにセルロースがあり,植物の木部,綿の主成分となっている。D-グルコースという同じ構成単位からできているが,デンプンとセルロースは見た目,触感がまったく違う。またそれぞれ,光合成産物の貯蔵物質,あるいは植物体を支える構造材料というように,働きもまったく異なる。構成単位は同じなのに,この大きな違いはなぜ生まれるのだろうか? あとで述べるように,それは D-グルコースの結合の位置,様式が異なるからである。

われわれの身体は多数の細胞からできている。これらの細胞膜の表面にはいくつかの単糖がつながった糖鎖をもったタンパク質,脂質があり,細胞間の認識に関与していると考えられている。一方,細胞の内部には情報の保持,発現に重要な役割を果たす DNA,RNA があるが,それらの構成成分にも糖が含まれている。また,赤血球表面の最も外側に位置する糖鎖がたった一つ違うだけで,血液型(ABO 式)が違ってくる。関節部などにある軟骨には硫酸基,カルボキシル基に由来するマイナスの荷電を多数もった糖鎖があり,プラスのイオンを大量に引きつけ,それにより生じる高い浸透圧により多量の水を吸収し,高い膨圧を発生させ圧縮に耐えている。

上述したように,糖質は構成する糖の (1) 種類・数の違い,(2) 結合の位置・様式の違い,(3) 官能基の違い(糖誘導体),あるいは (4) 異種分子との結合(複合糖質)により,多様な構造,機能をもつようになる。本節では,生物の多様な機能を担うこれら糖質を順に概観していく。

## 2-3-2 単　糖
### （1）種　類

　一般式 $(CH_2O)_n$ で表される（$n$ は3以上の整数），二つ以上の水酸基をもつアルデヒドまたはケトンを単糖という。図2-13に示すような鎖状構造で表したとき，末端にカルボニル基があるアルデヒド誘導体の場合にはアルドース，これ以外の位置にカルボニル基があるケトン誘導体の場合にはケトースとよばれる。いずれの場合でも，炭素数が六つのヘキソースが最も多量に存在する。単純単糖はすべて白色，結晶性の固体で，水によく溶けるが，非極性溶媒には溶けない。大部分のものが甘みをもっている。

### （2）立体異性体（D型とL型）

　図2-14に投影構造式で D-グルコースと D-マンノースを示す。このように同じ6個の炭素原子をもつアルドースでも，炭素原子の周りの水酸基，水素原子の配置が異なるものが存在する。すなわち，糖には互いに立体異性の関係にあるものがある。さて，炭素数が六つの単糖にはいくつの立体異性体がありうるだろうか？　例えば，図2-13に示すアルドヘキソースは4個の不斉炭素原子をもち，2の4乗＝16種の異なる立体異性体が存在しうる。これら異性体は，

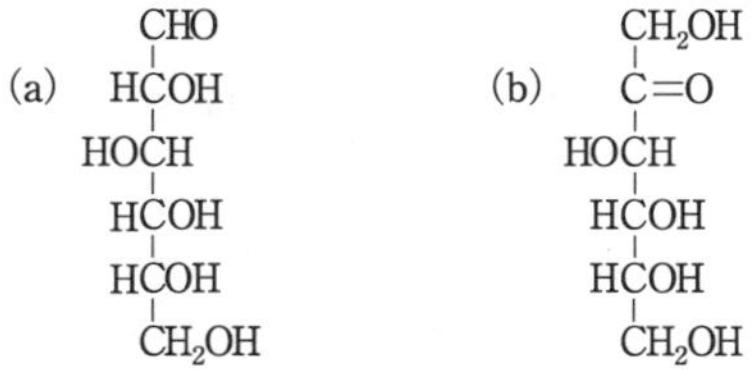

```
        CHO                    CH2OH
   (a)  HCOH              (b)  C=O
        HOCH                   HOCH
        HCOH                   HCOH
        HCOH                   HCOH
        CH2OH                  CH2OH

      D-グルコース            D-フルクトース
```

**図 2-13　アルドース(a)およびケトース(b)の例**

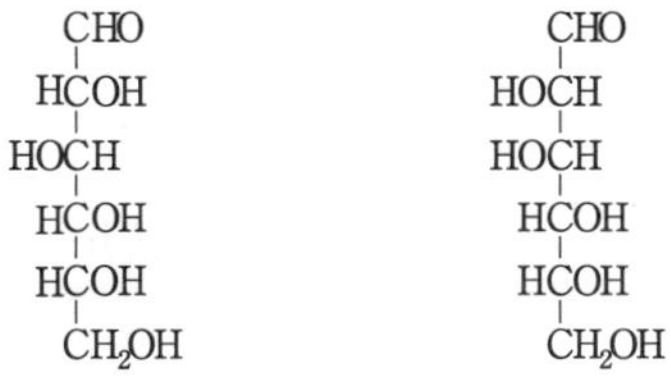

```
        CHO                    CHO
        HCOH                   HOCH
        HOCH                   HOCH
        HCOH                   HCOH
        HCOH                   HCOH
        CH2OH                  CH2OH

      D-グルコース            D-マンノース
```

**図 2-14　D-グルコースと D-マンノース（投影構造式）**

```
      CHO                    CHO
   H—C—OH               HO—C—H
     CH₂OH                 CH₂OH
```

D-グリセルアルデヒド　　L-グリセルアルデヒド

**図 2-15　D-グリセルアルデヒドおよびL-グリセルアルデヒド**

カルボニル炭素原子から最も遠い不斉炭素の絶対配置がグリセルアルデヒドのD-，L-(図2-15)のいずれに対応しているかで，D型とL型に分けられる。生物学的に重要なD型に，D-グリセルアルデヒド，D-リボース，D-グルコース，D-マンノース，D-ガラクトース，D-フルクトースがある。D型のものほど多量にはないが，天然に存在するL型の糖で重要なものに，L-フコース，L-ラムノース，L-ソルボースがある。

**(3) 環 形 成**

D-グルコースを水に溶かすと，多くの単糖と同様に，図2-14に示す開鎖構造式から考えられるよりも，不斉中心がもう一つ多いかのようにふるまう。D-グルコースは比旋光度(旋光性物質の旋光能を比較する尺度)が違う2種類の異なる異性体形，$\alpha$-D-グルコースと$\beta$-D-グルコースの形で存在しうる。

これら化合物の各々を水に溶かすと，最初は異なる比旋光度を示すが，この値は時間とともに変化し，両溶液とも最終の平衡値である同じ比旋光度の値に近づく。この変化は変旋光とよばれ，$\alpha$-D-グルコース，$\beta$-D-グルコースのどちらから出発しても，20℃の水溶液中では約1/3の$\alpha$-D-グルコースと約2/3の$\beta$-D-グルコース，およびわずかの開鎖構造(1%程度)からなる平衡混合物が生成される。種々の化学的な考察から，D-グルコースの$\alpha$および$\beta$異性体は，図2-14に示したような開鎖構造ではなく，図2-16に示す六員環構造であることが推論された。このように，D-グルコピラノース(糖の六員環形は，複

$\alpha$-D-グルコピラノース　　$\beta$-D-グルコピラノース

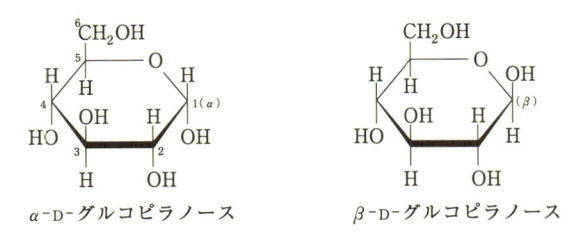

**図 2-16　D-グルコースの$\alpha$-および$\beta$-異性体(ハワースの投影式)**

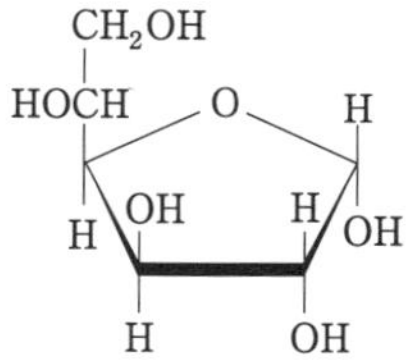

*α*-D-グルコフラノース

**図 2-17 フラノースの例**

素環式化合物ピランの誘導体であることからピラノースとよばれる)は，*α*-および*β*-と書き表される二つの異なる立体異性体として存在しうる(図 2-16)。アルドースで5個以上の炭素原子をもつものはすべて，安定なピラノース環を形成し，*α*-あるいは*β*-アノマー(カルボニル炭素の周りの立体配置のみが互いに異なる単糖の異性体)の形で存在しうる。一方，グルコースの1位のアルデヒド基と4位の水酸基が反応すると5員環となる。このような5員環はフランの誘導体とみなされ，フラノースとよばれる(図 2-17)。フラノースはピラノースに比べ不安定で，溶液中に存在するか，配糖体の成分として知られているだけである。

上述したように，水溶液中では *α*-，*β*-アノマーは互いに入れ替わりうるが(*α*-アノマー ⇌ 開鎖構造 ⇌ *β*-アノマー間の平衡による)，単糖が他の糖と結合すると，結合に関与したアノマー炭素は *α* 型か *β* 型かに固定される。図 2-18 に示すように，デンプンは D-グルコース単位が *α*(1→4)結合でつながったアミロースと，この結合以外に *α*(1→6)結合でつながった枝分かれの多いアミロペクチンの両者からなり，セルロースは D-グルコース単位が *β*(1→4)結合で多数つながったものである。

**(4) いす形とふね形**

図 2-16 に *β*-D-グルコースの環状形をハワースの投影式で示しているが，これではピラノース環があたかも平面のように見える。実際のピラノース環は平面ではなく，図 2-19 に示すような二つの立体配座(いす形とふね形)をとりうる。ピラノース環のいす形はふね形に比べ，より固くて安定なため，溶液中ではいす形のほうが優勢である。

**図 2-18** デンプン(アミロースとアミロペクチンからなる)およびセルロース

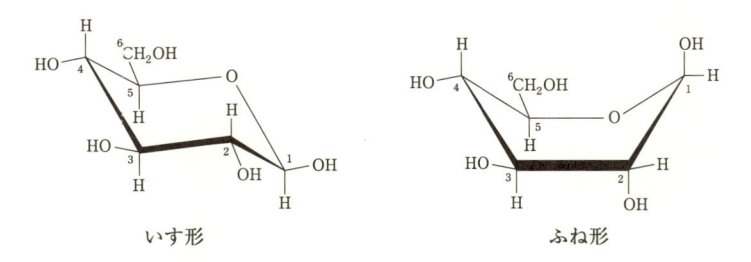

**図 2-19** $\beta$-D-グルコピラノースのいす形とふね形

## 2-3-3 糖誘導体

　主な糖誘導体(糖の分子内の小部分の変化によって生成する化合物)を以下に示す。

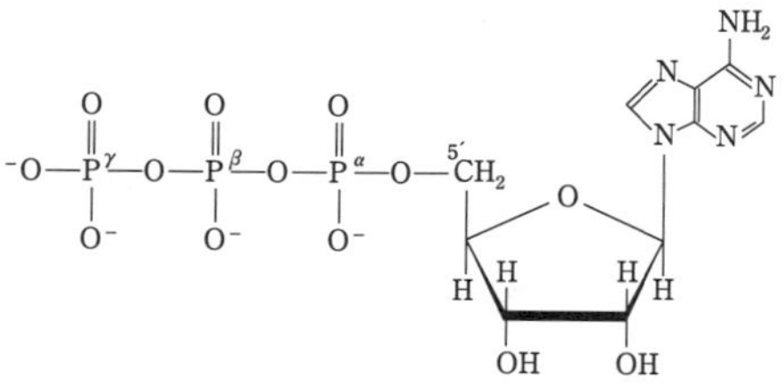

**図 2-20　ヌクレオチドの例（ATP）**

**（1）グリコシド**

　糖のヘミアセタールのヒドロキシル基と，各種アルコール，フェノール，カルボン酸などの反応基とから水がとれてできた，グリコシド結合をもつ物質の総称で，主なものに，グリコシル基が直接結合している原子が酸素である $O$-グリコシド，窒素である $N$-グリコシドがある。D-グルコースをメタノールと塩酸で処理すると2種類のグルコシド（グルコースを糖成分とするグリコシド），メチル $\alpha$-D-グルコシドおよびメチル $\beta$-D-グルコシドができる。メチル基部分が他の糖であれば二糖，このような結合により多くの糖がつながると多糖となる。$N$-グリコシドは生物学的にとくに重要で，ヌクレオチドや核酸では，D-リボースまたは2-デオキシ-D-リボースの1位の炭素と，プリン塩基あるいはピリミジン塩基の環構造を形成する窒素原子とが結合している（図2-20）。

**（2）糖アルコール**

　単糖のカルボニル基が還元されると，相当する糖アルコールになる。グリセロール，イノシトールが天然にかなり多量に存在する。

**（3）糖　酸**

　アルデヒド炭素のところで酸化を受け，相当するカルボン酸になったものがアルドン酸で，例えば D-グルコン酸のリン酸化形は糖代謝の重要な中間体である。また，ウロン酸（一級のヒドロキシル基をもった炭素のみが酸化され，カルボキシル基になったもの）は生物学的に非常に重要で，多くの多糖の構成成分である。

**（4）糖リン酸**

　単糖のリン酸誘導体はすべての生細胞に存在し，糖質代謝の重要な中間体として働く。代表的な糖リン酸を図 2-21 に示す。

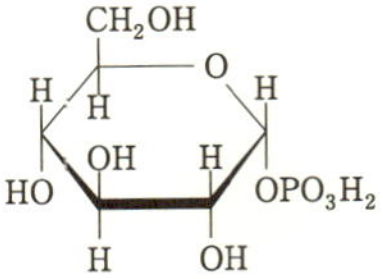

α-D-グルコース 1-リン酸

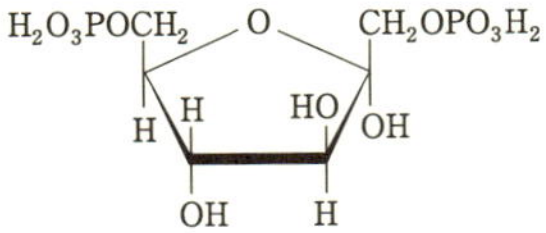

α-D-フルクトース1,6-ジリン酸

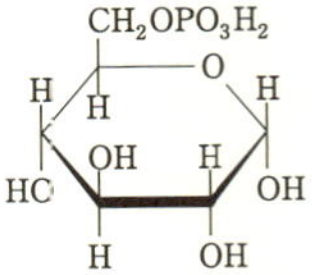

α-D-グルコース 6-リン酸

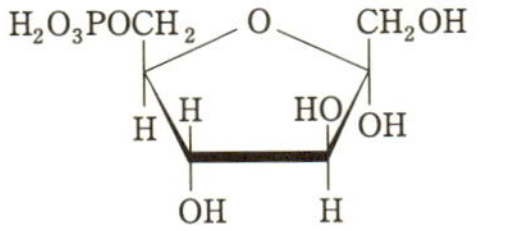

α-D-フルクトース 6-リン酸

**図 2-21　代表的な糖リン酸**

### (5)　デオキシ糖

いくつかのデオキシ糖(糖分子中の一つ以上の水酸基が水素原子で置換されたもの)が天然に見いだされている。最も多いのは 2-デオキシ-D-リボースで，デオキシリボ核酸(DNA)の構成成分である。

### (6)　アミノ糖

D-グルコサミンと D-ガラクトサミンが広く分布する。これらのアミノ糖では，2 位の炭素上のヒドロキシル基がアミノ基に置き換わっている。(*N*-アセチル-)D-グルコサミンは構造多糖キチン(昆虫や甲殻類の外骨格に存在する)の主な構成成分である。(*N*-アセチル-)D-ガラクトサミンは糖脂質の構成成分であり，軟骨の主な多糖であるコンドロイチン硫酸(アミノ糖が硫酸化されている)の構成成分でもある。

### (7)　ムラミン酸とノイラミン酸

九つの炭素からなる糖酸誘導体で，三つの炭素からなる糖酸に六つの炭素からなるアミノ糖が結合した構造をもつ。構造多糖の構築単位として重要で，*N*-アセチルムラミン酸は細菌細胞壁に，および *N*-アセチルノイラミン酸は高等動物の細胞被膜に，それぞれ見いだされる。

## 2-3-4　オリゴ糖

これまでは主に単糖について述べてきたが，単糖はグリコシド結合により他の糖と結合することができる。二つ以上，数十個程度の単糖がつながったもの(ただし，近年の複合糖質研究の発展に伴い，多糖との境界が不鮮明になりつ

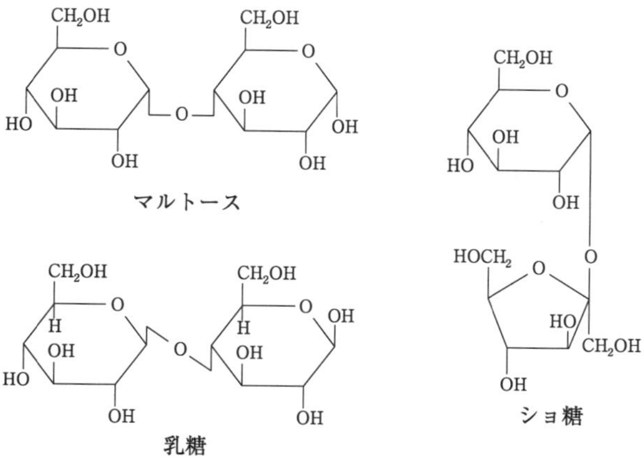

2-3 糖質の機能と神秘

図 2-22 マルトース，乳糖およびショ糖

つある）をオリゴ糖という。

### (1) 二　糖

　二糖は，2個の単糖がグリコシド結合でつながってできている。2個の単糖が互いにどの位置で結合するかを数えると，例えばD-グルコース2個の組み合わせでは，11種類にもなる。結合する単糖の種類も考慮すると，非常に多種類の二糖がありうる。その中で最も普通の二糖は，マルトース，乳糖，ショ糖である（図2-22）。マルトースはデンプンにアミラーゼを作用させたときに中間生成物としてつくられ，二つのグルコース残基をもつ。ラクトース（乳糖）は乳汁の中に見いだされる。砂糖としてなじみ深いスクロース，すなわちショ糖は，グルコースとフルクトースからなる二糖で，植物界にきわめて豊富に存在する。ショ糖は，二糖や多くのオリゴ糖と異なり，遊離のアノマー性炭素原子がない。そのためショ糖は変旋光を示さず，還元糖としてふるまうこともない。このようにアノマーの水酸基が保護され酸化されないので，ショ糖は貯蔵にも輸送にも適しており，植物の光合成の主産物として葉でつくられ，生長中の種子，塊茎など貯蔵器官に送られる。

### (2) 三　糖

　テンサイやその他多くの高等植物に豊富に存在するラフィノース，いくつかの針葉樹の樹液中に見いだされるメレジトースなど，数々の三糖（トリサッカリド）が天然に遊離の形で存在する。

## 2-3-5 多糖(グリカン)
### (1) 種　類
　天然に見いだされる糖質の大部分は，高分子量の多糖(ポリサッカリド)として存在する。その構成単位としてはD-グルコースが最も多いが，D-マンノース，D-フルクトース，D-あるいはL-ガラクトース，D-キシロース，D-アラビノースからできている多糖もよくみられる。また，D-グルコサミン，D-ガラクトサミン，D-グルクロン酸，$N$-アセチルムラミン酸，$N$-アセチルノイラミン酸などの単糖誘導体が，天然多糖の構築単位として普通に見いだされる。

　繰り返し単位である単糖の種類，結合の位置・様式，また単糖残基の数，枝分かれの程度はさまざまで，多種多様な多糖(グリカンともいう)が存在する。このうち，1種類の単糖単位のみを含むものをホモ多糖，2種類以上の異なる単糖単位を含むものをヘテロ多糖とよぶ。例えば，デンプンはD-グルコース単位のみを含むホモ多糖で，ヒアルロン酸(結合組織，関節液中などにみられる)はD-グルクロン酸残基と$N$-アセチル-D-グルコサミン残基が交互に繰り返して結合したヘテロ多糖である。ホモ多糖は，その構築単位の種類で分類される。例えば，D-グルコース単位を含有するデンプンやグリコーゲンなどの多糖はグルカンとよばれ，マンノース単位を含むものはマンナンとよばれる。

### (2) 機能面からみた多糖
　多糖には化学エネルギーの貯蔵物質としての貯蔵多糖と，細胞構造を維持する働きをもつ構造多糖がある。

　デンプン，グリコーゲンはそれぞれ植物，動物に最も豊富であり，通常，細胞の細胞質の中に大きな顆粒の形で蓄えられている。構成単位であるグルコースは，過剰に存在するときには，それらの末端に酵素的に付加され，代謝上必要なときには，酵素的に再び遊離され，燃料として使われる。

　他の貯蔵多糖として，デキストラン(酵母や細菌に見いだされる)，フルクタン(レバンともよばれる；多くの植物中)，イヌリン(キクイモ)，マンナン(細菌，酵母，カビ，高等植物)，およびキシランやアラビナン(植物組織)などがある。

　セルロースはD-グルコースが$\beta(1\to4)$結合で直鎖状につながったホモ多糖で，植物の細胞壁に存在し，植物体を支えている。$N$-アセチル-D-グルコサミンが$\beta(1\to4)$結合したホモポリマー，キチンは，昆虫と甲殻類の外骨格の主な有機成分である。細菌細胞壁にみられるペプチドグリカンは，後述するように多糖鎖にペプチド側鎖がついた構造をしている。

## 2-3-6　複合糖質——糖と異種分子の組み合わせ

糖がペプチドと結合すると糖タンパク質やプロテオグリカン，糖が脂質と結合すると糖脂質ができる。いずれも糖鎖はペプチドあるいは脂質と共有結合し，構成する糖の種類は複数であることが多い。

### （1）　糖タンパク質

糖鎖がペプチドに結合する場合，その様式により，アスパラギンのアミノ基に結合した $N$-結合型糖鎖と，セリン，トレオニンあるいはヒドロキシリシンのヒドロキシル基に結合した $O$-結合型糖鎖に分類される。糖タンパク質の複合型の糖鎖には十糖を超えるものが多い。先にオリゴ糖のところで考察したように，これら複数の糖の組み合わせは天文学的な数になる。しかし，近年研究が進展し，糖鎖構造には明確な法則性があることがわかってきた。すなわち，$N$-結合型糖鎖や $O$-結合型糖鎖には共通の母核構造があり，変化を引き起こす部分は限られている。この知見に基づき，さまざまな生物現象における糖鎖の機能が解明されつつある。例えば，受精，発生，アポトーシス，細胞接着などで，糖鎖が重要な役割を果たしていることがしだいに明らかにされつつある。

### （2）　プロテオグリカン

種々の組織(心臓，肺，肝臓など)は，細胞だけでできているのではない。組織の細胞と細胞の間は，細胞外マトリックスとよばれる巨大分子の複雑な網目構造によって満たされている。このマトリックスの主要成分の一つに，プロテオグリカンがある。プロテオグリカンは，核となるタンパク質に重量の95％程度にも達する多量の糖鎖が結合したものである。この糖鎖は，硫酸化されたアミノ糖とウロン酸(あるいはガラクトース)からなる二糖が構成単位となり，この単位が枝分かれせず繰り返し連結した，グリコサミノグリカンとよばれる多糖である。この糖は高密度の負電荷により $Na^+$ のような陽イオンを大量に引きつけ，それにより生じる高い浸透圧により，多量の水を吸収したゲルを形成している。こうして，組織を機械的に支えながら，そのすき間を水溶性分子が迅速に拡散できると同時に，細胞自体も移動できるようにしている。

### （3）　細菌細胞壁

細菌細胞は高い浸透圧に耐えることができるが，これはペプチドグリカン分子が完全な網目様の袋を形成して細胞を包んでいるためである(図2-23)。この網目の中には二つの型の鎖がある。すなわち，(1) アセチル化した二つのアミノ糖残基($N$-アセチルムラミン酸と $N$-アセチルグルコサミン)を交互に含

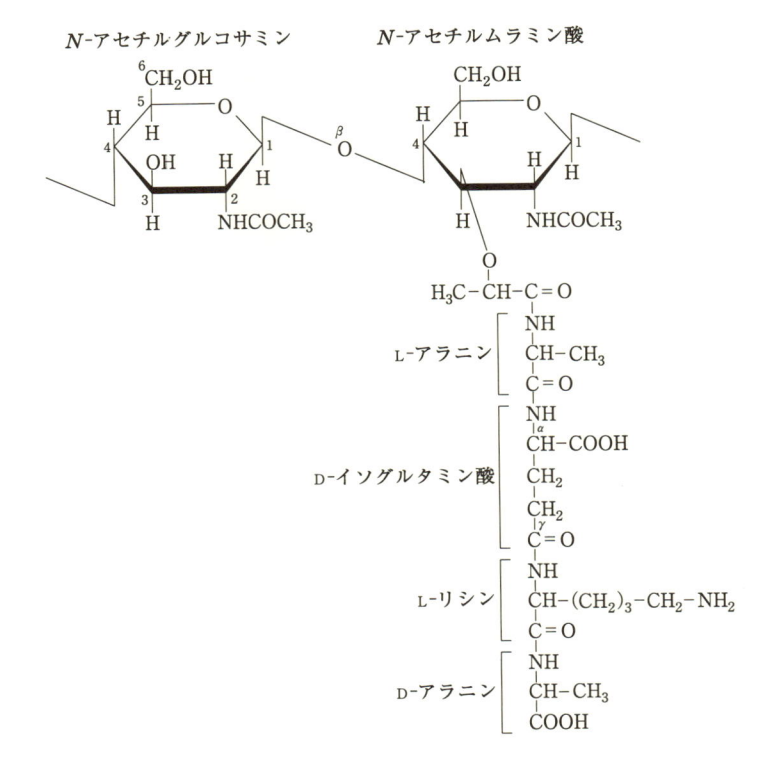

図 2-23 ペプチドグリカン

む長いグリカンの鎖と，(2) 四つのアミノ酸からなる短いペプチド鎖である。グリカン鎖とペプチド鎖間の結合，さらにペプチド鎖間の結合により，網目構造が形成され，プロトプラスト（原形質体）を覆っている。

## 2-4 脂質の機能と神秘

### 2-4-1 脂質の定義および生体内での役割

　脂質はタンパク質，糖質と並んで生体の構成成分であり，重要なエネルギー源でもある。「あぶら」という言葉で脂質を表す場合があるが，石油などの鉱物油も同様に「あぶら」とよばれることがある。脂質と鉱物油の違いをきっちり区別できるようになって欲しい。

　生体を構成する成分としての脂質（リピッド）は，大きな物質群である。日本

語で脂質と命名されているのは，タンパク質，糖質に対応する言葉である．脂質の定義は次のようになされている．(1) 水に不溶だが，エーテル，ベンゼン，クロロホルムのような脂溶性剤に溶ける．(2) 加水分解により脂肪酸を遊離する．(3) 生物体により利用される．

しかしながら，上記の定義は研究が進むにつれて，脂質の定義として十分なものとはいえなくなってきた．(1)については，水に溶ける脂質(ガングリオシド)や，逆に脂溶性剤であるエーテルに溶けない脂質(スフィンゴミエリン)が発見された．(3)の定義は，鉱物油(石油など)を除外するための条件であったが，石油を栄養源とする微生物が発見された．そのようなことで，現在では「分子中に長鎖脂肪酸または類似の炭化水素鎖をもち，生物体内に存在するか，または生物に由来するような物質」という定義に変わった．

さて，生体における脂質の役割は何であろうか？ 脂質には，大きく三つの役割があると考えられている．一つはエネルギー源としての脂質，次に生体膜としての脂質，そしてホルモンなどの生体調節物質や色素としての脂質である．以下，順に理解を深めていく．

### 2-4-2 エネルギー源としての脂質

脂質は栄養素の中で最も高いカロリー値をもっており(脂質：9.3 kcal/g，炭水化物とタンパク質：4.1 kcal/g)，動植物においてエネルギー源として蓄積されている．動物細胞ではカロリー摂取量が消費量を上回ると，超過分は必ず脂質として蓄えられる．ヒトでは皮下組織に脂肪が貯蔵されており，通常40日の絶食に耐えられる量があるといわれている．また植物種子は，発芽などのために脂質を大量に含んでいる．脂質は細胞がエネルギーを必要とするとき，すみやかに動員・分解され，エネルギーとして供給されるのである．脂質の分解は，トリグリセリド(後述)から脂肪酸を経て $\beta$-酸化により代謝され，エネルギーを獲得していく．この $\beta$-酸化は生物に共通の脂質代謝経路である．詳しくは生化学の専門書を参考にして欲しい．

次に，エネルギー源としての脂質の構造をみてみたい．

脂質に共通の構成成分は脂肪酸である．天然の脂肪酸のほとんどは，偶数個の炭素が直鎖状に連結した構造($C_4$〜$C_{22}$)を有しており，末端にカルボキシル基(—COOH)をもつ(一般式は R—COOH で表される)．分子内に二重結合をもたないものを飽和脂肪酸といい，二重結合をもつものを不飽和脂肪酸という．表2-2に主な天然飽和脂肪酸，表2-3に主な天然不飽和脂肪酸を示す．

表 2-2 主な天然飽和脂肪酸

| 脂肪酸 | 炭素数 | 構造 | 主な所在 |
|---|---|---|---|
| 酪酸 | 4 | $CH_3(CH_2)_2COOH$ | 乳脂 |
| カプロン酸 | 6 | $CH_3(CH_2)_4COOH$ | 乳脂, やし油 |
| ラウリン酸 | 12 | $CH_3(CH_2)_{10}COOH$ | やし油, パーム核油 |
| パルミチン酸 | 16 | $CH_3(CH_2)_{14}COOH$ | 動植物油脂一般 |
| ステアリン酸 | 18 | $CH_3(CH_2)_{16}COOH$ | 動植物油脂一般 |

表 2-3 主な天然不飽和脂肪酸

| 脂肪酸 | 炭素数：二重結合数 | 二重結合の位置* | 主な所在 |
|---|---|---|---|
| パルミトレイン酸 | 16：1 | 9 | 魚油, 牛脂, 豚脂 |
| オレイン酸 | 18：1 | 9 | 乳脂, オリーブ油, なたね油 |
| リノール酸 | 18：2 | 9, 12 | サフラワー油, 大豆油, なたね油 |
| リノレン酸 | 18：3 | 9, 12, 15 | 大豆油, アマニ油, シソ油 |
| アラキドン酸 | 20：4 | 5, 8, 11, 14 | 肝油, 牛肉, 豚肉, 魚肉 |
| エイコサペンタエン酸 | 20：5 | 5, 8, 11, 14, 17 | 魚油 |
| ドコサヘキサエン酸 | 22：6 | 4, 7, 10, 13, 16, 19 | 魚油 |

＊：カルボキシル基の炭素から数えた番号

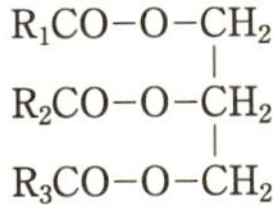

$$R_1CO-O-CH_2$$
$$R_2CO-O-CH_2$$
$$R_3CO-O-CH_2$$

図 2-24 グリセリド
$R_1$, $R_2$, $R_3$ は脂肪酸を示す。

脂肪酸は, 脂質という形で体内に蓄えられ, また生体の構成成分となる。脂質は, 1～3個の脂肪酸とグリセリンがエステル結合で連結した構造をしており(グリセリドともよばれる；図2-24), 単純脂質と複合脂質の二つに大別される。単純脂質は脂肪酸(高級脂肪酸)とグリセリンから構成されているのに対し, 複合脂質はさらにリン酸や糖を含むものである(リン脂質または糖脂質)。このうち, 単純脂質が生物のエネルギー源となっている。

### 2-4-3 膜を構成する脂質

単純脂質が生物のエネルギー貯蔵体であるのに対し, 複合脂質は細胞内外の膜構造を形成する主要構成成分になっている。複合脂質はその分子中に, 脂肪

## 2-4 脂質の機能と神秘

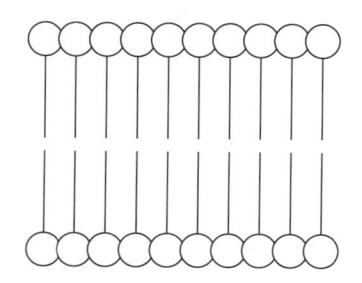

**図 2-25 極性脂質の二重膜**
○は親水性基，——は疎水性炭化水素鎖を示す。

```
複合脂質 ─┬─ リン脂質 ─┬─ グリセロリン脂質
          │             └─ スフィンゴリン脂質
          └─ 糖脂質 ───┬─ グリセロ糖脂質
                        └─ スフィンゴ糖脂質
```

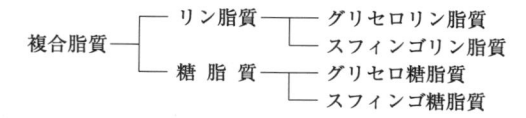

**図 2-26 複合脂質の分類**

酸の炭化水素よりなる疎水性部分と，リン酸，有機塩基，糖などの親水性部分をもっており，界面活性作用がある。これらの極性脂質は，水中では2分子層を形成しており，炭化水素は膜の内側を向いて連続した疎水性の相(膜)を形成し，親水性部分は膜の外側の水相に接している(図2-25)。この極性脂質による二重膜構造が生体膜の基本構造であり，生体膜ではその親水性部分にタンパク質が結合し，また疎水性部分には油脂やコレステロールなどが取り込まれている。

複合脂質はリン脂質と糖脂質に分類され，リン脂質はさらにグリセロリン脂質とスフィンゴリン脂質に分類される。また糖脂質はグリセロ糖脂質とスフィンゴ糖脂質に分類される(図2-26)。

グリセロリン脂質は，グリセロリン酸(グリセリンにリン酸がエステル結合したもの)を骨格とするリン脂質であり，脳，肝臓，卵黄，植物種子などに豊富に存在する。代表的なものにレシチンがあり，天然の界面活性剤として食品や化粧品などの乳化に広く利用されている。グリセロ糖脂質は，親水性基として炭水化物などをもち，脂溶性基としてジアシルグリセロールなどをもつ糖脂質であり，植物の葉緑体，グラム陽性細菌の細胞膜，精細胞などに含まれる。

スフィンゴ脂質は図2-27に示すようなスフィンゴシンを骨格としてもつ脂質の総称である。スフィンゴリン脂質はリンを含有するスフィンゴ脂質であ

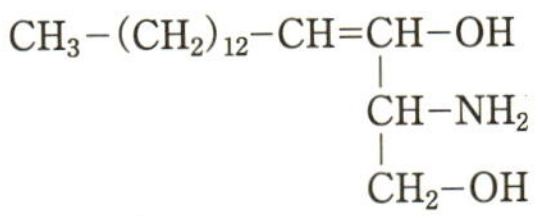

$$CH_3-(CH_2)_{12}-CH=CH-OH$$
$$|$$
$$CH-NH_2$$
$$|$$
$$CH_2-OH$$

図 2-27　スフィンゴシン

り，代表的なものとしてスフィンゴミエリンがある。生体内では，脳，神経組織および血液中に多く存在し，とくに神経線維のミエリン鞘の主要構成成分である。一方，スフィンゴ糖脂質は，スフィンゴ脂質の中で糖を含むものであり，神経細胞，赤血球，その他の器官細胞壁の外側に多く存在する。

### 2-4-4　生理機能をつかさどる脂質

生体内には生理機能にかかわる脂質が多く存在する。プロスタグランジンは，シクロペンタン環を含む特異的な構造をもつもので，動物のさまざまな組織に広く存在している。ホルモンとは違って，局所で生産され機能する点が特徴である。平滑筋収縮，血圧降下，脂質分解抑制，血小板凝集阻止などの生理活性作用があり，きわめて微量で強い活性を示すことから，新しい医薬品素材として注目されている。

イソプレン($CH_2=C(CH_3)CH=CH_2$)の重合体と考えられる炭素骨格をもつ天然化合物は，生物界に広く分布しており，イソプレノイドといわれている。植物精油成分(植物の香気成分)であるテルペンや生体色素であるカロチノイドは，イソプレノイドである。ステロイド環とよばれるペルヒドロシクロペンタノフェナントレンを骨格にもつステロイドもイソプレノイドであり，コレステロール，胆汁酸，ホルモン心臓毒などがある。ステロイドは特異的で強い生理活性作用を示すものが多く，副腎皮質ホルモンや性ホルモンもステロイドに属する。

## 2-5　細胞の機能と神秘

### 2-5-1　細胞とは

遺伝子からタンパク質をはじめとしてさまざまな物質がつくり出され，生命を維持している。それらの物質を格納し，生命体を構成している「生命活動の最小単位」が，細胞(セル)である。

2-5 細胞の機能と神秘

細胞に関する研究は17世紀ころから数多くなされ，次の細胞説(cell theory)に行きつくまでには150年以上を要している。「細胞は細胞からしか生まれない。細胞は独立して生命機能を営み，生物体をつくり上げる構造的かつ機能的単位である。」この細胞説は，1838年ころドイツのSchleidenとSchwannにより提唱され，細胞の定義として定着して現在に至っている。

## 2-5-2 細胞の大きさと観察

生物種により細胞の大きさはさまざまであるが，通常$1\sim 60~\mu m$である。ただ例外もあり，マイコプラズマの細胞はわずか$0.1~\mu m$である。逆に大きいものではダチョウの卵やソテツの卵細胞など，20 cmに達するものもある。栄養分の多い卵は別として，細胞内器官をもたない原核細胞は$1~\mu m$前後である。細胞を観察するには顕微鏡が不可欠であり，細胞の研究は顕微鏡の性能に依存してきたといっても過言ではない。

18世紀後半から，細胞を観察するためさまざまなレンズや光の回折効果を計算した顕微鏡の開発が行われ，光学顕微鏡に発展した。この光学顕微鏡は，対物レンズと接眼レンズからなる装置で，最高倍率が2000倍まで達している。無色透明な生体試料を染色せずに観察するため，位相差顕微鏡，微分干渉顕微鏡，偏光顕微鏡などが開発された。最近ではエレクトロニクス技術の進歩により，高感度カメラやコンピュータによる画像解析技術などを駆使した，共焦点レーザー顕微鏡をはじめとする新しい顕微鏡が考案されつつある。

一方，より詳細な観察を実現するため，光の代わりに波長の短い電子線とそれをコントロールする磁石(電子レンズ)を用いて倍率を上げた電子顕微鏡が開発され，1950年ころから生物学の分野にも応用され始めた。光学顕微鏡を用いた場合，分解能の限界は$0.2~\mu m$(大腸菌が$1\sim 3~\mu m$)であるのに対し，電子顕微鏡では1 nm以下である。このように電子顕微鏡のほうが200倍以上も分解能が高く，ウイルスやDNAを観察することが可能である。電子顕微鏡には，(1) 薄い試料を通過してきた電子線を蛍光板に当てて像を観察する透過型電子顕微鏡(transmission electron microscope；TEM)と，(2) 試料の表面にきわめて細い電子線ビームを当てて，散乱や二次的に発生する電子線の量を測り，その量を補正する二次ビームを蛍光板に当て，立体像を観察する走査型電子顕微鏡(scanning electron microscope；SEM)がある。最近では，できるだけ自然の状態で生体試料を観察するため，低真空の電子顕微鏡も開発されている。

### 2-5-3 原核細胞と真核細胞

　全生物界の細胞は，その構造と機能から原核細胞(procaryotic cell)と真核細胞(eucaryotic cell)に大別される。原核生物は進化の過程で先に現れたと考えられ(約37億年前)，細菌，ラン藻(シアノバクテリア)，スピロヘーター，リケッチア，マイコプラズマなどが該当する。大気中に酸素ができたのち，原核細胞から進化したものが真核細胞であり(約15億年前)，多細胞生物をはじめとするほとんどの生物体がこれに該当する。

　両者の重要な違いは，原核細胞には核膜がなく，DNAが裸のまま細胞の特定領域に存在しているのに対し，真核細胞のDNAは，二重膜で囲まれた核の中にあることである。また，原核細胞には細胞内器官といえる構造が存在しないが，真核細胞には膜によるさまざまな顆粒構造が存在するのが特徴である。原核生物の膜は細胞膜だけであるため，細胞膜全体を使ってエネルギー変換を行っているが，真核生物では膜で仕切られた多くの器官で独立に行われている。原核生物である細菌，真核生物である動物細胞と植物細胞の模式図を図2-28, 29, 30に示す。

　原核細胞と真核細胞は，ゲノムDNAの構造も異なっている。原核細胞のゲノムDNAは環状のDNAであり，通常は1本鎖である。ただし，一部の細菌ではプラスミドとよばれる小さな環状DNAを付加的に持つ場合もあり，ときとしてそれがメガプラスミドとよばれるほど大きい場合がある。

　一方，真核細胞の核には2本鎖状のDNAが数本から数十本含まれている。このDNA分子は，塩基性のタンパク質ヒストンと結合しており，染色体(クロモソーム)という構造体をなしていることから，染色体DNAとよばれている(この染色体の語源は，酸性の色素で特異的に染まることからきている)。原

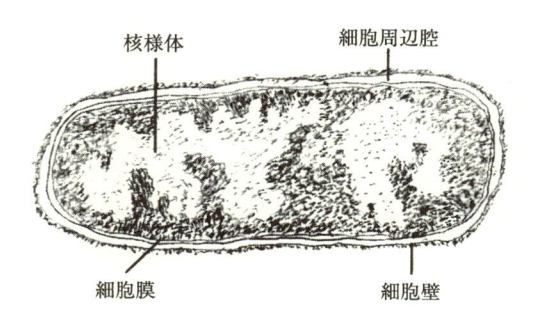

図 2-28　模式化した微生物細胞

2-5 細胞の機能と神秘

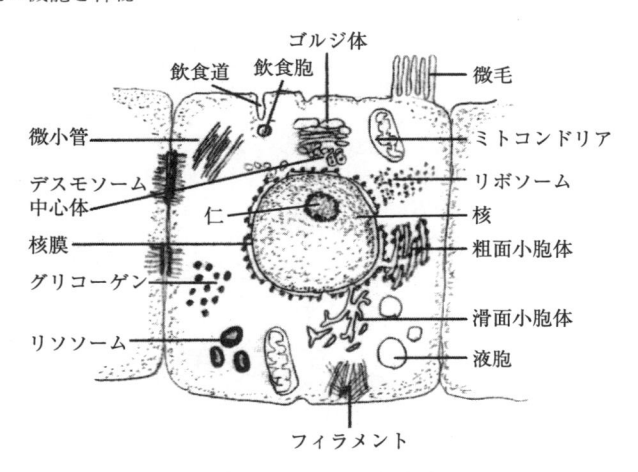

図 2-29 模式化した動物細胞

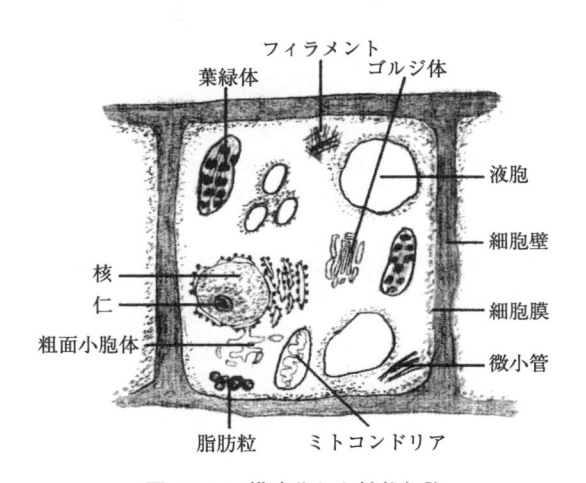

図 2-30 模式化した植物細胞

核細胞のゲノム DNA は同じようには染色されないが，統一的に理解しやすいよう，原核細胞のゲノム DNA も同様に染色体 DNA とよばれる。原核細胞と真核細胞の違いを表 2-4 にまとめておく。

### 2-5-4 動物の細胞

動物の細胞は細胞膜に包まれており，核と細胞体に分けられる。核は，核膜

表 2-4　原核細胞と真核細胞の違い

|  | 原核細胞 | 真核細胞 |
|---|---|---|
| 核 | 核はない | 二重膜で囲まれた核がある |
| DNA | 細胞の特定の領域に存在する | 核の中に存在する |
| 膜構造 | 細胞内にはない | 細胞内器官が多数存在する |
| 酸素呼吸 | 細胞全体の膜構造で行う | ミトコンドリアで行う |
| 細胞分裂 | 二分裂 | 有糸分裂と有性生殖 |
| リボソーム | 30 S と 50 S | 40 S と 60 S |

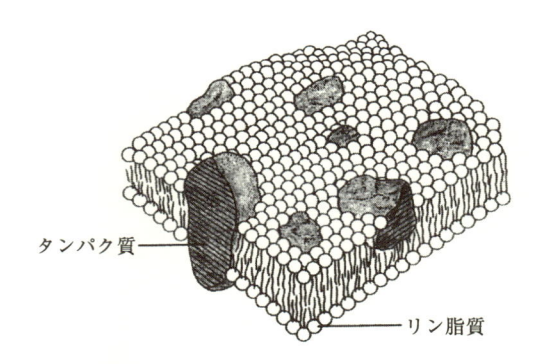

図 2-31　生体膜の模式図
［羽柴・山口，2003 より転載］

に囲まれた遺伝物質を貯蔵する場所である。細胞体の主要部分である細胞質には，細胞小器官と封入体が存在する。細胞小器官は，動物細胞に共通する固有の形態と機能をもつ小器官である。この中には，ミトコンドリア，ゴルジ体，小胞体，リソソーム（水解小体）などがある。封入体は，細胞の代謝産物あるいは生産物の集積物である脂肪滴，分泌顆粒，色素堆積，グリコーゲン顆粒などがある。

細胞膜は，細胞の内外の境界を形成する厚さ 7.5～10 nm の膜であり，脂質の二重の膜（脂質二重膜）にタンパク質が埋め込まれた構造である（図 2-31）。ミトコンドリア内膜および外膜，ゴルジ体膜，小胞体膜，核膜などの生体膜は細胞膜と同じ構造をとっている。

核は，細胞の遺伝情報の保存と伝達を行う器官であり，ほとんどすべての細胞に存在する。核の中には遺伝情報をつかさどる DNA，核タンパク質，そして RNA が含まれる。細胞分裂が行われる期間の核では，表面は二重の核膜で包まれる。核膜には多数の核膜孔という核と細胞質をつないでいる通路が存在

## 2-5 細胞の機能と神秘

している。

　細胞質の中心部に位置する中心体は，しばしばゴルジ体に囲まれている。中心子は自己複製能をもつ小器官で，細胞の有糸分裂時に重要な役割を果たしている。

　小胞体は，閉鎖された細胞内の管状および嚢状の構造物であり，粗面小胞体(rough endoplasmic reticulum；rER)と滑面小胞体(smooth endoplasmic reticulum；sER)に分類される。粗面小胞体膜の外側にはタンパク質合成の場であるリボソームが付着している。分泌タンパク質，膜タンパク質やリソソーム酵素は，粗面小胞体膜上の付着リボソームで合成され，小胞体腔に遊離しゴルジ体に送られる。滑面小胞体は付着リボソームをもたず，通常細管状の網目状構造をとる。滑面小胞体は，トリグリセリド，コレステロール，ステロイドホルモンなどの脂質を合成する細胞においてよく発達している。粗面小胞体と滑面小胞体は連続しており，機能に応じて局所的に発達する。

　ゴルジ体は，1898年にGolgiにより発見された細胞内網状構造をもつ器官で，分泌物の形成，タンパク質への糖鎖の付加，糖衣の形成，水解小体の形成，分泌タンパク質前駆体の修飾などが行われる。

　ミトコンドリアは，糸状や顆粒状で細胞内に散在している。その大きさは，直径$0.1〜5.0\ \mu m$，短径$0.1〜1.0\ \mu m$であり，外膜と内膜の二つの膜で包まれている(図2-32)。内膜はひだ状の隆起(クリスタ)を形成している。ミトコンドリアでは，細胞の呼吸を行いエネルギー(ATP)を生産する。ミトコンドリアは独自の核酸を備え，自己複製をする。すなわち独自に分裂や増殖を行えるのである。また，rRNAやtRNAを有しており，一部のタンパク質を合成

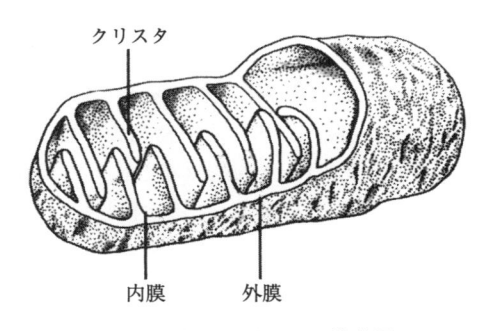

図2-32　ミトコンドリアの模式図
[羽柴・山口，2003より転載]

することもできる。

　リソソームは水解小体ともよばれ，膜に囲まれた直径 $0.2〜1.0\,\mu m$ の顆粒であり，その形は一様ではない。リソソーム内には約50種類の酵素が存在し，細菌，ウイルス，そして毒素などの細胞外物質を消化する他家食作用，また過剰な細胞内小器官などの細胞自身の構造物を消化する自家食作用を有している。

　動物細胞は，植物細胞や微生物細胞のように細胞壁を有していない。細胞を支えるために細胞質内には，多数の微小管や微小繊維が立体的に配列している。このような構造を細胞骨格という。細胞骨格は，マイクロフィラメント，中間径フィラメント，微小管という三つのタンパク質から構成されている。

### 2-5-5　植物の細胞

　植物細胞の構造は，基本的には動物細胞と類似している。ここでは，動物細胞には見られない，植物細胞に固有な細胞壁，色素体，および液胞について解説する。

　細胞膜の外側にある繊維性の細胞壁は，細胞の形を規定しその支持と保護を担っている。細胞壁の主成分はセルロースであり，リグニンという二次代謝産物が蓄積してくると木化(もくか)する。生物界で細胞壁をもつものは，植物のほかに，細菌，ラン藻，菌類，藻類などがある。これらの細胞壁にはセルロースを含まないものもあり，それらはペクチンなどの多糖類からなっている。

　色素体は，植物細胞に固有に存在する葉緑体や類縁の細胞小器官の総称である。ミトコンドリアと同様に二重の膜に包まれて，自らの有するいくつかのタンパク質をコードする遺伝子とそれらの複製，転写，そして翻訳系をもっている。組織に特異的な分化が著しく，大きさや形状，内部構造や機能は多様である。

　液胞は，植物や酵母に見られる内部が酸性の細胞小器官で，液胞膜とよばれる一重の生体膜で囲まれている。成熟した植物細胞では，その体積の80〜90％を占める。植物細胞においては大きな貯蔵庫としての役割を果たしており，数多くの重要な代謝産物や不要物を貯蔵または蓄積している。また加水分解酵素活性も有しており，細胞内の分泌系としても働いている。

### 2-5-6　微生物の細胞

　多くの細菌は単細胞で，桿(かん)状，短桿状，または球状であり，1本ないし多数

の鞭毛をもつものが多い。菌体の大きさは幅 0.5～1.0 μm, 長さ 1.0～数 μm のものが多く, その最外層は粘質膜や莢膜(きょうまく)で包まれている。その内部は, 細胞壁, 細胞膜, 細胞質で構成されている。細胞質はリボソームで満たされており, 中心部にはゲノム DNA がある。また細菌には, 菌体表面に線毛とよばれる繊維状構造物をもつものや, 芽胞(3章3-2-1項(1)参照)をつくるものがある。

　菌類は真核細胞をもつ微生物であり, カビやキノコなどが該当する。菌類の細胞は高等植物の細胞と基本的に同じであり, 核膜に包まれた核, ミトコンドリアやその他の細胞小器官とこれらを包む細胞膜, そして外側に存在する細胞壁から構成されている。


## ■ 参考文献（2章）

Alberts, B., Bray, D., Lewis, J., Raff, M., Roberts, K., Watson, J. D. ／大隅良典ほか 監訳(1990)『細胞の分子生物学（第2版）』, 教育社.

Conn, E. E., Stumpf, P. K., Bruening, G., Doi, R. H. ／田宮信雄・八木達彦 訳(1988)『コーン・スタンプ生化学（第5版）』, 東京化学同人.

羽柴輝良・山口高弘 監修(2003)『応用生命科学のための生物学入門（改訂版）』, 培風館.

池北雅彦・入村達郎・辻勉・堀戸重臣・吉野輝雄(2000)『糖鎖学概論』, 丸善.

小山次郎(1996)『免疫のしくみ』, 化学同人.

Lehninger, A. ／石神正浩ほか 訳(1977・1978)『生化学——細胞の分子的理解—— 上・下（第2版）』, 共立出版.

岡山繁樹(1994)『生物科学入門——分子から細胞へ——（改訂版）』, 培風館.

左右田健次 編著(2001)『生化学——基礎と工学——』, 化学同人.

Stanier, R. Y., Ingraham, J. L., Wheelis, M. L., Painter, P. R. (1986) "The Microbial World (5th ed.)", Prentice-Hall.

田村隆明・山本雅 編(2003)『分子生物学イラストレイテッド（改訂2版）』, 羊土社.

蛋白質研究奨励会 編(1998)『タンパク質ものがたり』, 化学同人.

Voet, D., Voet, J. G. ／田宮信雄ほか 訳(1996)『ヴォート生化学 上・下（第2版）』, 東京化学同人.

和田博(1992)『生命のしくみ』, 化学同人.

八木達彦・尾形真理(1996)『生化学』, 裳華房.

# 3

## 多様な生物

## はじめに

　地球上には，名前のある約200万種のほかに，名前のない生き物が3000万から5000万種いるといわれている。あるいは，2億種という考えもある。このような多様な生き物を，動物と植物の世界に分けて理解しようとしたのがリンネ[*1]である（2界説，1753年）。当時，ようやく知られるようになってきていた，カビや細菌のような微小な生き物（微生物）は，主に外面的な特徴から植物界に含められていた。リンネの2界説は，今でも使われるほどなじみ深いものであるが，微生物の特徴が明らかになってくると，生き物全体を正しく理解することが難しくなってきた。

　1866年Haeckelは，動物界と植物界から，「単細胞で組織分化のほとんどない」生き物を，Protista（原生生物界）として分けることを考えた（3界説）。原生生物界は原生動物と原生植物に分けられていたが，一方では細菌とラン藻が一つのグループ（モネラ）をつくっていることも認識されていた。その後，細胞生物学の進歩を取り入れ，原生生物界を，核やミトコンドリアなどの細胞内器官をもつ真核生物と，はっきりとした核膜がなく，細胞内器官をもたない原核生物に分けることが提案された。高等微生物と下等微生物に分ける考え方もあった。

---

[*1] リンネは，界（kingdom）の下に，門（phylum または division），綱（class），目（order），科（family），属（genus），種（species）の階級を置き，生物の名称（学名）を，属名と種名で表すことを提唱した（二名法）。二名法は現在も使われていて，例えばヒトは *Homo sapiens* と表す。学名はラテン語で，イタリック体で書き，属名は大文字で書き始める。命名法は国際的な規約で定められている。日本語の名称はカタカナで表す。

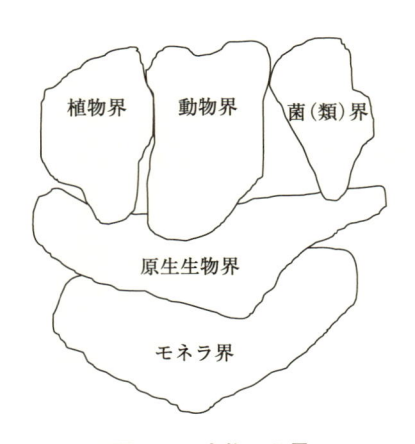

図 3-1　生物の5界

　1969年にWhittakerは，体のつくりとエネルギー獲得の方法によって，生き物を五つの界に分ける考えを提唱した(5界説；図3-1)。生き物を，その細胞の構造によって，まず原核生物(細菌とラン藻など，モネラ界)と真核生物に大別する。次いで，真核生物を，原生動物と微細藻類を含む原生生物，動物，植物，菌類の四つの界に分けるものである。現在のところ，生き物全体を理解するための考え方として，この5界説が比較的妥当であるとされている。

　現存の生き物を比較して，近縁な種類を並べていくと，それらのおおよその関係(系統)が見えてくる。より原始的な生き物の名前を下の方に書いて，全生物の系統を線で結んでいくと，樹木の根や幹から，次々に枝が分かれていくように見える。これが「系統樹」で，生き物の進化の結果を表すものでもある。つまり5界説では，生き物は，細菌とラン藻類を含むモネラから，原生生物を経て，エネルギーをそれぞれ「光合成」，「消化」，「吸収」によって獲得する，植物，動物，菌類に進化したものと考えている。

　しかし，ここに述べた分類や系統の中には，ウイルスが含まれていない。ウイルスの存在とその特徴が明らかになったのが比較的最近のことであるうえに，ウイルスがほかの生き物とまったく似ていないからである。ウイルスは，その特徴から独自の界を形成するものと考えられているが，進化的起源がわからないので，生物5界との関係を説明できない。

　なお，生物間の系統関係を調べる方法は，生物学の進歩とともに変わってきたし，今後も変わる可能性がある。リボソームRNAの情報から，「界」の上

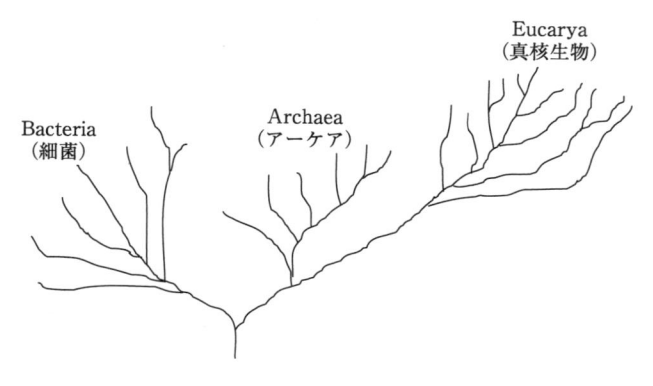

図 3-2 生物の3ドメイン

に三つの「ドメイン」(Bacteria, Archaea, Eucarya)を設けようとする考え（図 3-2）もその例である。

本章では，さまざまな生き物を順次解説するが，その項目の中には，「微生物」や「藻類・原生動物」のように，5界の名前ではないものがある。これは，別章で述べる実用技術の分野で慣用的に使われる分類のやり方（人為分類）を考慮したためである。しかしその場合でも，各生き物の自然分類上の位置をよく認識していることが必要である。

## 3-1 ウイルス

ある種の微生物が伝染病の原因であるということは，19世紀の終わりごろにはほぼわかっていた。このような病原微生物は，人工的な培地中で増殖し，光学顕微鏡で見ることができるものであった。また，目の細かい濾過装置で集めることもできた。

一方，そのころから上に書いたような病原微生物にあてはまらない「濾過性病原体」の存在が知られるようになり，そのうちの一つであるタバコモザイクウイルスが初めて取り出された。その後，同じような病原体が，他の植物に，さらには動物や微生物に次々と見いだされ，性質も明らかになってきた。

生物5界の生き物は，すべて細胞または細胞の集合体である。しかしウイルスは，細胞という生き物としての基本単位をもっていない。タンパク質でできた殻（カプシド）に包まれた DNA（または RNA）だけからなるウイルスは，細

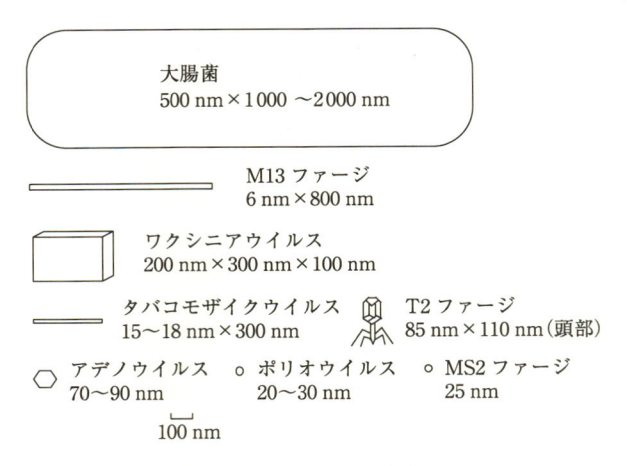

```
           ┌─────────────────────────────┐
           │      大腸菌                 │
           │  500 nm×1000〜2000 nm       │
           └─────────────────────────────┘

           ─────────────  M13 ファージ
                          6 nm×800 nm

           ┌──┐           ワクシニアウイルス
           └──┘           200 nm×300 nm×100 nm

           ──    タバコモザイクウイルス    T2 ファージ
                 15〜18 nm×300 nm         85 nm×110 nm（頭部）

           ⬡ アデノウイルス   ・ ポリオウイルス   ・ MS2 ファージ
             70〜90 nm         20〜30 nm           25 nm

                    ──
                   100 nm
```

図 3-3　ウイルスの大きさ

胞よりはるかに小さく，電子顕微鏡でなければ見えない（図3-3）。しかもウイルスは，ほかの生き物（宿主）の細胞の中に入り込んで，宿主の生命装置を用いてはじめて増殖できる。また，生きるために必要なエネルギー物質を自分で合成できない。したがって宿主細胞から出ると増殖も成長もしない。ウイルスのあるものは，結晶として取り出すこともできる。この状態で何年間も生命を維持し，宿主と接触すると再び活動をはじめる。このような特徴をもつウイルスの起源は，今のところわかっていない。

　ウイルスは，これが人間や人間生活に必要な生き物に与える災害の点で，関心をもたれることが多い。しかしウイルスは，病原体としてだけでなく，ほかの生き物の進化に大きな影響を与えてきたし，生命科学の発展にも重要な役割を果たしてきた。また近年では，ある種のウイルスを医療に利用することも期待されている。以下，ウイルスについて基本的なことがらを概説する。

### 3-1-1　種　　類

　ウイルスは，寄生する宿主の種類によって動物ウイルス，植物ウイルス，細菌ウイルス（バクテリオファージ，またはファージ）に，あるいは遺伝物質の種類によってDNAウイルスとRNAウイルスに大別される。このような便宜的な分け方のほかに，核酸の形状（2本鎖か1本鎖，環状か鎖状），遺伝物質の複製と形質発現の方法，ウイルス粒子の形や大きさ，ウイルスを包む膜（エンベ

ロープ)の有無なども分類のための国際的な基準である。

### 3-1-2 感染と増殖

　ウイルスは，下記のような段階を経て感染し増殖するが，宿主とウイルスの種類によって細かなところは異なる。最もよくわかっているのは，ある種のファージの場合であって，これについてはあとで述べる。

　細菌細胞との接触後，ファージは細胞表層にある特定部位(レセプター)に吸着する。ファージの中には，線毛や鞭毛に吸着するものもある。動物細胞の場合も，ウイルス粒子は細胞表層上のレセプターに吸着する。

　細菌細胞に吸着したファージの遺伝物質が，宿主細胞に注入されるようすは，大腸菌のファージでよく研究されている(後述)。しっかりした細胞壁をもたない動物細胞の場合は，細胞膜の飲作用や細胞膜との融合によって侵入する(図3-4)。固い細胞壁で包まれている植物細胞の場合は，ウイルスは吸着・侵入できない。ほとんどの植物ウイルスは，昆虫など特定の媒介動物が植物体を傷つけたときに伝染する。媒介動物が関与しないウイルスは接触による傷から感染する。

　宿主の細胞内で，ウイルスの遺伝情報を含むmRNAが生成し，これが宿主細胞のタンパク合成系などを利用することで，ウイルスが増殖する。しかし，mRNAの生成までの形式は，ウイルス核酸の種類と状態によって異なる。

(a) 細胞の飲作用

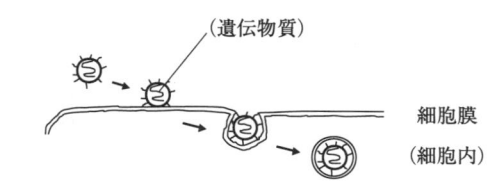

(b) 細胞膜との融合

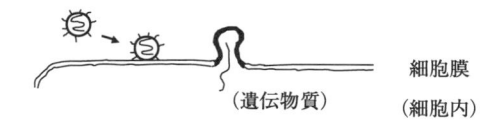

**図 3-4　動物ウイルスの細胞への侵入**

### 3-1-3 ファージ

　ウイルスの働きを，生命科学の領域でよく使われる大腸菌ファージを例にして説明する。大腸菌ファージの多くは 2 本鎖 DNA を遺伝物質としているが，1 本鎖 DNA や RNA をもつファージもいる。形はさまざまであるが，細長い尾部をもつ正多面体の T 偶数系ファージ（T2，T4 など）が代表例としてよく示される（図 3-5）。

　大腸菌ファージは，宿主に対する毒性によって，T 偶数系ファージなどのビルレント[*2]ファージと，λ ファージなどのテンペレート[*3]ファージに分けられる。

#### （1）　ビルレントファージ

　大腸菌細胞表層の特定の場所に，尾部繊維で吸着する（図 3-5）。次いで，尾部から DNA を注入する。このとき，大腸菌のタンパク合成系が停止する。次いで，大腸菌の RNA ポリメラーゼを利用して，ファージ DNA を鋳型にした mRNA が生成される。これを鋳型にして，DNA 合成に必要な酵素タンパク質が合成され，ファージ DNA が複製される。次いで，ファージ粒子を構成するタンパク質の合成に必要な酵素がつくられ，ファージ粒子ができあがる。成熟したファージが一定数になると，大腸菌の細胞はファージの溶菌酵素によって溶かされ，ファージが放出されていく。

#### （2）　テンペレートファージ

　細胞内に注入されたファージ DNA は，大腸菌の染色体に組みこまれ，プロ

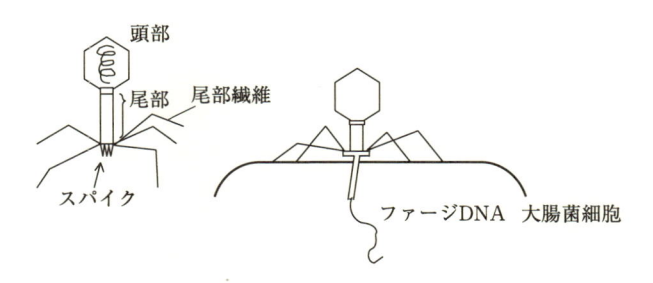

**図 3-5　T 偶数ファージ**

---

[*2]　virulent：「猛毒の」
[*3]　temperate：「温和な」
　　　ビルレントファージは常に宿主を溶菌するが，テンペレートファージの場合は必ずしもそうでない。テンペレートファージは形質導入などにおいて利用され，遺伝子組換えの道具として重要である。

ファージとなる。これを細菌の溶原化といい，溶原化した細菌は溶原菌とよばれる。ファージDNAは，溶原菌の細胞分裂に伴って細菌染色体と一緒に複製され，子孫細胞に伝えられる。溶原菌に紫外線照射などの刺激を与えると，ファージの増殖が誘発され，ビルレントファージの場合と同じように溶菌が起こってファージが放出される。なお，第5章5-1節で取り上げる発酵テクノロジーで使われる発酵菌（細菌や放線菌）を宿主とするファージもあって，これらは発酵工業の生産阻害の原因となる。

## 3-2 微生物

　微生物という言葉は，分類学上の用語ではない。顕微鏡でなければ見えないような微小な生き物の総称であって，5界説のモネラ界（細菌，放線菌，ラン藻），原生生物界（微細藻類，単細胞の原生動物），菌類界（カビ，キノコ，酵母などの真菌類や粘菌類）と植物界の一部（緑藻類）など，さまざまなものを含んでいる。微生物の増殖速度は一般に大きく，その形や機能はさまざまで，種類も非常に多い。地球上いたるところに分布し，動植物とその遺体や廃棄物などの分解，腐敗，発酵にかかわり，物質とエネルギーの循環に重要な役割を果たしている。あるいは病原体として，ほかの生き物に大きな影響を与えることもある。したがって，微生物を対象とする学問（微生物学）は，その視点によって，環境微生物学，土壌微生物学，海洋微生物学，食品微生物学，応用微生物学，病原微生物学などに分かれることになるが，それらの基礎は同じである。ここでは，微生物を利用する立場で概説する。

　無細胞性のウイルスも「微生物」として取り扱われることもあるが，本書では3-1節で説明した。また，モネラ界のラン藻と植物界の緑藻は，次節3-3節（原生動物と藻類）で説明する。

### 3-2-1 原核微生物（細菌類）

　モネラ界に属する原核細胞性の微生物は，細菌，古細菌，ラン藻，放線菌などのように，それぞれの特色によって区別されることが多い。

#### （1）細　　菌

　細胞は固い細胞壁をもち，球状（球菌），桿状（桿菌）のほかに，ラセン状（ラセン菌）など，さまざまな形のものがある（図3-6）。細菌の大きさは種類によって異なるが，カビや酵母などの真核微生物より小さく（図3-7），典型的な桿

**球 状**

単球菌　双球菌　四連球菌　八連球菌　連鎖球菌

**桿 状**　　　　　　　　　　　　　　**ラセン状**

短桿菌　長桿菌　連鎖状

**コンマ状**　**多形性**

（コリネフォルム）　　　鞭毛

図 3-6　細菌の形

細菌　放線菌　糸状菌(カビ)　酵母

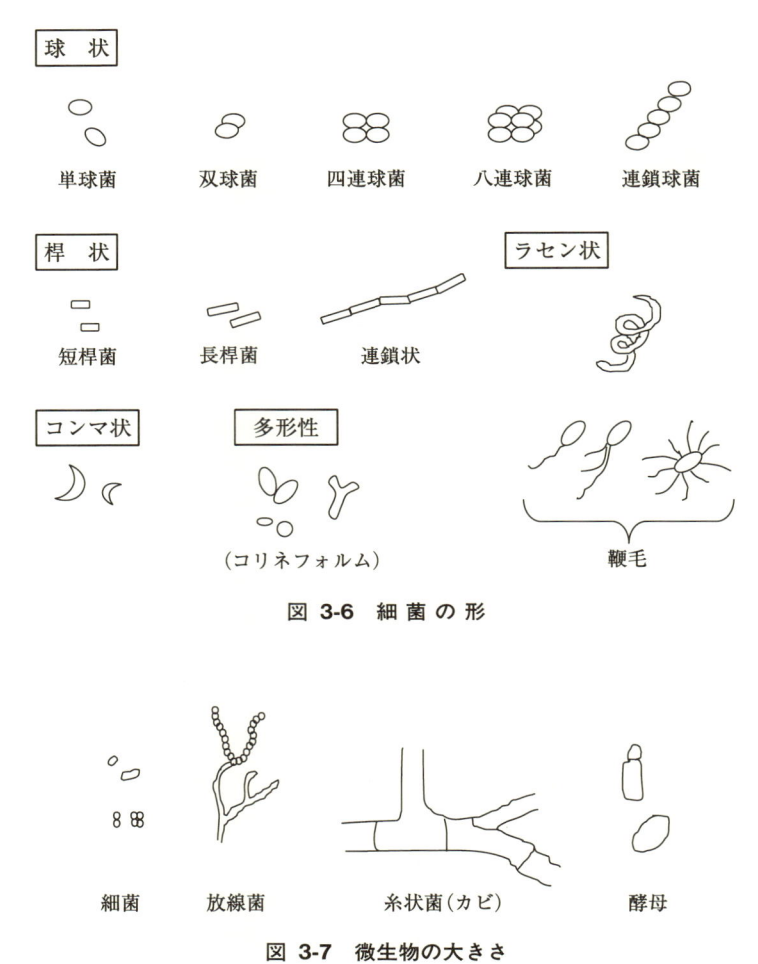

図 3-7　微生物の大きさ

菌である大腸菌で 0.5×1~3 μm である．膜で包まれた細胞小器官がないので，呼吸鎖（電子伝達系），酸化的リン酸化系，光合成系などの機能は細胞膜にある．

　細菌は，グラム染色によって「陽性」と「陰性」の 2 群に大別される．グラム陽性細菌の細胞壁はペプチドグリカン層だけからなり，グラム陰性細菌とは違って，リポ多糖類の外膜がない．このような違いによって色素の保持性が異なるものと考えられる．運動する細菌は鞭毛（図 3-6）をもつが，鞭毛のある場

所とその数は，細菌を分類するときの分類指標の一つになる．また，細胞中に耐熱性の内生胞子をつくるものもある．胞子をもつ細胞を胞子嚢というが，菌類の場合と区別するために「芽胞」という言葉も使う．胞子の形と胞子嚢中の位置も分類指標である．

酸素に対する挙動から，生育に酸素を必要とする好気性細菌，酸素があると生育できない(偏性)嫌気性細菌，必ずしも酸素を必要としないが酸素があっても生育できる通性嫌気性細菌に区別される．エネルギー(ATP)を獲得する反応(光合成，化学合成)によっても区別される．細胞構成物質の化学構造，DNA，RNAなどの特徴も分類基準となる．また，DNAの相同性も分類に使われる．

#### ▼グラム陰性細菌

a．光合成細菌——バクテリオクロロフィルをもち光合成を行うが，酸素は発生しない．紅色非硫黄細菌，紅色硫黄細菌，緑色硫黄細菌，滑走緑色硫黄細菌などがある．

b．化学合成細菌(独立栄養細菌)——アンモニア，亜硝酸，亜硫酸，硫黄化合物，水素，二価鉄，マンガンなどを酸化し，その酸化エネルギーによって，二酸化炭素を炭素源として利用する細菌である．亜硝酸菌(*Nitrosomonas*属など)，硝酸菌(*Nitrobacter*属など)，硫黄細菌(*Thiobacillus*属)，水素細菌(*Hydrogenobacter*属)などがある．

c．窒素固定細菌——分子状の窒素をアンモニアに還元して，これを窒素源として利用する細菌である．マメ科植物と共生して，根に根粒をつくる*Rhizobium*属(根粒菌；共生的窒素固定を行う)などと，自由生活をする*Azotobacter*属(非共生的窒素固定を行う)などがある．これらは好気性の桿菌であるが，グラム陽性で偏性嫌気性の*Clostridium*属や，上述の光合成細菌あるいはラン藻の中にも窒素固定をするものがいる．

d．*Pseudomonas*近縁細菌——好気性で極鞭毛をもつ桿菌として，*Pseudomonas*属，*Xanthomonas*属，*Comamonas*属などがある．有用なものも多いが，日和見感染を起こすものもある．*Xanthomonas*属には植物病原性のものが多い．

e．酢酸菌とグルコン酸菌——酢酸菌(*Acetobacter*属)はエタノールを酸化して酢酸にする好気性桿菌で，食酢の醸造に使われる．グルコン酸菌(*Gluconobacter*属)はグルコースを酸化してグルコン酸や2-ケトグルコン酸をつくる能力が高い．

f. 腸内細菌——腸内細菌科の細菌は通性嫌気性で，グルコースを嫌気的に分解できる。哺乳動物の腸管内のほか，植物体や河川などにもいる。代表的なものが大腸菌 (*Escherichia coli*) で，遺伝学や分子生物学の研究によく用いられる。チフス菌 (*Salmonella typhi*) や赤痢菌 (*Shigella dysenteriae*) も含まれる。*Zymomonas* 属は，グルコースをアルコールに転換できる。

g. 偏性嫌気性細菌——桿菌では *Bacteroides* 属や *Selenomonas* 属など，球菌では *Veillonella* 属，*Acidaminococcus* 属，*Megasphaera* 属などがある。これらは，動物の腸管内，反芻動物のルーメン内，あるいはメタン発酵系内で各種有機酸の生成にかかわっている。*Desulfovibrio* 属(硫酸還元菌)は土壌や底泥に分布し，硫酸を還元して硫化水素を生成する。

h. 滑走性細菌——動植物性の有機分解物の多い環境に棲息する。子実体と胞子を形成する粘液細菌類と，子実体を形成しないものに分けられる。

▼グラム陽性細菌

a. 乳酸菌[*4]——グルコースから多量の乳酸を生成する，グラム陽性の通性嫌気性細菌の総称である。乳酸だけを生成するホモ型乳酸発酵菌と，乳酸以外にエタノールや酢酸などを生成するヘテロ型乳酸発酵菌がある。球菌と桿菌があって，チーズのスターターや醬油製造にかかわる *Pediococcus* 属，デキストランを生産する *Leuconostoc mesenteroides* などが乳酸球菌である。連鎖状の *Streptococcus lactis* や虫歯形成菌も乳酸球菌である。乳酸桿菌の例は，乳酸菌飲料の製造に使われる *Lactobacillus* 属である。

b. ブドウ状球菌——通性嫌気性の *Staphylococcus aureus* (黄色ブドウ状球菌)の中には，毒素を出して病原性を示すものもいる。

c. 有胞子細菌——細胞内に内生胞子をつくる細菌の総称である。*Bacillus* 属が最も普通の有胞子細菌で，枯草菌 (*B. subtilis*) や納豆菌が有名である。酵素などの生産のほかに，生化学や分子生物学の研究にも使われる。*Clostridium* 属は偏性嫌気性の有胞子細菌である。*Sporolactobacillus* 属という有胞子乳酸菌もある。

d. コリネフォルム (coryneform) 細菌——無胞子性の桿菌で，不規則な細

---

[*4] 乳酸菌のように，分類学的には異なるものであっても，その特性によってまとめて取り扱うことが多い。硝酸呼吸によって脱窒を行う脱窒菌もそのような例である。脱窒菌は，窒素固定菌，硝化菌(亜硝酸菌と硝酸菌)とともに，自然界での窒素循環に関与しているため，環境保全上も重要である。

胞形態を示す細菌の総称である。*Corynebacterium*属，*Brevibacterium*属，*Arthrobacter*属などがあり，アミノ酸などの有用物質の生産菌として産業上重要なものが多い。ビフィズス菌(*Bifidobacterium*属)は，ヒトや各種動物の腸管内などに棲息する偏性嫌気性菌で，各動物(宿主)に対して好ましい影響(機能)を発揮する。

▼**その他の細菌**
a. スピロヘータはねじれた細長い細菌で，培養できるものは少ない。梅毒菌(*Toreponema pallidum*)が有名であるが，病原性のものは少ない。
b. ミコプラズマは最も小型の原核生物で，0.45 $\mu$m の濾過膜も通過できる。1層の膜で囲まれた多形性の細胞には細胞壁はない。ヒトや動物に病原性を示すものがあり，その宿主特異性は高い。
c. リケッチアは細胞寄生性の小さな桿菌，球菌または多形性菌である(0.2~0.6×0.4~2.0 $\mu$m)。ほとんどのものは人工培地で生育しない。発疹チフスやツツガムシ病の病原菌がある。
d. クラミジアは細胞寄生性の小球菌(0.2~0.4 $\mu$m)で，ATP生成機構をもたない。この特徴から，細菌とウイルスの中間に位置すると考えられたこともある。トラコーマやオウム病の病原菌がある。

(2) 古 細 菌

通常の細菌が生育できないような苛酷な環境下でも生育できる，いわゆる極限微生物は，通常の細菌よりも進化的に古い細菌と考えられていた(古細菌，Archaebacteria)。メタン生成細菌(*Methanobacterium*属，*Methanococcus*属など)，硫酸還元古細菌(*Archaeoglobus*属)，高度好塩古細菌(*Halobacterium*属，*Natronococcus*属など)，サーモプラズマ(*Thermoplasma*属)，高度好熱性硫黄利用細菌(*Themococcus*属，*Sulforobus*属)などである。その後，これらが，そのDNAにイントロンがあるなどの点で真核生物と共通点をもつことがわかり，また5S rDNAの解析によって通常の細菌(真正細菌)より進化した生物であることが示された。そのため，後生細菌とよばれることもある。

(3) シアノバクテリア

ラン藻のことで，藻類として扱われたこともあるが，原核細胞性の微生物である。植物と同じように，酸素発生型の光合成を行う。呼吸は暗所で行われ，光合成と同時には進行しない。窒素固定するものは水田の窒素供給にもかかわる。*Spirulina*属の菌体は微生物タンパク源として利用されるが，日本にも食用ラン藻の例がある。ラン藻については，3-3節(藻類・原生動物)で述べる。

### (4) 放線菌

　放線菌は，分岐する菌糸をつくるグラム陽性細菌である。さまざまな形のものがあり，寒天培地上では栄養菌糸*5 と気菌糸を形成する。真菌類のカビ（糸状菌）のように見えるが，菌糸ははるかに細い（幅1 $\mu$m 程度；図3-7）。胞子および菌糸の断裂で増殖する（図3-8）。生物学的には細菌と同じものであるが，有用物質を生産するものが多いので，別のものとして取り扱っている。中性からアルカリ性の土壌中によく棲息し，土壌中の全微生物の50％程度を占めることもある。

　放線菌は，菌糸，胞子，胞子嚢などの形と，細胞壁の化学成分，DNAの塩基組成などによって分類される。主な放線菌（属）を説明する。

a．*Nocardia* 属——菌糸はあまり発達しないで，すぐに断裂し，細菌のような分生子になる（図3-8(a)）。種々の抗生物質を産生する。

b．*Streptomyces* 属——最も多くの種が知られており，菌糸体は断裂しないで連鎖状の分生子をつくる（図3-8(b)）。抗生物質を生産するものが多

(a) *Nocardia* 属

球菌または桿菌　　菌糸形成　　菌糸の断裂　　球菌または桿菌
のような細胞　　　　　　　　　　　　　　　　　のような細胞

(b) *Streptomyces* 属

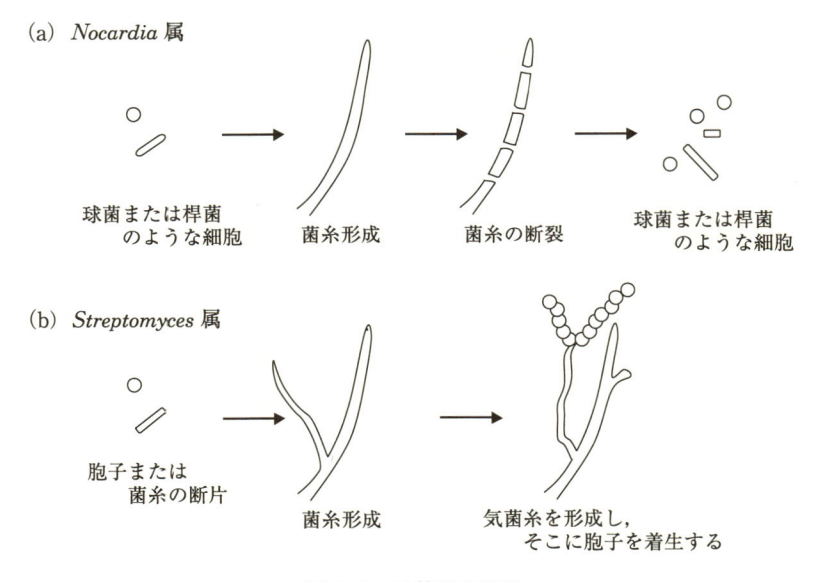

胞子または　　　　菌糸形成　　気菌糸を形成し，
菌糸の断片　　　　　　　　　　そこに胞子を着生する

**図 3-8　放線菌の特徴**

---

＊5　培地上（または中）に伸長して栄養分の吸収に役立つ菌糸を，栄養菌糸または基生菌糸という。培地上から空中へ伸びる菌糸を気菌糸という。

く，ストレプトマイシン生産菌(*Streptomyces griseus*)，テトラサイクリン生産菌(*S. aureofaciens*)，カナマイシン生産菌(*S. kanamyceticus*)などが例である。

*Streptosporangium*属，*Actinomyces*属，*Mycobacterium*属，*Micromonospora*属，*Frankia*属，*Rhodococcus*属も放線菌に含まれる。

### 3-2-2 真核微生物(菌類)

真核細胞性の微生物は菌類界に属し，栄養は吸収で摂取する。図3-9のように，細胞壁のない変形菌門(類)と，細胞壁のある真菌門(類)に大別される。変形菌類の細胞は，細胞壁のない原形質の塊で一定の形や大きさがなく，粘菌類ともいわれる。遊走子(鞭毛のある細胞)を形成するものと，しないものがある。

真菌類の細胞には細胞壁があり，応用上重要なものが多い。系統学的，形態学的，生化学的に多様であって，主として形態学的な特徴で分類されるが，これと細胞壁成分や生化学的な特徴には関連性がある。高等動植物と同じように有性生殖をするものが多いが，無性的な増殖もできる(無性生殖，栄養生殖)。有性生殖が観察されていないものもあるが，これらは有性生殖がないのではなく，発見されていないだけである。

真菌類のうち，菌糸によって生長するものをカビ(糸状菌)，通常の存在状態が単細胞であるものを酵母として区別している。また，肉眼で見えるような大型の子実体をキノコという。これらは分類学の用語ではないが，微生物を取り扱うときには便利な区別法であるので，本書でも糸状菌と酵母を別にして説明する。真菌類の細胞の大きさ(体積)は，細菌細胞の200～1000倍である(図3-7参照)。

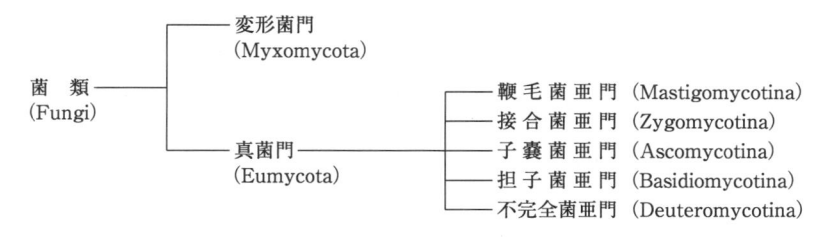

```
菌 類 ─┬─ 変形菌門
(Fungi) │   (Myxomycota)
        │
        └─ 真菌門 ─┬─ 鞭毛菌亜門 (Mastigomycotina)
           (Eumycota) ├─ 接合菌亜門 (Zygomycotina)
                      ├─ 子嚢菌亜門 (Ascomycotina)
                      ├─ 担子菌亜門 (Basidiomycotina)
                      └─ 不完全菌亜門 (Deuteromycotina)
```

図 3-9 菌類の種類

▼糸状菌（カビ）

a．鞭毛菌類——菌糸には隔壁がない（図3-10(a)）。配偶子が接合して卵胞子を形成する。卵胞子は，鞭毛が1～2本ある遊走子をつくる。遊走子は水中を遊泳し，無性的に増殖する。鞭毛菌類の一部を黄色植物などと一緒にして，別グループに分ける考え方もある。

b．接合菌類——菌糸には隔壁がない（図3-10(a)）。運動性のない無性の胞子嚢胞子を胞子嚢中に形成する（図3-11(a)，図3-11(b)）。有性生殖の場合（図3-11(c)）は，配偶子嚢または体細胞が接合し，接合胞子を形成する。主要な属であるクモノスカビ（$Rhizopus$ 属；図3-11(a)）とケカビ（$Mucor$ 属；図3-11(b)）には有用なものが多く，発酵食品や酵素などの製造に使われる。

c．子嚢菌類——隔壁のある菌糸をもつ（図3-10(b)）。有性生殖は子嚢胞子を形成して行われるが，子嚢胞子の数は種類によって違う（1～2000個以上）。子嚢の形，でき方や並び方などによって，いくつかのグループに分

(a) 隔壁のない菌糸　　(b) 隔壁のある菌糸　　(c) 担子菌の二次菌糸

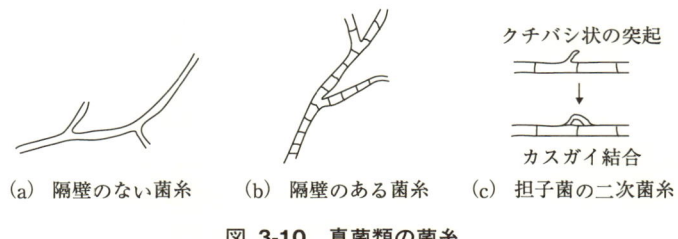

図 3-10　真菌類の菌糸

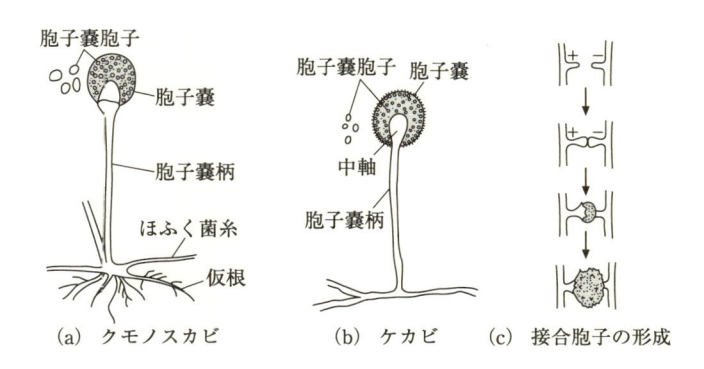

(a) クモノスカビ　　(b) ケカビ　　(c) 接合胞子の形成

図 3-11　接合菌類

けられる。

　ベニコウジカビ(*Monascus* 属)は紅酒をつくるためのコウジ(麹)に使われるが，その色素は食品の着色料としても有用である。アカパンカビ(*Neurospora crassa*)は，遺伝学の研究材料としてよく知られている。イネのばか苗病菌(*Gibberella fujikuroi*)はジベレリン(植物ホルモン)を生産するが，不完全菌としての名前(*Fusarium moniliforme*)ももっている(二重命名法；後述)。*Eremothecium ashbyii* と *Ashbya gossypii* はリボフラビン生産菌である。

d.　担子菌類——担子器をつくり，その外側に担子胞子をつくる。担子胞子は飛散したのち，発芽して1核性の一次菌糸となる(図3-10(b))。一次菌糸は融合して，カスガイ連結のある2核性の二次菌糸(2核菌糸；図3-10(c))となり，一定の条件下で担子器果(子実体)を形成する。担子器果にある担子器(文頭)では核の融合が起こり，次いで減数分裂によって担子胞子がつくられる。

　子実体が大きく発達したものをキノコといい，食用，薬用，あるいは有毒のキノコがある。マッシュルーム(*Agaricus campestris*)，シイタケ(*Cortinellus edodes*)をはじめとして，多くの食用キノコが人工栽培されている。これらは死物寄生菌(木材腐朽菌)で，活物寄生菌のマツタケ(*Tricholoma matsutake*)などの子実体を人工的につくることは難しい。エブリコ(*Fomes officinalis*)，ブクリョウ(*Poria coccos*)，チョレイ(*Polyporus umbellatus*)，マンネンタケ(*Ganodera lucidum*)などが薬用として用いられる。担子菌類がつくる多糖類には免疫増強効果を示すものがある。サルノコシカケ類の中には，有用酵素の生産に利用されるものもある。

e.　不完全菌類——今のところ，無性生殖による増殖だけが観察されている菌類の総称である。菌糸に隔壁があるから，系統的には子嚢菌類か担子菌類に属するはずである。有性生殖が発見されて新しい名前がついても，便宜上，不完全菌であった時代につけられた名前も使うこともある。この場合，同一の種が二つの名前をもつことになる(二重命名法)。

　伝統的な発酵工業に使われているコウジカビ(*Aspergillus* 属，図3-12(a))は，子嚢菌系の不完全菌である。有性生殖が見つかったものは，*Eurotium* 属などに分類されている。酒，しょうゆ，みそなどの製造用の麹はキコウジカビ(コウジカビ，*A. oryzae*)で，泡盛などの麹はクロコウ

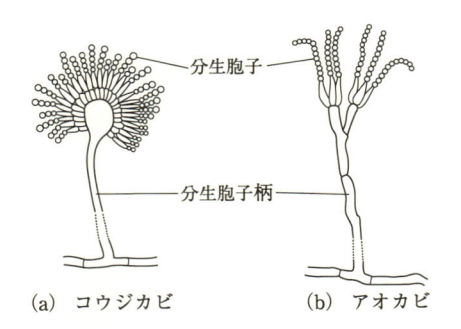

```
                    分生胞子
                    
                    分生胞子柄
   (a) コウジカビ      (b) アオカビ
```

**図 3-12　コウジカビとアオカビ**

ジカビ(*A. niger* など)でつくられる。しょうゆ製造用の麹には *A. sojae* も使われる。*Aspergillus* 属には，*A. flavus* や *A. parasiticus* のように発がん性のアフラトキシンをつくるものもある。アオカビ(*Penicillium* 属；図 3-12(b))も子嚢菌系の不完全菌で，有性生殖が明らかになったものは *Eupenicillium* 属に分類される。ペニシリン生産菌の *P. chrysogenum* や，ロックフォールチーズをつくるときに使われる *P. roqueforti* などがその例である。貴腐菌とよばれる *Botrytis cinerea* も不完全菌で，これが繁殖したブドウの実を用いて貴腐ワインをつくる。*Cephalosporium acremonium* は，抗生物質セファロスポリンを生産する。

▼**酵　母**

酵母は，通常の存在状態が単細胞である真菌類の総称である。多くは出芽によって，一部は分裂で増殖する(図 3-13)。糸状菌と同じように，子嚢菌系，担子菌系，不完全菌系の酵母に区別される。このように，酵母は系統的には多様であるが，培養法などに共通点が多いので，まとめて扱うほうが便利である。各種の伝統的発酵食品の製造をはじめ，微生物工業で広く使われる応用上

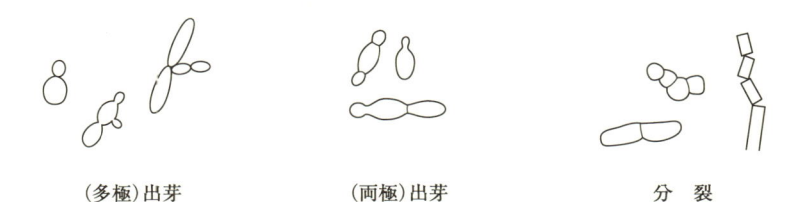

　(多極)出芽　　　(両極)出芽　　　分　裂

**図 3-13　酵母とその増殖様式**

重要な微生物である。病原性酵母も少数はある。

a. 子嚢菌酵母

・*Saccharomyces* 属：酵母の代表であって，無性生殖は出芽による。栄養細胞は窒素飢餓などの条件下で子嚢になり，1～4個の球形の子嚢胞子を形成する。アルコール発酵力が強く，アルコール飲料の醸造やパンの製造に使われる *S. cervisiae*（パン酵母）は，真核生物のモデルとして生物学各分野の実験材料として使われる。*S. pastorianus* は下面発酵ビール酵母で，*S. carlsbergensis* の名前でもよばれる。

・*Zygosaccharomyces* 属：*Saccharomyces* 属に似た性質をもつが，栄養細胞は半数体であり，接合して子嚢を形成する。*Z. rouxii* は好塩性で，しょうゆやみその主発酵菌である。

・*Schizosaccharomyces* 属：無性生殖は分裂による。アルコール発酵力が強い。*S. pombe* はポンベ酒の発酵菌であり，遺伝学や生化学の研究材料として使われることも多い。

b. 担子菌酵母

*Leucosporidium* 属，*Rhodosporidium* 属などのほかに，いくつかの種類のものがある。

c. 不完全菌酵母

・*Candida* 属：不完全酵母の代表的な属で多くの種があるが，系統的には多様である。しょうゆの熟成酵母である耐塩性の *C. versatilis* や *C. etchellsii*，リパーゼやプロテアーゼの生産菌 *C. lipolytica*，アルカン資化性の *C. maltosa*，メタノール資化性の *C. boidinii* などがある。

・*Rhodotorula* 属：赤色の酵母で，担子菌酵母 *Rhodosporidium* 属の不完全菌時代の名前である。

## 3-3　藻類・原生動物

　生物の3界説や5界説には，原生生物界（Protista）という大分類がある。現在広く受け入れられている5界説では，原生生物とは菌類を除く真核の単細胞生物を示し，本項で述べる真核藻類と原生動物，さらに細胞性粘菌や鞭毛をもつミズカビ類を含むものである。藻類（algae）と原生動物（protozoa）はそれぞれ多種多様な生物を含む生物群であり，この二つの生物群にまたがる性質を有した生物種も多く存在して，単純には分けられない。近年，遺伝子情報をもと

にした分類手法が発達し，藻類，原生動物ともにその分類体系は大きく変貌を遂げる可能性が大きい。ここでは分類にはあまりとらわれずに，酸素発生型の光合成を行ういわゆる藻類（原核生物を含む）と，動物的な真核単細胞生物である原生動物について，人間の生活との関連が深いものや特徴的な生物を取り上げて，その特徴を述べるにとどめたい。上述した原生生物については，インターネット上に原生生物図鑑として美しい写真や動画とともに多くの情報が公開されている（http://protist.i.hosei.ac.jp/taxonomy/menu.html）ので，参考にされることをお勧めする。

### 3-3-1 藻　　類

ここでの藻類は，酸素発生型の光合成を行う独立栄養型の生物であり，真核のみならず原核生物も含んでいる。植物プランクトンとよばれる単細胞性藻類は，湖沼，河川や海洋の水域のみならず陸上にも広く分布している。また，単細胞性藻類は水圏での炭素同化の多くを担っていて，水圏の食物連鎖で生産者として重要である。原核藻類にはラン藻類などが知られていて，現代の生物学では原核細菌類として分類されるのが一般的である。真核生物の藻類には，単細胞性のものと多細胞の個体を形成するものとがあり，多細胞性で海水に生活するものが海藻で，日本では昆布やワカメのように食用として広く利用されている。藻類の代表的なものを原核と真核に分けて以下に述べる。

#### （1）原核藻類

原核藻類の代表的なものはラン藻類（シアノバクテリア，cyanobacteria）であり，単独で広く分布するのみならず，ほかの生物との共生関係を樹立しているものもある。例えば，菌類と共生して地衣類として植物に分類されるものもいる。ラン藻類は最古の酸素発生型光合成を行う生物としてよく知られ，酸素がほとんどなかった地球大気に，その生命活動によって酸素を多量に送り出し，現在のような酸素に富む大気の礎をつくり上げたと考えられている。現在でも，オーストラリア西海岸では，ストロマトライトというラン藻の塊が酸素を放出する姿が見られる。ラン藻はまた，植物細胞に含まれる葉緑体などの色素体の起源として考えられており，地球の生命にとって歴史的にも進化的にもきわめて重要な位置を占める生物である。しかし現代では，スピルリナというラン藻が健康食品などに利用されている一方で，湖沼の窒素化合物やリン化合物の濃度の上昇，いわゆる富栄養化に伴って発生するアオコは，ミクロキスチスやアナベナなどの有毒なラン藻を主要構成種とするものが多く，水道水の汚

## 3-3 藻類・原生動物

染など人類へ脅威を与える存在でもある。

　ラン藻の細胞には，ほかの原核細菌類にはない光合成を行うためのチラコイド膜と，それに付着した光化学系集光性タンパク質のフィコビリソームが存在する。光化学反応の場であるチラコイド膜には，真核藻類や植物と同様に光化学系ⅠおよびⅡ型の反応中心複合体(5章5-6-6〜9項参照)が存在し，酸素発生を伴う光合成を行っている。光合成色素としてはクロロフィル$a$しかもたず，ほかの多くの藻類，高等植物とは異なっている。ラン藻の名前の由来となっている藍色は，フィコビリソームの青色がクロロフィル$a$の緑色と合わさって，特有の色を示すことによるものである。ラン藻の形状は，細胞が球形で群体を形成するもの(ミクロキスティス，メリスモペディアなど)，球形の細胞がらせん状に連なったもの(アナベナなど)，長い細胞がらせん状に細胞が連なったもの(スピルリナ)，直線上に細胞が連なったもの(フォルミディウム，オシラトリア)など，さまざまである(図3-14)。

　ラン藻特有の性質として，一部の種では空中の窒素を生体内に固定して，増殖に利用できることが挙げられる。アナベナでは，らせん状の連なった細胞の中にヘテロシストとよばれる窒素固定を行う特別な細胞が存在していて，空気

ミクロキスティス　　メリスモペディア　　　　　スピルリナ

オシラトリア　　フォルミディウム　　アナベナ

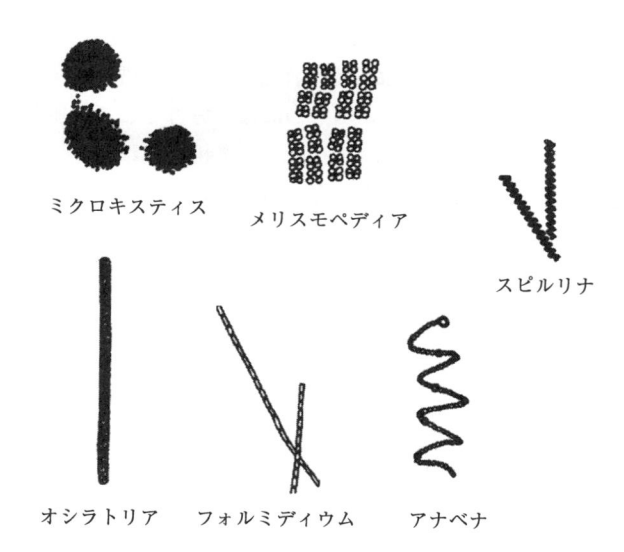

**図 3-14　原核藻類**
[滋賀県琵琶湖・環境科学研究センター提供（スピルリナを除く）]

中の窒素分子からアンモニアを生成し、ほかの細胞へ窒素源として供給している。窒素肥料の使いすぎによる地下水汚染などに苦悩する農業では、この特性を利用し、生物窒素肥料としてラン藻を活用することを検討している。そのほかの原核藻類として淡水産、海産の原核緑藻（プロクロロン）が挙げられるが、環境中どこにでも存在するというものではない。海産のものでは、ホヤなどの無脊椎動物に共生していることが知られている。高等植物と同様にクロロフィルの $a$ と $b$ をもっていることが特徴である。

### (2) 真核藻類

　光化学系IIの集光性色素（フィコビリン、クロロフィル、キサントフィル）、貯蔵物質の違いや葉緑体チラコイドラメラの多重性、また葉緑体を包む膜（包膜）や鞭毛の有無などから、多くの門、綱へと分類されている。しかしながら、単細胞性か多細胞性かという形態上の差異は、分類基準としては考慮されていない。なぜなら、植物のように高度な器官の分化は多細胞性の藻類でもほとんど起こっておらず、上記分類基準で分類した門あるいは綱の単細胞性藻類と近縁と考えられるからである。また、意外かもしれないが、単細胞性では鞭毛を使って水の中を泳ぎ回るものが少なくない。以下に代表的な真核藻類の特徴について述べておく。

a.　紅藻——細胞壁をもち、単細胞型、多細胞の多列葉状型など形態にはさまざまなものがある。大部分は海洋性で、海の大型藻類の60％は紅藻といわれている。利用されているものには、海苔として養殖されるアサクサノリ、寒天原料のテングサ、増粘材として用いられるカラギナン原料のスギノリなど、食用とされるものもある。有性生殖を含む複雑な生活環をもっているが、鞭毛をもつ時期がないのが特徴的であり、真核生物の中で進化的に最も古い生物と考えられている。ラン藻と同様にクロロフィル $a$ とフィコビリソームをもっているが、紅色のフィコビリソームのために紅色の藻となる。

b.　クリプト植物——単細胞性で細胞壁がなく、2本の鞭毛をもつ藻類で、進化の研究では大変興味深い生物である。というのは、葉緑体が4枚の包膜で包まれていて、外側2枚と内側2枚の包膜の間に、ヌクレオモルフとよばれる核のような細胞器官が存在しているからである。この細胞器官は、葉緑体のないクリプト藻の祖先生物に真核藻類が細胞内共生（二次共生；ラン藻が真核生物に共生した時点を一次共生とよんでいる。この共生体がさらにほかの生物に共生した。）したなごりと考えられている。

3-3 藻類・原生動物

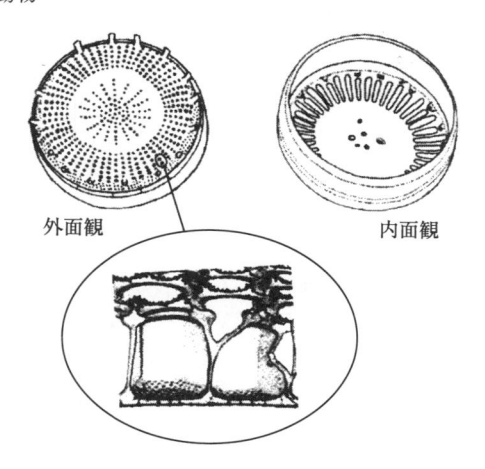

外面観　　　　　　内面観

**図 3-15　中心目ケイ藻の被殻の構造**
［千原，1997 を改変］

c. ケイ藻──複雑で繊細な構造をしたケイ酸質の殻(図3-15)をもつ単細胞性藻類である。海洋，湖沼，河川などに広く，また普遍的に分布しており，水圏の食物連鎖では重要な生産者の一つである。ケイ藻は種類数が非常に多く，10万種以上ともいわれており，群体を形成するものもあるが，ほとんどが単独で生育する。ヌクレオモルフはないが，以下に述べる褐藻とともに葉緑体が4枚の包膜で囲まれており，二次共生が起こったと考えられている。ケイ藻の死骸・殻が堆積したものがケイ藻土で，濾過材や建設資材に応用されている。

d. 褐藻──多細胞藻類であり，ほとんどが海産である。大きさは数mm程度のものから，カリフォルニア沿岸のジャイアントケルプのように数十mにも達するものまでさまざまである。コンブ，ワカメ，モズク，ヒジキなどの褐藻が食用に供されている。生活環は紅藻よりもやや複雑で，鞭毛をもつ遊走子も生活環に現れる。コンブ類では，生活環にかかわる光，水温などの研究も行われており，光合成に直接関与する赤色光のみならず，青色の光も生活環を回すうえで重要な役割を果たしていることが知られている。

e. 緑藻──陸上植物のコケ，シダ，種子植物と同じ緑色植物門に属し，クロロフィル$a$と$b$をもっている。緑藻は約90％が淡水域を生育場所とする藻類で，淡水圏ではケイ藻とともに食物連鎖の生産者として重要であ

る。単細胞から多細胞性の非常に多様な形態の藻類を含んでおり，形態から推測された進化系統図では，単細胞で鞭毛をもつ生物を共通祖先として進化してきたものと考えられた。現在，緑藻の分類は大変革期にあるといわれている。生活環の実態や，電子顕微鏡を用いた観察により詳細な細胞構造について，解明が進むとともに，分子系統学的な知識が得られるようになり，それらの新たな形質情報に基づくと，これまでの形態中心の分類とは異なる分類系統関係が明らかになってきたのである。現在提唱されている緑藻類の分類では，四つの綱(アオサ藻綱，トレボウクシア藻綱，緑藻綱，車軸藻綱)に分類されている。健康増進剤として市販されているクロレラは，トレボウクシア藻綱に入れられている。

f. 渦鞭毛藻——鞭毛を使って活発に遊泳することから，原生動物としても渦鞭毛虫という名前がついている。単細胞性で淡水，汽水，海水に広く分布している。完全な独立栄養性の種はわずかで，多くのものはビタミンなどの栄養要求性を示すことが知られており，生育条件が整うと異常増殖して赤潮現象を引き起こすこともある。有毒な種もあり，真珠貝や牡蠣(かき)の養殖などに大打撃を与えるばかりでなく，生産する毒が貝に蓄積し，貝を食した人間が貝毒で中毒し死ぬこともある。

g. ユーグレナ——動物と植物の中間的な生物として知られ，藻類としてはユーグレナ藻類(ミドリムシ藻類ともよぶ)，原生動物としてはミドリムシという名を得ている。葉緑体をもち，光合成によってエネルギーを獲得するもののほかに，葉緑体をもたず，外界の栄養を吸収あるいは摂食してエネルギーを獲得しているものもいる。分子系統学的な検討，および電子顕微鏡による細胞構造の詳細な検討から，原生動物のトリパノソーマ(後述)ときわめて近縁であることが判明している。

### 3-3-2 原生動物

原生動物は，単細胞性で運動性を示し，従属栄養的な生活を送ると考えられるものすべてが入れられた，多種多様な生物の一群である。前述したように，動植物の区別がつきにくい渦鞭毛藻やユーグレナなど，単細胞性で運動性をもつ数多くの藻類が，光合成性の鞭毛虫類として原生動物にも分類されてきた。分子系統学的な手法の発達により，原生動物群よりも多細胞性の後生生物群に近縁と考えられる原生動物も明らかになってきており，寄せ集めの感が強い原生動物，原生生物界の分類も大きく整理されるものと期待される。

## 3-3 藻類・原生動物

　原生動物は，水中あるいは水分の多い環境中には普遍的に存在し，顕微鏡が発明されると同時に，動き回る速さやその姿に，驚きをもって観察されてきた生物である。多くの原生動物は細胞壁がなく，外界とは細胞膜だけで区切られていて，浸潤する水を放出するために収縮胞という特有の細胞器官を有している。環境中ではさまざまな有機物を摂食し分解するか，バクテリアを捕食して生活を営んでいると考えられている。食用に利用される原生動物はなく，一般にはあまりなじみのない生物であろう。人間による原生動物の利用は，研究材料としての利用以外はほとんど知られていない。ただし動物では，消化器に共生した原生動物を利用している例が知られており，牛のルーメン発酵やシロアリによる木材の消化では，嫌気性の原生動物が活躍している。原生動物には寄生性のものもあり，ヒトの病原性生物としてよく知られているものにマラリア原虫，トリパノソーマ，赤痢アメーバなどがある。これらは熱帯や亜熱帯性で，現在のところ特定の地域の病気ではあるが，地球温暖化に伴い分布が拡大するものと懸念されている。アメーバ，ゾウリムシといった比較的なじみのある生物と，病原性のものについて，以下に若干の解説をする。

　一般にアメーバとよばれるものは肉質虫類とよばれる一群に属し，細胞を変形させて，一つあるいは複数の不定形の仮足という突起を出して移動する。この仮足は運動のみならず栄養摂取を担う器官でもあり，外形，数，動き方にはさまざまなものがあって，分類基準の重要な要素となっている。アメーバ運動は細胞内の原形質流動と密接に関係している。アメーバにはシストという耐久性のある細胞をつくるものもある。生活環は単純で，シストと虫体のみである。アメーバ赤痢の伝染は，シストに汚染された食物や飲料水を通して取り込まれるものと考えられている。このシストから小型虫体となり，この段階でシストを再生産可能になる。小型虫体が大型虫体に変化して腸粘膜に侵入し，潰瘍をつくるため，下痢が起こるとされている。

　アメーバよりもはるかに複雑な細胞構造をもつのが，繊毛虫類に属しているゾウリムシである。大型で光学顕微鏡でもその発達した細胞器官が観察でき，さまざまな研究に用いられてきた(図3-16)。繊毛で覆われた細胞内に，繊毛虫に特徴的な大核，小核の二つの核をもち，二つの収縮胞と付随する器官が明瞭に観察される。また細胞口から摂食し，食胞内での消化を経て細胞肛門から排泄する摂食行動，さらには身を守るための刺胞体の放出も確認できる。電子顕微鏡での詳細な観察により，縦横に走る微細管でつくり出されるさまざまな精密かつ複雑な細胞構造が明らかになっている。ゾウリムシの生活環は比較的

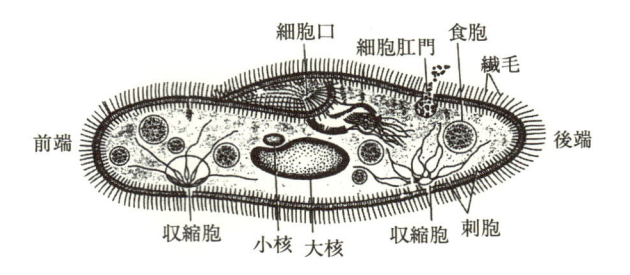

図 3-16 ゾウリムシ模式図
[Buchsbaum, 1987 を改変]

単純で，2個体に分裂する無性生殖と，接合とよばれる，大核の消失や小核の半数体への減数分裂を伴う有性生殖を行う。いずれの場合も形態の変化は伴わない。

病原性のマラリア原虫は複雑な生活環を送っており，さまざまな形態を示す。特徴的なのは，ヒト肝臓-赤血球での無性生殖期とハマダラカ腸内腔内での有性生殖期があり，寄主によって生殖方法が変化し，また存在形態が異なることである。アフリカ睡眠病の病原体とされるトリパノソーマ類も，ヒトとツェツェバエへの寄生を生活環に織り込んでいて，二つの動物への寄生が繰り返されている。原生動物で名前がつけられたものは，全体の1割程度といわれている。生活環の中でさまざまに姿を変えるものも多いためその数字の妥当性は定かではないが，まだ多くの未知の種が地球上に存在している可能性は大きいだろう。

## 3-4 植　物

植物は，太陽の光を利用して生育している。ここではまず，エネルギー源である光をどのように使っているのかを考え，そのあとに，形態に基づく植物の分類について述べる。エネルギーの利用に関しては，第5章5-6節（光エネルギーのテクノロジー）も参照してもらいたい。

動物が有機物を酸化しているのに対して，植物はその逆反応（還元）を行い，全体として地球環境の平衡が保たれてきた。しかし，最近の人類の活動はそのバランスを崩しつつあり，明らかに平衡は酸化側に振れてきている。生活の利便性を保ちつつ，いかにこのバランスを取るようにするかは，これから解決す

べき大きな問題であり，人類の英知を傾けて解決していかなければならない。柔軟な発想に基づいた若人の研究が待たれるところである．

### 3-4-1 光合成——水の分解

植物が光によって「光合成」を行っていることはよく知られているが，その本質は水の分解である．水の分解といえば，多くの人は「電気分解」を思い出すと思うが，まさにそれを，植物は電気ではなく，光によって行っているのである．

地球上の通常の環境では水は安定であり，分解されることはない．しかし，植物はそれを巧みな方法で行っている（明反応）．通常，水の電気分解では酸素（$O_2$）と水素（$H_2$）が発生するが（$H_2O$＋電気エネルギー → $H_2+1/2\,O_2$），植物の場合では，酸素は発生するが水素は発生しない．生成する活性水素（水素化物イオン，水素アニオン）でまず $NADP^+$ を還元して NADPH を合成し（$H_2O$＋光エネルギー＋$NADP^+$ → $NADPH+1/2\,O_2+H^+$），その NADPH を用いて最終的に二酸化炭素を還元して糖 $(CH_2O)_n$ を合成している（暗反応）．糖は貯蔵性に富んでおり，酸化的に分解すれば大量のエネルギーを取り出すことが可能である．

では，どのようにして光で水の分解を行っているのであろうか？ 可視光線で水の分解を行うには，1段階ではエネルギー的に無理で，2段階以上が必要となる．実際，光合成では，光エネルギーを2回注入することで，水の分解を成し遂げている．

### 3-4-2 植物の分類

植物は，子孫を有性生殖によって残すことができる多細胞生物である．そういう意味では，われわれ人間と似ている．ただし，植物は一つの個体の中で雌雄が混在していることがある点で，人間とは異なっている．植物の有性生殖で産生されるものには種子と胞子があり，このどちらをつくって増えるのかによって，植物を大きく二分することができる（種子植物，胞子植物）．さらに，種子植物は種子の形態によって，被子植物と裸子植物に分けられる．

一方，光合成によって生じた糖などの有用物質や，土壌などから吸収した水や栄養成分（イオン）を，個体内のさまざまな場所に運搬するための管（維管束）を有するものと，これが明瞭でないものとがある．前者を維管束植物といい，すべての種子植物とほとんどの胞子植物がこれにあたる．維管束の存在が明ら

かでないものは，胞子で増えるコケ植物だけである。

現在の地球は被子植物の天下であり，身近にあるほとんどの植物がこれにあたる。もちろん，古い時代にはほかの植物が全盛であったこともあるが，地球環境の変化によって絶滅したり，今では細々と生き残っているだけのことが多い。そのような生きた化石のような植物の例として，古世代デボン紀に栄えたヒカゲノカズラ植物や，デボン紀後期から石炭紀に繁茂したトクサ植物が挙げられる（ともに胞子植物）。トクサは漢字では砥草と書き，砥石の代用品として，ものを磨くのに使われることがある。穂先に無機物のシリカが析出していて，ざらざらしているためである。日本庭園の水辺に好んで植えられている。シダ植物も胞子植物で，山菜として利用されるワラビやゼンマイがその代表種である。シダ類の葉は特徴的であり，糸状の葉をもっているほかの胞子植物と容易に区別できる。

裸子植物（図3-17）には，砂漠などでしか見られないマオウ植物以外に，球果植物，ソテツ植物，イチョウ植物がある。球果植物の代表はマツであり，マツボックリが球果にあたる。ソテツは観用植物のような小さいものから，公園で見られるような大きなものまでがある。

イチョウは，現在の都市環境にも耐えられるので，街路樹としてよく見られるし，仏教とともに中国から伝来したとされ，寺院でもよく見られる。中世代のジュラ紀に全盛を誇ったが，その後の氷河期にほとんどの種が絶えてしまった。中国で残存していた種が日本に渡来して，その後世界中に広まった。よく見かけるためとくに気にも止めないが，激動をくぐり抜けてきた植物である。現存のイチョウはそのようなバイタリティをもっているが，1属1種の「生き

**図 3-17 裸子植物の胚珠（イチョウ）**

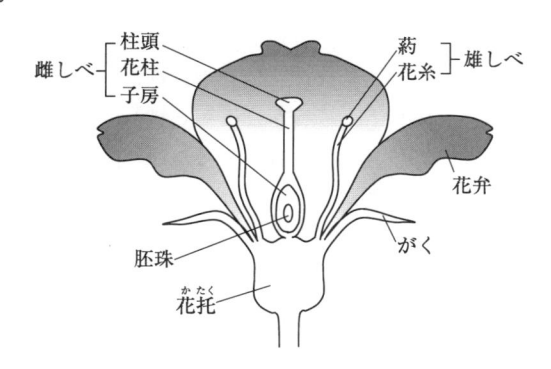

図 3-18 被子植物の花の構造

た化石」といっても過言ではない。

　被子植物(図3-18)は，その名のとおり花粉を受け入れる胚珠が子房に包まれているので，子孫を残すための受精には，昆虫を媒介させると最も効率的である。胚珠がむき出しになっている裸子植物なら風任せでも受精できるが，多くの被子植物の受精には昆虫が必要となる。昆虫が来るように，きれいな花を咲かせて目立ち，餌となる蜜なども用意する必要がある。逆にいえば，きれいな花をつける植物はすべて被子植物であるということができる。

## 3-5　動　物

　先に述べたように，地球上の生物を分類するために2界説，3界説，5界説などの考え方がある。現在の主流は5界説であるが，その中のモネラ界，原生生物界および菌(類)界を構成する生き物は，2界説や3界説では，植物界あるいは動物界に分類されたりするものであった。一方，いずれの説でも，植物と動物だけは完全に別物と考えられ，明確に区分されていた。いい換えれば，動物は植物とともに，生き物を二分する大生物群の一つとして認識されていたのである。

　3-4節で述べているように，葉緑素をもつ植物は太陽の光を受け，二酸化炭素から糖類を産生する能力をもち，生存のためにほかの生命体に依存する必要はない(独立栄養)。それに対し動物は，葉緑素をもたないため自分自身で栄養をつくることができず，生存していくためにはほかの生命体を食料としなければならない(従属栄養)。現在知られている動物は，筋肉・神経などを発達さ

せ，感覚や運動などの能力をもち，食物を消化吸収するための消化器官も発達させている。これらは，ほかの生命体を捕食するためには非常に都合のよい能力である。発生と成長の機構も，植物とは大きく異なっている。

　動物界は，背骨をもつ脊椎動物と，背骨をもたない無脊椎動物とに大別される。無脊椎動物はさらに十数門に分けられ，これらは脊椎動物と並列的に取り扱われている。また，胚葉の分化の程度によって，無胚葉段階のもの（海綿動物），外胚葉と内胚葉に由来する器官で体が構成される2胚葉段階のもの，さらには哺乳動物をはじめとする3胚葉段階のものに分けられる。あるいは，進化の度合いによって，単細胞動物（原生動物）と多細胞動物（後生動物）に分けることもできる。植物に比べて，動物の種類ははるかに多く，とくに現在分類されている生物種の半数以上は昆虫である。

### 3-5-1　脊椎動物の発生——カエルの場合

　脊椎動物の場合，種類が異なっていても，各胚葉から分化する器官は同じである。そこで，ヒキガエルを例として，発生過程を見ることにする。

　カエルの卵には極性があり，色素が多く卵黄が少ない側の極を動物極，卵黄の多い側の極を植物極とよぶ。受精後，卵は動物極を上に向け，動物極から植物極に向けて縦方向に1回目の卵割が起こる。さらにもう1回縦に割れて，同じ大きさの四つの割球を形成する。その後，卵の赤道面より動物極側で横に割れ，大小八つの割球が形成される。さらに各々が縦に割れ，16個の割球ができる。次いで横に割れ，内部に卵割腔が発達する。さらに卵割が進み，桑実胚，胞胚期を経て，原口からの陥入が始まり（原腸胚），この時期に動物の典型的な3胚葉構造が確立する。3つの胚葉は将来，脳や心臓，肺をはじめとする，すべての臓器や器官を形成する（図3-19）。次いで神経胚となり，背側には神経板，神経溝を経て神経管が形成される。一方，内部では脊索や腸管が形成され，各胚葉の分化が進行する。尾芽胚期になると，各胚葉からの器官形成が進み，やがて膜を破って孵化する。

### 3-5-2　動物の配偶子形成と受精——ヒトの場合

　ヒトの場合を例に，現在考えられている精子や卵などの配偶子の形成過程を述べる。受精をして3週間程度で始原生殖細胞が現れる。始原生殖細胞自体は発生中の生殖腺へと移動し，生殖腺を精巣あるいは卵巣に分化させたあと，精祖細胞か卵祖細胞へと分化する。精祖細胞は，いったん休止状態となり，青年

3-5 動物

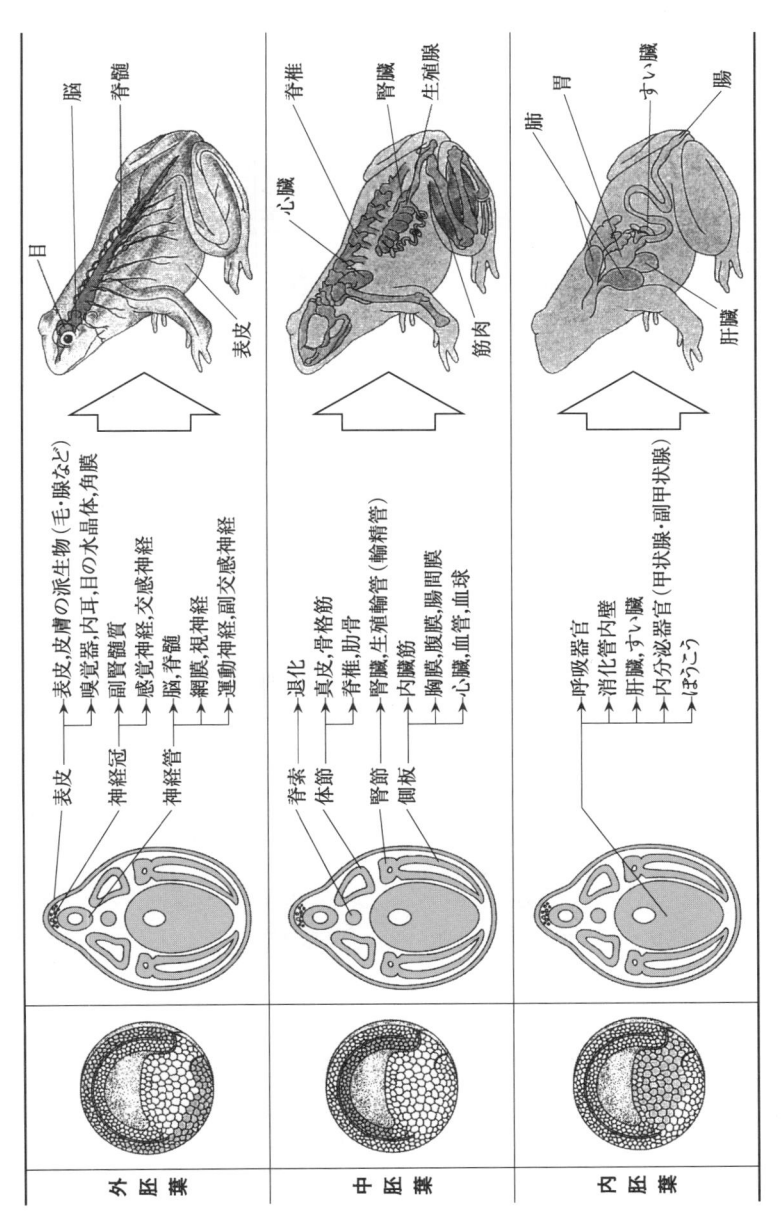

**図 3-19 各胚葉から分化する器官**

外胚葉
- 表皮 → 表皮、皮膚の派生物（毛・腺など）
- 神経冠 → 嗅覚器、内耳、目の水晶体、角膜
  → 副腎髄質
  → 感覚神経、交感神経
- 神経管 → 脳、脊髄
  → 網膜、視神経
  → 運動神経、副交感神経

中胚葉
- 脊索 → 退化
- 体節 → 真皮、骨格筋
  → 脊椎、肋骨
- 腎節 → 腎臓、生殖輸管（輸精管）
- 側板 → 内臓筋
  → 胸膜、腹膜、腸間膜
  → 心臓、血管、血球

内胚葉
- 呼吸器官
- 消化管内壁
- 肝臓、すい臓
- 内分泌器官（甲状腺・副甲状腺）
- ぼうこう

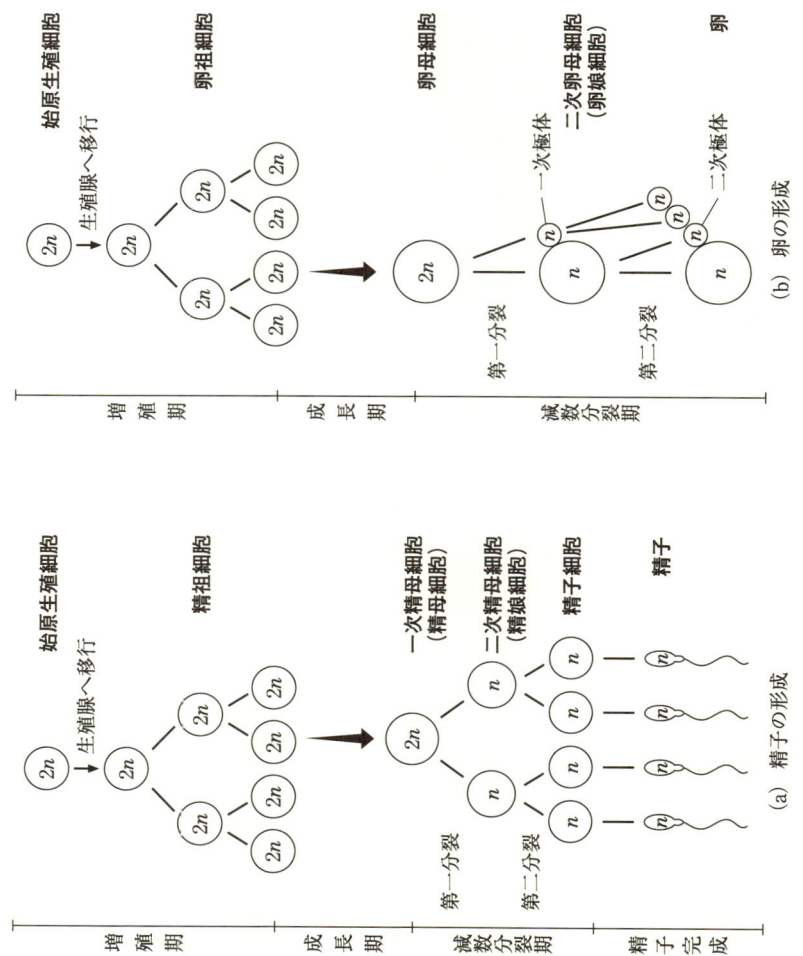

図 3-20 配偶子の形成

期に達すると細胞分裂を再開させて繰り返し、細胞数を増加させる。分裂した精祖細胞は成長しつつ徐々に変化し、一次精母細胞となる。一つの一次精母細胞が減数分裂期の第一分裂を経て、半分程度の大きさの二次精母細胞(または精娘細胞)を二つ形成する。次に、それぞれの二次精母細胞が第二分裂を行い、合計四つの精子細胞を形成する。これらの精子細胞は、精子完成とよばれる分化過程を経て精子へと変化する(図3-20)。完成した精子は、精巣上体へ送られ貯蔵され、機能的に成熟する。成熟精子は頭部と尾部よりなる細胞で、自由に遊泳し活発に運動する。核を含む頭部は、受精の際に重要な役割を果たすアクロシンをはじめ、種々の酵素を含む嚢状の先体で覆われている。精子の運動を可能にし、受精に役立つ尾部は、中部、主部、終末部の三つの部分に分けられる。中部にはミトコンドリアがあり、運動に必要なATPの供給を行っている。

　一方、卵祖細胞の成熟過程は出生前からすでに始まっており、性成熟に達するころ(思春期)以降に終了する。胎児期初期に卵祖細胞は細胞分裂により増殖し、出生前に卵祖細胞は大きくなり、卵母細胞を形成する。卵母細胞の周りを結合組織細胞(卵巣支質細胞)が取り囲み、卵巣上皮細胞を形成する。卵母細胞はこの層に囲まれて、原始卵胞を形成する。思春期に卵母細胞が大きくなり、また卵胞上皮細胞の形態も変化し、卵胞を形成する。その後まもなく、卵母細胞は透明帯とよばれる無定形の糖タンパク質の層で囲まれる。卵母細胞は出生前に第一減数分裂を開始するが、思春期まで分裂前期で中断されたまま止まる。卵母細胞を取り囲む卵胞細胞が、卵子の減数分裂過程を中断させる卵子成熟抑制因子を分泌していると考えられている。

　思春期になると、出生後の成熟過程が始まる。この時期になると、通常ひと月に1個の卵胞が成熟し、排卵の少し前に第一減数分裂を完了し排卵が起こる。このとき、精子形成の場合とは異なり、著しく大きさが異なる細胞が生じる。一方の細胞がほとんどすべての細胞質を譲り受けて二次卵母細胞となり、残りのわずかな細胞質を受け取った細胞は一次極体という機能のない細胞になって、まもなく退行変性する。排卵時に二次卵母細胞の核は第二減数分裂を開始するが、分裂中期で中断される。卵巣から排卵され、卵管内で精子が透明帯を通過して二次卵母細胞に貫入したあとに第二減数分裂は完了し、大部分の細胞質は再び片方の細胞に引き継がれ、受精卵細胞となる。残りは二次極体となって退行変性する(図3-20)。一度精子が透明帯を貫通すると、透明帯の性質が変化し、ほかの精子は進入できなくなる。さらに、卵細胞の形質膜も変化

し，精子が進入できなくなる。このしくみは，多精を防ぐ作用をもつ。ヒトの場合，2個の精子が受精に関与する二精子受精とよばれる異常な過程では，三倍体の接合子が形成される。三倍性胎児は重度の子宮内発育遅延があり，見かけは正常にもかかわらず，ほとんど流産してしまう。

　新生児の卵巣には約200万個の卵母細胞が存在するといわれているが，多くは小児期に退行し，思春期には4万個程度に減少する。さらに，これらのうち約400個が二次卵母細胞になり，約45年かけて毎月一つずつ卵巣から排卵される。一方，WHOの基準値では，生殖に影響を及ぼさない精子の数は，一回当たり最低4000万個程度と考えられている。つまり，今この世に生きている人たちは，すさまじい確率の中で生き残ってきた精子と卵子が受精することで産まれたことになる。

### 3-5-3　ヒトの発生——胚葉の分化と器官の形成

　最も身近な哺乳動物であるヒトの発生について説明する。卵管内で卵と精子が出会って受精が完了すると，卵割が始まる。2細胞期，4細胞期，8細胞期を経て桑実胚となり，子宮へ入ってまもなく内部細胞塊と栄養膜からなる胚盤胞を形成する(受精後約4日目)。その後，透明帯が退行して急速に大きくなり，子宮壁に着床する(受精後約6日目)。着床後，内部細胞塊に形態的な変化が起こり，上胚盤葉と下胚盤葉が形成される(受精後2週間目の初め)。このころから受精8週目までは「胚子」とよばれ，体型も劇的に変化し，また，すべての主要な器官が形成される非常に大切な時期である。上胚盤葉は，原腸形成とよばれる過程で三つの胚葉(内胚葉，中胚葉，外胚葉)を生じ(受精後約3週間目)，のちにすべての組織および器官を形成する。内胚葉は呼吸器官，膀胱，内分泌器官，肝臓，すい臓などを形成し，中胚葉は真皮や骨格筋，脊椎，腎臓，腹膜，心臓，血管，血球，内臓筋などを形成し，外胚葉は脳，水晶体，角膜，視神経，運動神経，皮膚，嗅覚器，感覚神経，交感神経などを形成する。そして，受精後8週目の末には，紛れもなくヒトらしい特徴をもつようになる。受精後9週目から出産までは「胎児」とよばれる。12週目には外生殖器も形態が確立し，17週目ころには胎児の運動が母親に感じられるようになる。そして，受精後約38週を経てようやく誕生となる。

### 3-5-4 減数分裂による多様性の確保
—— 兄弟が似ていても異なるのはなぜか？

同じ両親の間にもうけられた兄弟姉妹でも，よく似ているかもしれないが，さまざまな意味でまったく同じであることはない。顔の形をはじめとする身体的特徴，背丈，場合によっては性格までもが似ることはあっても，少なくとも，各々がもっている遺伝子は異なる。兄弟姉妹がよくは似ているが，必ずどこか違うのはこの遺伝子の差によるところが大きい。このように，保有する遺伝子の多様性をもたらすために重要な過程が配偶子形成過程であり，また，そのときに起こるのが減数分裂である。

減数分裂は，有性生殖世代を送る生物の配偶子形成において非常に重要な過程である。接合子の染色体数は，母親からの1セット（これを1ゲノムセットという）と父親からの1セットが与えられており，基本的には偶数である。細胞当たりの染色体数（すなわちDNA量）が半分になる過程が減数分裂であり，2回の細胞分裂，すなわち第一減数分裂と第二減数分裂が連続して起こる。以下，その過程を説明する。

第一減数分裂の前期には相同染色体は細い糸の形をしている。次いで，相同染色体の対合が起こり，さらに進むと，対合した2本の染色体がそれぞれ2本の染色分体からなるように見える時期を迎える。この時期に，対合している染色分体どうしの間で交叉が形成され，DNAの組み換えが起こる。さらに進行して染色体は細胞の赤道面に配置され，その後，両極に移動して新たな核を形成し，第一減数分裂が完了する。この直後，それぞれの娘細胞の染色分体がさらに二つの極に分かれて第二減数分裂が起こり，結果的には，1ゲノムセットの遺伝情報を含む配偶子を生じる。減数分裂の過程では，父親由来の染色体と母親由来の染色体が莫大な数の組み合わせで分配され，かなりの多様性を生じることになる。さらに，交叉によるDNAの組み換えも起こり，事実上，同じ遺伝子をもつ配偶子ができることはない。

### ■ 参考文献(3章)

バイオインダストリー協会 編, (1996)『バイオテクノロジーの流れ』, 科学工業日報社.
Buchsbaum, R. et al. (1987) "Animals Without Backbones (3rd ed.)", The University of Chicago Press.
Hausman, K./扇元敬司 訳(1989)『ハウスマン原生動物学入門』, 弘学出版.
藤田善彦・大城香(1989)『ラン藻という生きもの』, 東京大学出版会.

岩本愛吉(1997)『やさしいウイルスの基礎』, オーム社.
児玉徹・熊谷英彦 編(1997)『食品微生物学（食品の科学〈5〉）』, 文永堂出版.
Margulis, L., Schwartz, K. V.／川島誠一郎・根平邦人 訳(1987)『図説生物界ガイド 五つの王国』, 日経サイエンス社.
Moore, K. L., Persaud, T. V. N.／瀬口春道 監訳(2001)『ムーア人体発生学（原著第6版）』, 医歯薬出版.
内藤豊(1990)『単細胞動物の行動』, 東京大学出版会.
根路銘国昭(2000)『驚異のウイルス』, ひつじ科学ブックス.
扇本敬司(1994)『微生物学（バイオテクノロジーテキストシリーズ）』, 講談社サイエンティフィク.
Primrose, S. B., Dimmock, N. J.／河野晴也・山崎修道 訳(1983)『ウイルス学入門』, 培風館.
塩川光一朗(2002)『生命科学を学ぶ人のための大学基礎生物学』, 共立出版.
清水文七(1996)『ウイルスが分かる』, 講談社ブルーバックス.
鈴木孝仁 監修(2000)『生物図録』, 数研出版.
高尾彰一・栃倉辰六郎・鵜高重三 編(1996)『応用微生物学』, 文永堂出版.
千原光雄 編著(1997)『藻類多様性の生物学』, 内田老鶴圃.
Twyman, R. M.／八杉貞夫・西駕秀俊・竹内重夫 訳(2002)『発生生物学キーノート』, シュプリンガー・フェアクラーク東京.

# 4

## 多様な生物社会

### はじめに

　現在の地球では，植物は光エネルギーを用いて水分子($H_2O$)を水素原子(H)と酸素分子($O_2$)に開裂させ，この水素原子を炭酸ガス($CO_2$)と反応させて炭水化物をつくっている。いわゆる酸素発生型の光合成反応である。一方，われわれ人間を含め，呼吸する生物は，炭水化物を酸素で酸化してエネルギーを得ている。このとき，水と炭酸ガスができる。この例に見られるように地球生態系では，光エネルギーが化学エネルギーに変換され，同時に，炭素(C)，水素(H)，酸素(O)が循環している。陸の環境では，光合成により年間約1100億トンに相当する炭素原子が固定されている。酸素呼吸の規模もこれに匹敵するが，その半分は植物自身の呼吸であり，残り半分の大部分は陸地の微生物によるものである。このように微生物は地球規模の元素循環サイクルに重要な役割を果たしている。この元素循環サイクルにより，多様な生物が地球上に誕生し，多様な生物社会を形成してきた。

　一方，酸素は呼吸する生物にとってなくてはならないもので，現在の地球大気の約20%を占めている。しかし，生物がはじめて誕生したころの地球大気には，酸素がなかったと考えられている。それ以来，酸素濃度は図4-1に示すように変化し，多様な生物が出現した。このような酸素濃度の変化はなぜ引き起こされ，生物にどのような影響を与えてきたのだろうか。本章では，まず微生物に着目し，その変遷を酸素濃度の変化と関連づけながら，地球の生態系について概説する。その後，地球上の多様な生物社会の理解を深めるため，生態学の立場から議論していく。

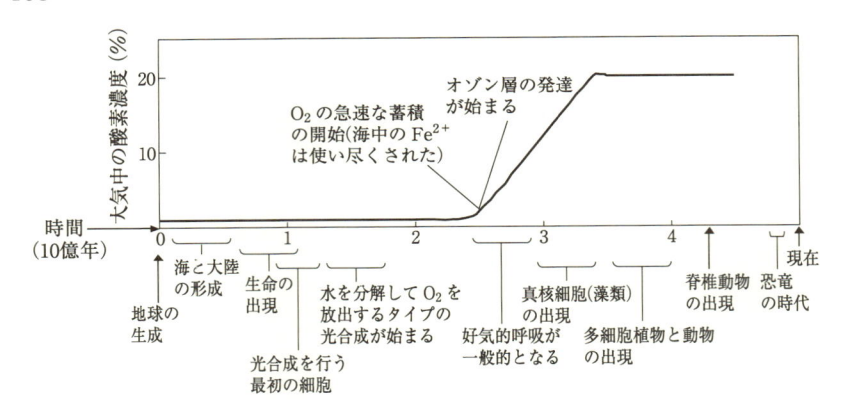

図 4-1 地球生成以来の大気中酸素濃度の変化と生物の変遷過程での主要な出来事
[Alberts et al., 1990 を改変]

グラフ中の記述:
- 縦軸: 大気中の酸素濃度 (%)
- 横軸: 時間 (10億年)
- $O_2$ の急速な蓄積の開始 (海中の $Fe^{2+}$ は使い尽くされた)
- オゾン層の発達が始まる
- 0: 地球の生成、海と大陸の形成
- 1: 生命の出現、光合成を行う最初の細胞
- 水を分解して $O_2$ を放出するタイプの光合成が始まる
- 真核細胞 (藻類) の出現
- 好気的呼吸が一般的となる
- 多細胞植物と動物の出現
- 脊椎動物の出現
- 恐竜の時代
- 現在

## 4-1 地球微生物の変遷

### 4-1-1 生物誕生への序章

　地球上で生物が誕生したのは,今から約35億年から40億年ほど前と考えられている。生物はいきなり誕生したのではなく,それ以前に生物誕生の条件が整うまで,非常に長い準備期間が必要であった。ここでは,地球形成の時点まで時をさかのぼり,生物誕生までに何が起こっていたかを推測していく。

　今の太陽より大きな熱い星が爆発し,そのあとに新しい星(今の太陽)と,地球を含めた惑星が形成されていった。地球が形成されたのは,放射性同位元素を使った推定によれば,今から45億年ほど前らしい。形成された初期の地球の地殻は非常に熱く,地表に液体の水は存在できなかった。しかし,水蒸気の膨張,冷却,凝縮,その結果の降雨が繰り返され,しだいに地殻が冷やされ,40億年ほど前,ついに地表に液体の水が存在するようになった。これは,グリーンランドで発見された38億年前の岩石の中に,水の存在を暗示する堆積岩が含まれていたことから,推定された。

　初期地球の大気には酸素($O_2$)がなく,還元的で,$H_2O$のほかに種々のガス,主成分として$CH_4$,$CO_2$,$N_2$および$NH_3$,微量の$CO$,$H_2$,また少量の$H_2S$が存在していたと考えられている。また,$CH_4$と$NH_3$の化学反応により,かなりの量の$HCN$も生成されていたらしい。

　初期地球の還元的な大気が紫外線,雷の放電,放射線,熱エネルギーにさら

されると，糖類，アミノ酸，プリン，ピリミジン，種々のヌクレオチド，脂肪酸およびこれらの重合体といった，生化学的に重要な種々の分子が形成されていった。これらを使う生物がまだ誕生していなかったので，これら化学物質が水に溶け，蓄積され，非常に濃い有機物の水溶液ができていったと考えられている。

　ヌクレオチドが重合すると，ポリヌクレオチドが形成される。このポリヌクレオチド分子上に配列している塩基が，遊離しているヌクレオチドの塩基と対形成することにより，ポリヌクレオチド自体が次に新たにヌクレオチドの重合反応が起こるための鋳型として機能することができたとする。このとき，ある特定の塩基配列をもったポリヌクレオチドが選択的に合成されることになる。そして合成されたポリヌクレオチドは次に同じように働く際に，最初と同じ塩基配列をもった分子を形成するための鋳型となるのである。RNA分子は複製に必須の鋳型作用をもつだけでなく，折りたたまれると複雑な表面を形成して特異的に反応を触媒する潜在的な能力をもっている。すなわち，RNA分子は自己複製を自ら進める能力を有している。今から35億年ないし40億年前に，地球上のどこか濃縮された有機物のスープの中で，RNA分子の自己複製系が進化を始めたと考えられている。コピーの正確さと速さ，およびできあがったコピーの安定性を武器に，異なる塩基配列をもつ多量体どうしが，自分のコピーをつくろうと材料を奪い合ったと推測される。

## 4-1-2　始原生物の誕生

　濃縮された有機物のスープ中で，化学反応により合成されたリン脂質，タンパク質が集まって自然に膜構造をつくり，自己複製する触媒RNA分子の混合物，その他必要な有機物，無機物を偶然囲い込んだとき，地球上で最初の生物が誕生したのであろう。それは今から35億年から40億年ほど前の出来事と推測されている。その後，RNA分子のもつ遺伝機能と触媒機能は，それぞれの機能をより効率よく進めることのできるDNA分子とタンパク質にとって替わられ，RNAはこれらをつなぐ仲介者としての役割を主としてもつようになったと考えられる。この考え方に対し，最初の生物は有機物ではなく硫黄，硫化物，鉄，水素などの無機物をエネルギー源とした無機栄養化学合成生物であり，その後，これら生物によりつくられた高分子有機物を分解する従属栄養生物が現れたとする説もある。

### 4-1-3 生物の進化
#### （1）発 酵

初期の生物は発酵でエネルギーを生産していたと考えられる。その結果，二つの問題が生じた。一つは発酵産物による環境のpHの低下であり。もう一つは発酵可能な栄養物の減少，不足，枯渇である。一つ目の問題により引き起こされる細胞内部の酸性化を防ぐため，$H^+$（プロトン）を細胞外にくみ出す膜貫通型プロトンポンプが進化した。同時に，発酵可能な栄養物が乏しくなってきた状況では，エネルギー源としてATPを消費せずにプロトンポンプを駆動できることが必要であった。こうして，酸化還元電位の異なる分子間の電子伝達で生じるエネルギーを使い，細胞膜を介して$H^+$を運搬する最初の膜結合タンパクが出現してきたと思われる。ところで，電子伝達系で$H^+$を細胞外にくみ出し，その$H^+$が細胞内に戻るとき，ATP駆動型プロトンポンプを逆に回せば，ATP合成酵素として働く。このような機能をもった，発酵性栄養物質への要求度が低い細菌が，その数を増していったのであろう。

#### （2）光の利用

これまで述べてきた進化の過程では，しだいに発酵性の栄養物質が乏しくなり，細胞中の多種多様な分子の前駆体となる糖が枯渇する恐れがあった。生物は糖をつくる新たな炭素源，機構を必要としていた。当時の大気中には炭素源として，十分な量の二酸化炭素が存在した。しかし二酸化炭素を還元するには，NADHやNADPHのような強力な電子供与体が必要である。NADHのような分子を直接つくり出せる光化学反応中心が出現したとき，エネルギー代謝の進化における重要な突破口が開かれた。これは，30億年以上前に緑色硫黄細菌の祖先で初めて起こったと考えられている。

現存する緑色硫黄細菌は，光エネルギーを用いて硫化水素（$H_2S$）からNADPHに水素原子を移し，炭酸固定に必要な強力な還元力をつくり出す。$H_2S$から取り出された電子は水から出る電子と比べて，電気化学的にNADPHをつくりやすい。おそらく最初の光合成も$H_2S$を使ったのであろう。したがって，最初の光合成ではまだ水（$H_2O$）を使えず，酸素（$O_2$）が発生しなかったと考えられる。

約30億年前，ついに水を水素源として二酸化炭素を還元できる生物が進化してきた。$H_2O$とNADPH間の酸化還元電位の大きなギャップが，緑色細菌由来の光化学系Iに紅色細菌由来の光化学系IIが追加されることにより，埋められるようになった。すなわち，シアノバクテリアの祖先の登場である。この

段階で初めて，環境の栄養物質にほとんど依存しない生物が生まれ，生物が合成した還元型の有機物質が蓄積し，酸素がつくられるようになった。このことは，その後の生物の進化に非常に大きな影響をもたらした。

**(3) 呼吸する微生物の出現**

　酸素発生型の光合成が始まっても大気中の酸素濃度の上昇は，最初はきわめて遅かった。原始の海洋中に多量に含まれていた Fe(II) を Fe(III) に酸化するのに，初期の光合成細菌の生産した酸素の大半が使われたためである。この多量の二価鉄も約20億年前には使い尽くされ，このころから大気中の酸素濃度が上昇し始めた。現在の値に達したのは今から5～15億年前のことと考えられている(図 4-1)。

　酸素が存在するようになり，またすでに出現していた電子伝達系成分を修飾して酸素を最終電子受容体とするシトクロム酸化酵素をつくり出して，好気的代謝により ATP を合成する細菌が出現してきた。光合成の結果，地球上に有機物が蓄積してくると，大腸菌の祖先を含む一部の光合成細菌は光エネルギーだけで生存できる力を失い，完全に呼吸に依存するようになった。

## 4-1-4　真核生物の登場，発展

　現在の真核生物の細胞の中には，ミトコンドリアが見られる。種々の証拠からミトコンドリアの祖先は好気性の原核生物であり，15億年ほど前に原始的な真核細胞に入りこんで共生するようになったと考えられている。また，こうして進化した好気的な真核生物に光合成細菌が取り込まれ，共生するようになり，葉緑体になったと推測されている。

　大気中の酸素濃度の高まりとともに，微生物，真核生物，後生動物が多様性を増していった。これは，(1)好気呼吸によりより多くのエネルギーが使えるようになったこと，また(2)大気上層にオゾン層が形成され，生物にとって有害な紫外線(UV)が遮蔽されたことが関連していると考えられている。

## 4-2　水界生態系

### 4-2-1　海　　洋

　地球表面の約7割は海洋である。海洋の92％は水深200 m 以上の外洋であり，海洋の平均深度は約3800 m である。地球はまさしく，豊富な水をもつ「水の惑星」である。水は熱容量が大きいので，大きな水塊である海の水温は

急激には変化しない。その意味では海は，陸上に比べて安定した環境である。しかし，太陽の光は水深200 m以上の深さにはあまり届かず，水の比重は4°Cで最大となるので，深い海は一年中暗黒であり，その大部分は水温5°C以下である。

生物の体は多くの水を含んでおり，陸上生物にとって水の確保と維持は大きな問題であるが，水界に生息する生物はその点では何の問題もない。

陸上植物は，大気中に0.03%しかない二酸化炭素を取り込んで光合成を行っている。これに対して，海洋で光合成を行う植物プランクトンと海藻は，光合成に必要な二酸化炭素を，海水に溶けている二酸化炭素やさまざまな炭酸塩から得ている。炭酸塩は海水にたくさん溶けているので，植物プランクトンと海藻は，水の獲得だけでなく二酸化炭素の獲得という点でも陸上植物より有利である。ただし，上述したように太陽の光は深い海には届かず，そのようなところでは光合成は不可能である。

(1) 海洋の構造

海洋は，海岸から水深200 mまでの沿岸域とそれ以上深い外洋に分けられる。海底の傾斜は一般に水深200 mまではなだらかで，それから傾斜がきつくなる。水深200 mまでのなだらかな海底は，大陸棚とよばれている。水深200 mくらいまでは，光合成に必要な量の光が到達するので，沿岸域では光合成が盛んに行われる。

沿岸域は，日周期的に潮の満ち引きが見られる潮間帯，潮間帯の下限から水深15 mくらいまでの亜潮間帯，および沖合いに分けられ，それぞれの場所に独特の生態系が成立している。水深200 m付近にある大陸棚の下限を超えると，海底の傾斜は急になる。この急な斜面を大陸斜面という。青色などの波長の短い光は水深500～1000 mくらいまで到達するが，水深200 m以下では光合成は困難といわれている。水深2000 m以下を深海とよぶ。大陸の周辺沖合いの深海には，水深6000 m以下の非常に深い水域があり，海溝とよばれている。

(2) 海洋の生物

海洋の生物は，生活型の違いから，プランクトン，ネクトン，ベントスに分けられる。プランクトンとは，遊泳力がないか非常に小さいため，水中に浮遊して生活している生物群で，植物プランクトンと動物プランクトンに分けられる。植物プランクトンの主なものは，緑藻，ケイ藻，渦鞭毛藻である。これに対して動物プランクトンは，原生生物，ミジンコ，魚類・甲殻類・貝類の幼生

# Life Science & Biotechnology

## 培風館

## ライフサイエンスのための 生物学

鷲谷いづみ 監修／森 誠・江原 宏 共著　B5・256頁・3200円
ライフサイエンス系学生のための生物学の教科書。生化学，植物学，動物学，生態学の4編に分けて，最近のバイオサイエンスの内容が満遍なくカバーされている。きれいなカラー図版と写真を多く用いて解説。

## 自分を知る いのちの科学 改訂版

伊藤明夫 著　A5・248頁・近刊
大学初年級学生のための臨場感溢れる生命科学のテキスト。生命の基礎からはじめ，ヒトの生命現象とは何か，ガン・iPS細胞などの最新の問題まで，カラー写真を豊富に盛り込み，身近な話題を取り入れたコラムなど，口語体で親しみやすく解説している。

## 光合成生物の進化と生命科学

三村徹郎・川井浩史 共著　A5・208頁・2900円
光合成生物がいつ生まれ，どのように進化・多様化し，現在に至っているか，今後どのように変わっていくと考えられるかを，進化系統学，生理学，ゲノム学など多方面の専門家が分かりやすく解説。

# 好評の既刊書

## レーヴン・ジョンソン 生物学 [上, 下] (原書第7版)

P. レーヴン・G. ジョンソン・J. ロソス・S. シンガー 共著
R／J Biology 翻訳委員会 監訳　上：A4変・536頁・6400円
下：A4変・808頁・9700円（カラー刷）
あらゆる生命現象を進化の視点でとらえ，生命の起源や生物多様性の理解を目指す教科書。概要・本文・まとめ・設問での反復解説に加え，鮮明なカラー写真と工夫された図を豊富に掲載し，丁寧に説明する。

## 植物が語る 放射線の表と裏

鵜飼保雄 著　四六・260頁・3200円
本書は植物の品種改良や，原爆や核実験が植物に与える影響を例に，放射線と社会とのかかわりを多面的に解説する。

## エッセンシャル 遺伝学

D.L. ハートル・E.W. ジョーンズ 共著　布山喜章・石和貞夫 監訳
A4変・536頁・9400円（カラー刷）
基礎遺伝学の教科書として，世界的に高い評価を得ている書の全訳。古典遺伝学から最先端のゲノム科学までの広範な分野がシームレスに統合されており，本書のみで現代の遺伝学の全体像を把握できる。

## IFO微生物学概論

公益財団法人 発酵研究所 監修　大嶋泰治 他編　B5・568頁・4700円
微生物の基礎知識から，理学，医学，農学，工学などの各分野に及ぶ広範囲な内容を，豊富な写真，図，表を用い系統立てて平易に解説。日本の斯学をリードしてきた著者らによる微生物学の新しい教科書。

# 好評の既刊書

## テイツ・ザイガー 植物生理学 (第3版)

L. テイツ・E. ザイガー 編　西谷和彦・島崎研一郎 監訳
A4変・696頁・10600円（カラー刷）
植物生理学の国際標準の教科書として，世界的名著の全訳。植物細胞の説明からはじめ，水と溶質の輸送，光合成・代謝・栄養，成長と発生など，最新の学問の進捗を遺漏なく取り入れ，精選された内容。

## 植物育種学辞典

日本育種学会 編　A5・798頁・12000円
主要な専門用語（約4000項目）を小項目主義によりコンパクトに解説。関連分野の拡大と育種学の急速な発展にともない，多岐にわたる領域の用語を正確に理解するための必携の辞典である。

## エピジェネティクス

C.D. アリス・T. ジェニュワイン・D. レインバーグ 共編
堀越正美 監訳　B5・588頁・21000円（カラー刷）
医療への応用が大きく期待されているエピジェネティクスについて，基礎知識から最前線までを網羅した入門書の決定版，待望の翻訳。

## クロー 遺伝学概説 (原書第8版)

J.F. クロー 著　木村資生・太田朋子 共訳　A5・352頁・2300円
古典的遺伝学や分子遺伝学の基礎的事項から集団遺伝学・進化遺伝学・生命の起源まで，現代遺伝学の広範な領域を網羅している。解説は簡潔で要を得ており，独創的な練習問題も加えてある。

# シリーズ 21世紀の動物科学

社団法人 日本動物学会 監修
[編集委員] 浅島 誠・小泉 修・佐藤矩行・長濱嘉孝

動物科学の魅力を次世代に語り継ぐため，日本動物学会の総力を結集して編纂した総説集である．日本の動物科学者による数々の独創的な研究を，歴史的流れ，試行錯誤や情熱も織り交ぜて紹介する．

1. **日本の動物学の歴史**
   毛利秀雄・八杉貞夫 共編　　A5・252頁・3600円

2. **動物の多様性**
   片倉晴雄・馬渡俊輔 共編　　A5・240頁・3600円

3. **動物の形態進化のメカニズム**
   倉谷　滋・佐藤矩行 共編　　A5・256頁・3700円

4. **性と生殖**
   安部眞一・星　元紀 共編　　A5・260頁・3200円

5. **発　　生**
   浅島　誠・武田洋幸 共編　　A5・256頁・3800円

6. **細胞の生物学**
   鈴木範男・神谷　律 共編　　A5・248頁・3400円

7. **神経系の多様性：その起源と進化**
   阿形清和・小泉　修 共編　　A5・258頁・3800円

8. **行動とコミュニケーション**
   岡　良隆・蟻川健太郎 共編　A5・252頁・3700円

9. **動物の感覚とリズム**
   七田芳則・深田吉孝 共編　　A5・198頁・3000円

10. **内分泌と生命現象**
    長濱嘉孝・井口泰泉 共編　　A5・272頁・3800円

11. **生態と環境**
    松本忠夫・長谷川眞理子 共編　A5・264頁・3800円

★ 価格は本体価格（税別）です．

## 培風館

東京都千代田区九段南 4-3-12（郵便番号 102-8260）
振替 00140-7-44725　電話 03(3262)5256

〈F 1509〉

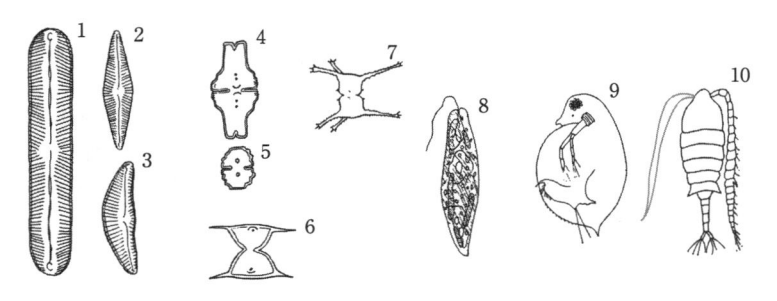

**図 4-2 各種のプランクトン**
1.ハネケイソウの1種, 2.フナガタケイソウの1種, 3.クチビルケイソウ, 4.ユウアスツルムの1種, 5.ユウアスツルムの1種, 6.スタウラスツルムの1種, 7.スタウラスツルムの1種, 8.ミドリムシの1種, 9.ミジンコ, 10.ヤマトヒゲナガケンミジンコ ［水野, 1975 より］

などからなる(図 4-2)。

　ネクトンは，比較的大きな遊泳力をもち，自動的に移動できる動物を指す。多くの魚類，エビ，イカ，タコなどがこれに属している。またベントスは，水底に固着するか，わずかな運動しかしない生物で，付着藻類，水草，海藻，貝類，ヒトデ，ウニ，サンゴなどがこれにあたる。

### (3) 海洋の生態系

#### a. 潮間帯

　周期的に潮の満ち引きが見られる潮間帯では，独特の生態系が形成されている。岩礁帯では，上部から下部にかけて，タマキビ類，フジツボ類，カキ，ムラサキイガイなど固着生物の帯状構造が見られる。潮間帯の上部は海水に浸る時間が短いので，下部よりも乾燥しており，岩礁表面の温度も高い。固着生物の帯状構造は，このように異なる環境条件をそれぞれの生物が選択した結果であるとともに，生物たちの種間競争の結果でもある。一方，底質が砂泥からなる干潟には，ウミニナなどの巻貝，コメツキガニなどのカニ類，ゴカイなどの多毛類，ソトオリガイなどの二枚貝など，岩礁帯とはまったく異なる生物たちが生息している。

#### b. 亜潮間帯

　潮間帯下部の亜潮間帯，水深数十mまでの場所には藻場が発達する。湾や入り江など，遮蔽された沿岸の亜潮間帯にはアマモ類が生育し，アマモ場といわれる独特の景観が見られる。これに対して，海岸が海に突き出した岬付近で

は海底が岩礁となっているところが多く、ホンダワラ類が繁茂するガラモ場となっている。

藻場は、海藻やプランクトンが生産者となり、魚類や甲殻類などを食物連鎖の頂点とする生物群集が形成されているところで、海洋で最も生物相が豊富な場所である。天草のアマモ場には、魚類、甲殻類、貝類などの軟体動物、ウニやヒトデなどの棘皮動物、コケムシ類、ヒドラなど、非常に多くの動物たちが生息している。魚類では、ゴンズイ・アミメハギなど、アマモ場で一生を過ごす永住者と、カワハギ・メバル・ウミタナゴなどの一時滞在者が見られる。アマモ場は、カワハギ・メバルなど多くの魚の稚魚の生息場としても不可欠のものである。これに対してガラモ場では、一生をここで過ごす魚類が多いという。

### c. 沿岸域

大陸棚の砂泥底または軟泥底には、底魚を頂点とした食物連鎖が見られる。晩秋から冬にかけての仙台湾では、頂点生物であるキアンコウ、クサウオなどが、マコガレイ、マガレイなどを捕食している。これらのカレイは、ゴカイ、イソギンチャク、マメガニ、ウミウシなどのベントスを捕食している。ベントスの多くは植物食であり、水中を浮遊するプランクトンやその死体などを主に摂食している。このように、大陸棚の生物群集は、海の上層で植物プランクトンなどが合成した有機物に依存して成立している。そこでは、植物プランクトンが盛んに光合成を行っており、植物プランクトン→動物プランクトン→カタクチイワシ→サバといった食物連鎖が成立している。

### d. 深海

深海には太陽光は到達せず、光合成を行う植物や植物プランクトンは存在しない。そこに棲んでいる動物の多くは、上層より落下するさまざまな生物の遺体やその分解物である有機物に依存して生活している。眼が退化しているものや、発光器を備えて餌をおびき寄せるものも知られている。深海生物は、種類数、個体数ともに少なく、あちこちに散在して生活している。

しかし近年、深海のあちこちに、さまざまな種類の生物からなる高密度の生物群集が存在していることが明らかになった。最初の発見は1977年で、東太平洋のガラパゴス諸島近くの海底から、350〜400℃という高温の熱水が噴出する熱水噴出孔が発見された。熱水には硫化水素や重金属がたくさん溶け込んでおり、硫化水素が大量に含まれる熱水は黒色で、海底の孔から煙のように噴出していた。熱水噴出口の周りには、ハオリムシ、シロウリガイ・シンカイヒ

バリガイなどの二枚貝，ゴカイ，甲殻類などが，この高温・高圧・暗黒の環境に適応して生息していた。熱水噴出孔生物群集においては，生産者は硫化水素を酸化してエネルギーを得ているバクテリアであり，ほかのメンバーはこのバクテリアを食べたり，それを体内に取り込んで共生しているという。熱水噴出口はその後，東太平洋だけでなく，日本近海を含む西太平洋，大西洋などで発見されている。

### 4-2-2 陸　水

地球には 13 億 $km^3$ 強の水が存在し，そのうちの 97.5% は海水である。残りの 2.5% が陸域に存在する陸水であり，陸水は湖，河川，土壌水，地下水，氷・氷河などに分けられる。陸水の大部分は氷・氷河および地下水であり，この二つのカテゴリーで陸水の 99.3% に達する。湖と河川の水はきわめて少なく，前者は陸水の 0.6%，後者は 0.003% を占めるにすぎない。このことは，陸域に棲んで淡水を利用する生物にとって，利用できる水の量がきわめて少ないことを示している。

#### （1）湖　沼

湖沼は，(1) 浸食，(2) 堰き止め，(3) 火山の爆発，(4) 地殻変動など，さまざまな要因によって形成される。このうち，(1)は風，水，氷河などの浸食作用によってできた盆地に水がたまって形成されたもので，水の浸食作用によってできたものとしては，三日月湖が挙げられる。(2)は，山崩れや火山の噴出物が河川を堰き止めて形成されたものであり，日本では福島県の檜原湖が有名である。(3)は，火山の爆発によって生じた火口に水がたまった，いわゆる火口湖で，円形で深いのが特徴である。日本には火山が多いので，摩周湖などたくさんの火口湖がある。(4)は，褶曲や断層などの地殻変動によって形成された割れ目に水がたまったものである。構造湖とよばれ，大きくて深いのが特徴である。バイカル湖（水深 1643 m），タンガニーカ湖（水深 1435 m）など，世界の大きな湖のほとんどは構造湖である。日本では，琵琶湖や諏訪湖が挙げられる。

湖沼の水は淡水の場合が多いが，塩水の場合もある。塩湖としては，海外ではカスピ海や北アメリカのグレート・ソルト・レークが有名であり，日本では中国地方の中海などがある。

湖沼はその栄養状態から，貧栄養，中栄養，富栄養の三つのタイプに分けられる。貧栄養湖では，栄養塩類が少なく，植物プランクトンや水生植物も少な

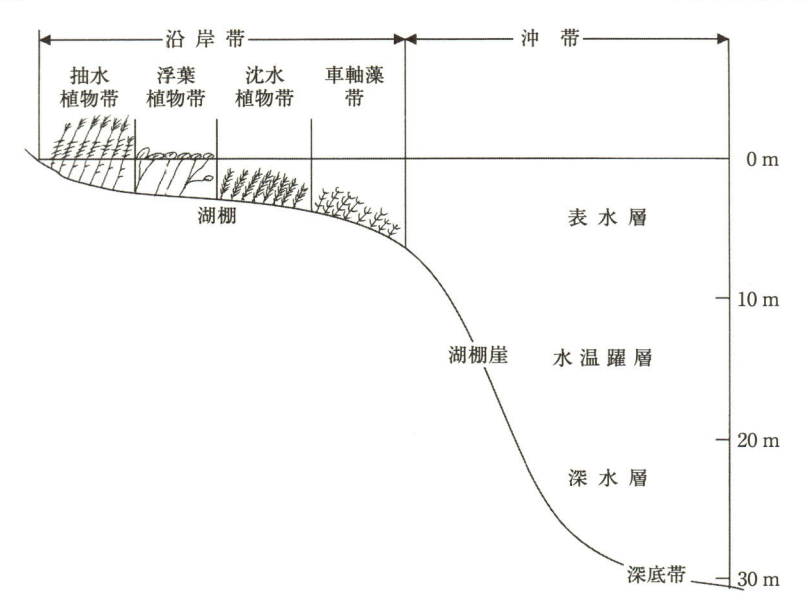

図 4-3 の構造図：沿岸帯（抽水植物帯、浮葉植物帯、沈水植物帯、車軸藻帯）と沖帯（表水層 0m、水温躍層 10m、深水層 20m、深底帯 30m）、湖棚、湖棚崖

**図 4-3　湖沼の構造**
［沖野，2002 を改変］

い。日本では，東北・北海道に多いカルデラ湖などがこれにあたる。これに対して富栄養湖では，栄養塩類が豊富なために植物プランクトンと水生植物が多く，動物も多い。一般に浅い平地の湖沼に多いが，諏訪湖のように山間にあるものもある。

　湖沼は水深が浅い沿岸帯と，その沖に広がる沖帯に分けられる（図 4-3）。湖沼は沿岸帯では岸から少しずつ深くなる。この部分を湖棚という。湖沼は沖帯に入ると急に深くなることが多く，この部分を湖棚崖とよんでいる。湖沼の底は深底帯とよばれ，平坦である。沖帯は一般に，沿岸帯に比べて非常に広い。

　温帯の湖沼では，表層と深層の水が混合する循環期と，上下の水が混合しない停滞期が存在する。湖沼の水は，表水層，水温躍層，深水層の三つの層に分けられる。

　春から夏にかけて太陽光によって湖沼の表層は強く暖められるので，表水層の水温は上昇し，琵琶湖では 27℃ ほどになる。このように，水温が深さによって異なることを温度成層という。しかし，この熱は深層までは届かず，水温は水深十数 m から急に低下する。水温が急に低下する層を水温躍層とよぶ。

湖の上部の水が軽く下部の水が重いので(水の比重は4℃のとき最大)，上下の水の交換は起こらない(停滞期)。秋から冬にかけて表面水温が低下すると，比重が大きくなった表層水が沈み込み，深層水が上昇して，上下の水の交換が起こる(循環期)。冬になると，表水層と深水層の水温がほぼ等しくなり，温度成層は解消する。ただし，寒い地方では表面水温は4℃より低下し，表水層の水温が深水層より低い状態となる。このような状態を逆列成層という。逆列成層ができると，上下の水の交換は起こらなくなる(停滞期)。春になって表面水温が上昇すると，再び上下の水の交換が起こる(循環期)。

### (2) 河　　川

　河川は流れる水であり，大気と絶えず接触・撹拌されることにより，水には十分な量の酸素が溶け込んでいる。川は岩石や土壌を削り取り，その中に含まれる多量の栄養塩類を下流へと運ぶ。河川は通常，山地や丘陵に源を発する場合が多いが，湧泉や湖沼が水源になっている場合もある。

　可児藤吉は渓流の地形を分析する中で，河川が瀬・淵・瀬・淵・・・の繰り返しからなることを見いだし，河川の基本単位が瀬と淵のセットであるとした。そして，瀬と淵の形態や分布様式から，河川形態を分類した(図4-4)。まず瀬と淵の分布様式を取り上げ，蛇行する河川の一蛇行内に瀬と淵が複数あるA型と，一蛇行内に一つの瀬と淵があるB型を区別した。また，瀬と淵の形態の違いから，瀬から淵に水が滝のように落ち込むa型，水が波立って淵に流れ込むb型，水が波立たずに淵に流れ込むc型の三つを区別した。そして，上流域ではAa型，中流域はBb型で，平野部を流れる下流域はBc型で代表されるとした。

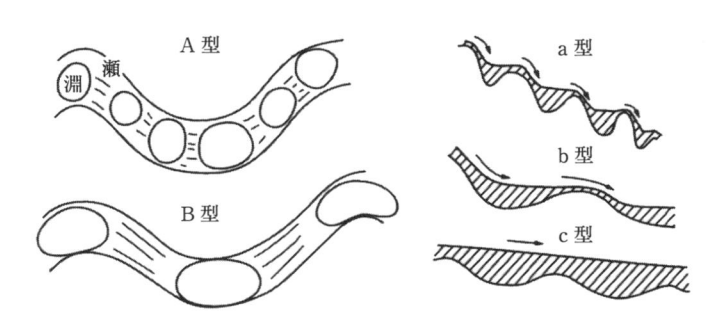

**図 4-4　河川の形態**
[可児，1944より]

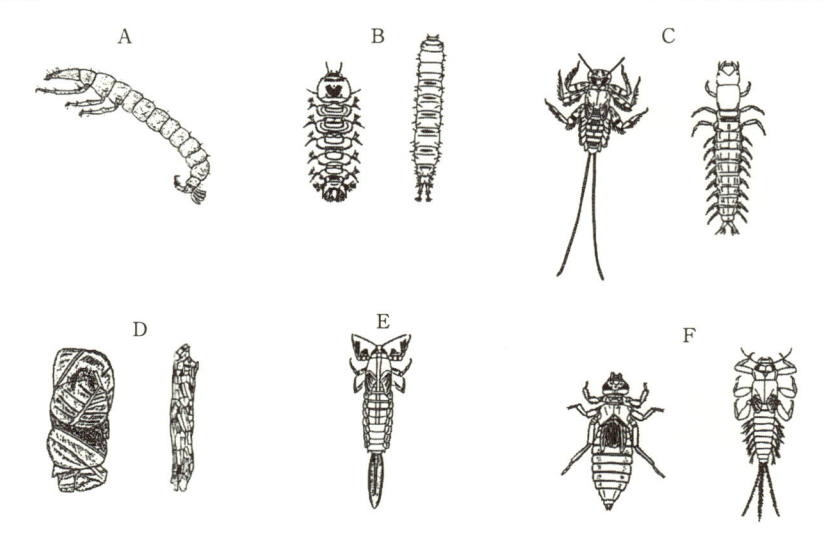

**図 4-5 水生昆虫の生活型**
A.造網型(ヒゲナガカワトビケラ)，B.固着型(ヤマトアミカ(左)；ウスバヒメガガンボ(右))，C.匍匐型(ユミモンヒラタカゲロウ(左)——石の表面を滑るように移動する；ヘビトンボ(右)——石の間を歩く)，D.携巣型(エグリトビケラ(左)；セグロトビケラ(右))，E.遊泳型(チラカゲロウ)，F.掘潜型(ヤマサナエ(左)；キイロカワカゲロウ(右)) [谷，1995より]

　この河川形態論は，カゲロウ，トビケラ，ユスリカなどの幼虫である水生昆虫の分布とよく一致している。水生昆虫では，造網型，固着型，匍匐型，携巣型，遊泳型，掘潜型など，さまざまな生活型が見られる(図4-5)。このうち，瀬では造網型，固着型，匍匐型が優占している。造網型は捕獲網をつくるもので，シマトビケラ科，ヒゲナガカワトビケラ科などがこれにあたる。淵では，携巣型，遊泳型，掘潜型が優占する。携巣型は，文字どおり巣を持ちながら，巣とともに匍匐運動で移動するもので，トビケラ目の多くがこれに属する。遊泳型は遊泳によって移動するもので，チラカゲロウ科などがこれにあたる。掘潜型は砂や泥に潜って生活するもので，モンカゲロウ，サナエトンボ科，ユスリカ科などがこれに属する。
　河川の動物には，水生昆虫のほかに，プラナリア，ウズムシなどの扁形動物，イトミミズ，ヒルなどの環形動物，カワニナ，タニシ，シジミなどの軟体動物，エビやサワガニなどの甲殻類，イワナ，アブラハヤ，アユなどの魚類がいる。河川に生息する植物は，主に付着藻類であるが，水辺には抽水生物も見

られ、上流域の小河川や水路などでは流水性の沈水植物(バイカモ, ヤナギモなど)も存在する。付着藻類は上流域ではあまり繁茂せず, 窒素, リンなど栄養塩類の多い中流域になると増加する。付着量が多くなりすぎたり, 大雨で増水したときなどに石から剥離して流下する。水生植物は水中から多くの栄養塩類を吸収することで, 水質を浄化している。

## 4-3 陸上生態系

　陸上の生態系には, 森林, 草原, ツンドラ, 半砂漠, 砂漠などがある。どんな生態系が成立するかは, 大まかにいえば, その地域の年平均気温と年平均降水量に左右される。年平均気温は, 当然ながら赤道付近が最も高く, 極地方で低い。ただし南極は, 北極よりも年平均気温で10℃ほど低い。これは, 南極が大陸であるために, 北極に比べて冷えやすいことを示している。

　年平均降水量は, 地球大気の大循環に関連している。赤道付近の大気は暖められて上昇気流となり, 低気圧となって雨を降らす。上昇気流は地上約10 kmの高さで南北に分かれて移動し, 30度付近で下降気流となって地上に乾いた空気をもたらす。したがって30度付近は高圧帯となり, 雨が少なく砂漠や半砂漠ができやすくなる。同様にして60度付近では, 上昇気流が生じ, また極地方では下降気流が生じる。大気の大循環はこのようにして, 緯度によって降水量の多い地域と少ない地域を生み出す。

　海流も気候の形成に大きく影響している。貿易風によって, 赤道付近の海水は東から西に移動する。強い日差しによって海水は熱せられ, 赤道海流は大陸の東岸にぶつかり, 南北に分かれていく。このようにして黒潮は, 南の海から温かい水を日本に運んでくる。海流は北半球では時計回りに, 南半球では反時計回りに流れている。また, 砂漠は大陸の西側に位置することが多い。これは, 寒流のために大陸の西岸が冷やされ, 上昇気流が起きにくく, 雨が降りにくいからだとされている。

### 4-3-1 森　林

　森林とは, ある程度以上の高さの木がまとまって生えている場所と定義されている。地球全体の森林面積は約35億haであり, これは陸地全体の26%を占める。これは広大な面積であるが, 日本の森林面積が国土の67%であることを考えると, その割合は小さいともいえる。地球全体を見れば, 森林の成立

しない地域が多いのである。

　Whittakerは，年平均気温と年平均降水量のどのような組み合わせでどのような植物群系が成立するかを調べた。年平均気温が－5℃を上回る地域で，ある程度以上の年平均降水量がある地域に，森林が発達することがわかった。森林は，高温で降水量の多い熱帯に発達する熱帯雨林，乾季と雨季の差が激しい熱帯に成立する熱帯季節林，温暖な暖温帯の常緑広葉樹林，冬に雨が多く夏は乾燥する地域に発達する硬葉樹林，冷温帯の落葉広葉樹林，亜寒帯の針葉樹林などに分けられる（図4-6）。

　熱帯雨林は，中南米，アフリカ，東南アジアに集中している。熱帯雨林の生物はきわめて多様である。例えば樹木は，中南米で3万種，東南アジアで2万5千種，アフリカで1万7千種あるといわれ，熱帯雨林の樹木の種数は，温帯地域の数十倍である。同様に，鳥類・哺乳類・爬虫類・両生類も温帯よりはるかに多くの種が生息しており，昆虫は1000万種が生息すると推定されている。分類学者によって現在までに記載された，学名のある昆虫は約80万種であり，熱帯雨林にはその十倍もの未記載の昆虫がいることになる。

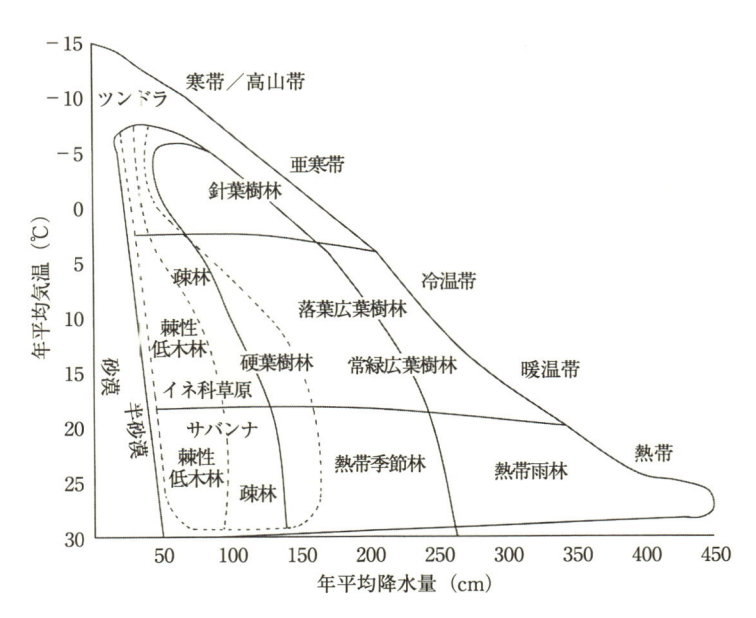

**図 4-6　降水量と植物群系**
［Whittaker, 1979を改変］

熱帯季節林の樹木は，雨季に葉をつけ，乾季には落葉する。熱帯雨林より樹種は少なく，動物たちも少ない。より乾燥したところではしばしば野火が起こる。

アジアの東南部など，暖温帯で雨量の多い地域では，冬でも落葉せずに緑の葉をつけた常緑広葉樹林が見られる。常緑広葉樹の葉の表面はつるつるしていて，日光に照らされて光るという意味で，常緑広葉樹林を照葉樹林ともいう。熱帯でも，標高1000m以上の山地では常緑広葉樹林が発達する。日本では，南西諸島から東北南部まで分布している。

落葉広葉樹林は，秋から冬にかけて落葉する広葉樹の森であり，ヨーロッパ，東アジア，北アメリカ東岸に見られる。夏に青々とした葉を茂らせているところから，夏緑樹林ともいわれる。日本では，落葉広葉樹林の大きな天然林は白神山地のブナ林くらいしか残っておらず，ほとんどがクリ，ナラ，シデ，カエデ，ブナなどが混成した二次林（自然林が伐採されたあとに成立する林）となっている。

針葉樹林は，シベリア，ヨーロッパ北部，北アメリカ北部など寒い地方に発達するもので，日本では本州の亜高山帯や北海道の山地に成立している。シベリアの針葉樹林はタイガとよばれる。針葉樹林を構成する樹木の種数は少ない。針葉樹の多くは常緑であるが，降水量の少ない地域にはカラマツなどの落葉性のものも見られる。

### 4-3-2 草　原

降水量が少ない乾燥した地域や，低温のために森林が成立しない地域では，イネ科やキク科などの草本植物からなる草原が発達する。草原は，野火や焼畑耕作のための火入れによって樹木が焼失してしまう場所にも発達する。

高温で降水量の少ない熱帯や亜熱帯では森林が発達せず，イネ科の草が主体となった草原が成立する。これをサバンナといい，ところどころに樹木が散在している。サバンナの成立や維持は，少ない降水量だけでなく，大型草食獣による草の強度の採食や，乾季に起こる野火が樹木を焼失させてしまうことにもよる。

温帯の内陸部では，冬の気温低下が著しい。このような場所には，イネ科を中心とした草本植物による温帯草原が発達する。温帯草原は，中央アジアではステップ，北アメリカではプレーリー，南アメリカではパンパスとよばれ，ウマ，ヒツジ，ウシなどが放牧されている。

高山には，森林限界が存在する。これは，ある標高以上の高い場所では，低温や強風などのためにもはや森林が成立しないことを示しており，日本アルプスの森林限界は，標高 2500 m 付近である。森林限界より上で，降雪がある場所では，高山草原が発達する。このような場所では，夏は雪解け水によって植物が水を得ることができ，冬は積雪によって植物が極端な低温から免れるのである。

年平均気温が $-5°C$ を下回るシベリア北部，アラスカやカナダの北部などでは，ツンドラが成立する。これらの酷寒の地では森林が発達せず，夏の間だけ永久凍土層の表面が融解して，蘚苔類・地衣類などが生育するツンドラができる。

砂漠は，年降水量が 200 mm 以下の乾燥した地域に成立する。砂漠は乾燥しているだけでなく，一日の最高-最低気温の差が非常に大きく，夏と冬の気温差も大きいなど，植物や動物の生息にとっては非常に過酷な場所である。半砂漠は，砂漠より少し降水量の多い場所で成立する。

## 4-4 生物の相互作用

### 4-4-1 生態学とは何か——ダーウィンからの出発

生態学 (ecology) を最初に定義したのは，1868 年ドイツの動物学者 Haeckel の「一般形態学」とされるが，それに先立って Darwin は 1859 年に「種の起原」を書き，自然淘汰説を基本とする「進化学説」を発表した。Darwin の「進化論」とよばれているものは，創造説の否定や地理的分布論など多岐にわたるが，その理論の中核は，以下のような帰納的事実といくつかの演繹的推論から構成されている。

自然界では，どの生物も程度の差はあれ多産であり，その個体数は指数関数的に増加する可能性がある。しかし現実には，たいていの生物の個体数はあるレベルでおおむね「頭打ちの状態」にある。それは，どの生物にとってもその生活に必要な資源には限りがあるからであり，よく似た資源要求をもつ同種の生物個体の間には，なんらかの生存競争が起こっていると推察される。一方で，その集団には個体変異があり，その変異の多くは遺伝する。その変異に関連して，生存競争の中で個体間に，生存と繁殖の成否に差異が生じるとすれば，自然淘汰が起こり，長期にわたって世代を経過するうちに，さまざまな環境への適応的な形質が淘汰されてくるだろう。

4-4 生物の相互作用

ところで，遺伝についてのDarwinの理解は，「人類の由来」(1871)で述べているように，「遺伝粒子」を想定したものの，当時の混合遺伝や獲得形質遺伝の通念を共有していた．しかしLamarck(1章1-4-4節参照)とは異なり，Darwinは「まず個体変異ありき」と考え，変異の原因そのものには言及せずに理論を構成した．このことがDarwin理論の延命にはとても幸いした．

Darwinの「進化論」とよばれているものは，地理的変異や適応進化も含めて，多様で豊かな内容にかかわっている．周知のエピソードであるが，Darwinは「種の起原」の中で，アカツメグサとマルハナバチ，ノネズミとネコ，そしてイギリス海軍の兵士の死亡と未亡人の増加がどのように関連しているかという「物語」を紹介しながら，「自然の経済」という概念を展開した．その「自然の経済」の考えこそは生態学の概念的な雛形であり，「種の起原」全体が，種内・種間のつながりをとらえながら，生物の分布や多様性の新しい説明に向けての長い議論なのである．このような議論から出発し，20世紀から現在までに展開してきた遺伝学や生態学という学問領域は，常にDarwinの基本的な議論に密接にかかわって発展してきた．

近代生態学の基礎を構築したイギリスのEltonは，「動物の生態学」(1927)において，生態学は「現代的な博物誌」という広くて深い定義を与えた．彼

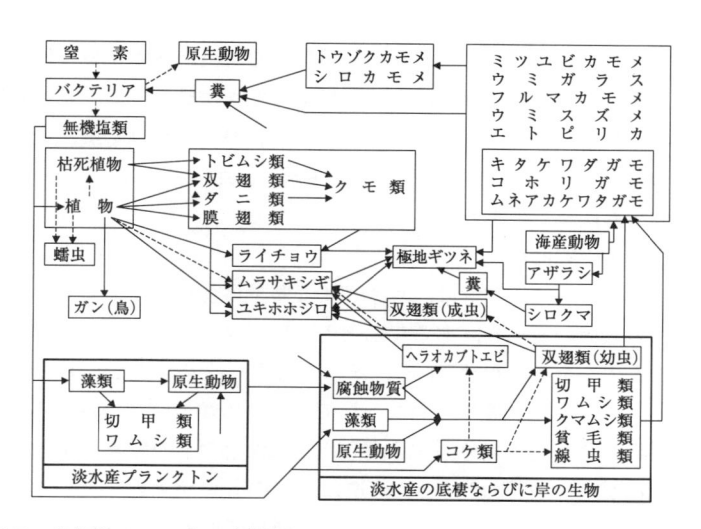

**図 4-7　北極海のベア島の食物網**
　点線は，実証されていないが予想される食物関係を表す．[Elton, 1927より]

は，北極のベア島でSummerhayesとともに調べた食物連鎖関係を図式化して示し(図4-7)，ある地域に成立している生物共同体は食物連鎖網を単位としてとらえることが重要であると指摘した。その直後，アメリカの生態学者Shelfordは，「生態学は生物共同体の科学である。生息場所や共同体連関についての自然現象と関連させていない，環境との単一種の関係についての研究というのは，生態学という領域には適切に包摂されていない」と述べた。彼はさまざまな種の個体数動態が，その共同体の関係の中で生じていることに気づいていた。

### 4-4-2 さまざまな生態的相互作用とその帰結

生物共同体を構成する各種の生物の間にはさまざまな相互作用が見られ，それらは原理的に次のように類型化される：① 食う食われる関係の作用，② 競争的な作用，③ 協同的な作用，④ 中立的な作用。これらの四つの作用は，それぞれの個体群にあって，その生存と繁殖にプラスに作用する場合とマイナスに作用する場合，さらにそれらとは無関係，すなわちなんら作用しない場合のいずれかである。①については食う側にはプラス，食われる側にはマイナスになる。②については互いに競争する種の双方にマイナスになる。③は互いに相手がいることで助かるので，双方ともにプラスになる。④ではともにゼロである。これ以外に，一方だけプラスで他方はゼロとか，その逆に一方がマイナスで他方がゼロの場合もある。これらの作用帰結を現実に測定するのは困難であることもあるが，理論的にはこのような類型・整理が成立する。これら四つの作用のそれぞれを，各々の個体ごとにとり行う行為の積算として，世代を通しての個体数増減に帰結するものとして，了解しておこう。ここを突破しないと，自然淘汰も競争も何もわからずじまいになる。

### （1） 生命表＝生存曲線

産まれた卵あるいは子どもは，さまざまな時期に死亡して，時間とともに減少する。その数値の変化を，ある年齢とともに推移する生存数あるいは生存率で図示したものを生存曲線(図4-8)，その数値データを一覧表にしたものを生命表という。この生存推移のしかたとして，三つの類型が認められる。初期死亡が低く平均寿命を超えて急減する型(A)で，少産で子の保護をするものが多い。初期死亡が高い型(C)で，これは逆に多産のものが多い。その中間で，年齢に無関係に死亡率がほぼ一定の型(B)を区別している。もちろんさまざまな中間型が存在する。どれがいいとか悪いとかではなく，ここで重要なのは，繁

4-4 生物の相互作用

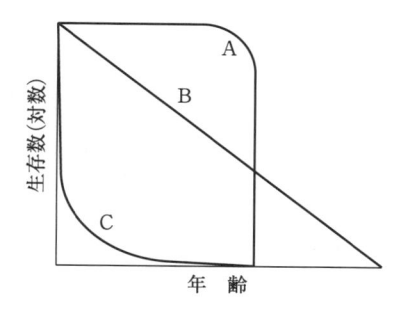

**図 4-8 生存曲線**
生命表をグラフで示す。Deevey は典型的な三つの型を区別した。
[Deevey, 1947 より]

殖年齢に達したところで、出生した個体のどれくらいが生存しているかということである。それぞれの種によってその増殖率に大きな差異がある。それが何を意味しているか、それが次の問題である。

**（2） 個体数増加の基本**

ある種の個体群の増加率(個体数 $N$ として、時間当たりの個体数増加：$dN/dt$)は、Malthus の「人口の理論」(1798)からも学んで、Darwin も定性的に理解していたことではあったが、ある個体数のレベル($K$：個体数の飽和レベルであり環境許容数という)で頭打ちになるとすると、次のような微分式で与えられる。積分すると、シグモイド(S字＝飽和)曲線で記述できる：

$$\frac{dN}{dt} = \frac{rN(K-N)}{K} \quad (1)$$

ここで $r$ は内的自然増加率である。これは個体群増加のロジスティック式ともよばれている(図 4-9)。この式では、変数 $r$ が大きいほどS字曲線は急になり、小さいほど緩やかになる。個体数 $N$ が $K$ に近づくと右辺の分子の値はごく小さくなり、$dN/dt$ は漸近的にゼロに近くなることを意味している。

$r$(内的自然増加率)＝$b$(出生率)－$d$(死亡率)であるが、具体的にそれらの値を決める要因は、寿命とりわけ繁殖可能年齢までの時間などであり、この $r$ を大きくする方向へかかる自然淘汰を、$r$ 淘汰という。同じく $K$ は、文字どおりには環境許容量＝収容量であるが、それはそれぞれの生物の環境資源の利用のしかた、その効率性にかかわる競争的能力を反映するものと理解でき、これを大きくする方向へかかる自然淘汰を $K$ 淘汰とよんでいる(表 4-1)。実際には内的自然増加率 $r$ は個体群密度によっても変化するし、さまざまな要因

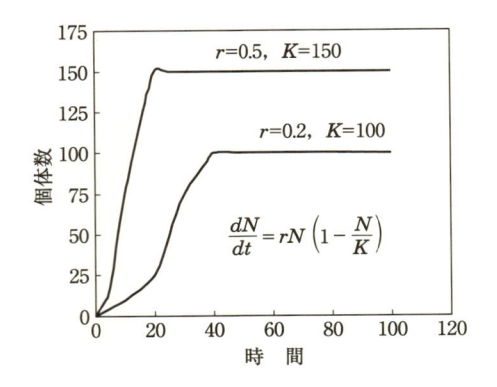

**図 4-9 個体群の増殖**
ロジスティック式 $dN/dt=rN(1-N/K)$ で記述される。$r=0.5$, $K=150$ の場合と $r=0.2$, $K=100$ の場合。[Perl, 1920; Verhulst, 1889; Morin, 1999 より]

**表 4-1 $r$ 淘汰と $K$ 淘汰の特徴**
[Pianka, 1976 などを参考に再構成]

|  | $r$ 淘汰 | $K$ 淘汰 |
|---|---|---|
| 気候 | 著しい変化／不規則変化 | 安定／規則的変化 |
| 死亡率 | 破局的／無方向／密度依存的 | 方向性／密度依存的 |
| 生存曲線 | C 型 | A 型／B 型 |
| 個体数 | 著しい変化／非平衡的 | 安定／ほぼ平衡状態 |
|  | 通常環境許容量よりずっと低い | 環境許容量近く |
|  | 飽和していない | 飽和している |
| 淘汰される形質 | 早い発育 | ゆっくりした発育 |
|  | 高い内的自然増加率 | 高い競争力 |
|  | 早い繁殖 | ゆっくりした繁殖 |
|  | 小さい体 | 大きい体 |
|  | 1 回繁殖／多産 | 多回繁殖／少産 |
| 生存期間 | 短い（1 年以内） | 長い（1 年以上） |
| 帰結 | 生産力 | 効率 |
|  | 生態的空白　侵入 | 生態的飽和　非侵入 |
| 遷移段階 | 初期 | 後期／極相 |

の影響を受けるが，この記述式では単純化して，ある定数で与えられている。

$K$ 淘汰は，さまざまな環境の資源利用のしかたをより効率化する方向へ作用する。「むれ」の形成は，捕食者の回避，採食効率の向上などに関連しており，$K$ 淘汰によって進化した形質の一つと考えられる。アフリカの偶蹄類な

## 4-4 生物の相互作用

どでは，体の大きさとむれの大きさに正の相関があるとも報告されている。しかし，さまざまな「むれ」の機能や意味をめぐってはまだ議論が絶えない。

### (3) 種間の競争的関係

このロジスティック式をさらに拡張して，2種の個体群の関係を二つの微分方程式，連立微分方程式として記述することが，アメリカの物理化学者Lotkaとイタリアの有名な数理物理学者Volterraによって，それぞれ独立に理論化され，生態学の基本モデルになった。

それによると，2種の個体群間の競争関係は：

$$\frac{dN_1}{dt} = \frac{r_1 N_1 (K_1 - N_1 - \alpha_{12} N_2)}{K_1} \tag{2a}$$

$$\frac{dN_2}{dt} = \frac{r_2 N_2 (K_2 - N_2 - \alpha_{21} N_1)}{K_2} \tag{2b}$$

と表すことができる。ただし，$\alpha_{12}$ は種2が種1にとって，$\alpha_{21}$ は種1が種2にとって，資源利用効率によって両者を比較した場合，何個体に換算されるかを意味している，それぞれの競争係数である。式(2a)と(2b)はともに右辺の分子の( )内がゼロのとき($N_2 = -N_1/\alpha_{12} + K_1/\alpha_{12}$，$N_1 = -N_2/\alpha_{21} + K_2/\alpha_{21}$)，種1と種2はともに増加率ゼロである。縦軸に種2の個体数，横軸に種1の個体数をとった図4-10において直線で表されるこれらの式は，ちょうど増加率ゼロのときにおける両種の個体数を示すことになる。この直線の右側では増加率は負になり，左側では正になる。また二つの境界線がどう交差するかは，それぞれの軸において，これら二つの式の切片（$N_1$軸：$K_1$と$K_2/\alpha_{21}$；$N_2$軸：

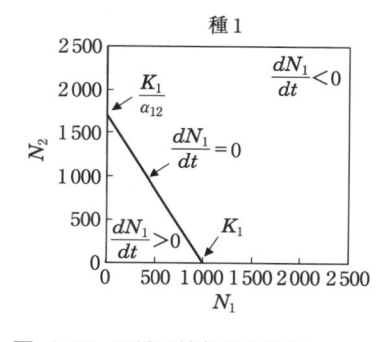

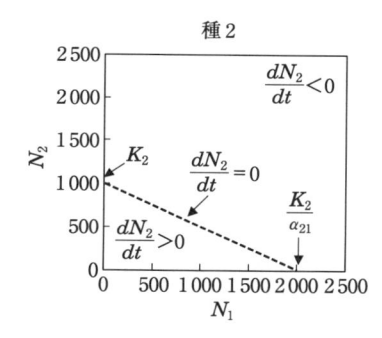

**図 4-10　2種の競争的な関係**
　式(2a), (2b)において $K_1 = K_2 = 1000$，$r_1 = r_2 = 3.22$，$\alpha_{12} = 0.6$，$\alpha_{21} = 0.5$の場合の $dN_1/dt = 0$ および $dN_2/dt = 0$ の境界線。[Morin, 1999より]

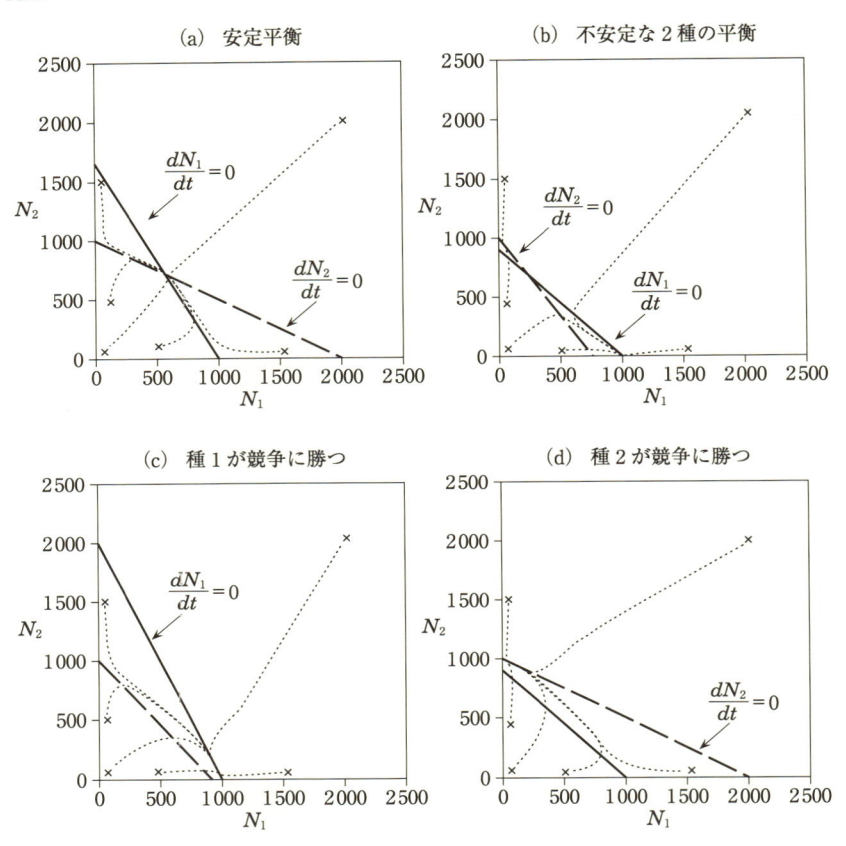

**図 4-11 Lotka-Volttera の競争方程式の四つの可能な配置**
異なった $N_1$ と $N_2$ の値から出発するときの軌跡の帰結が点線で示されている。(a)の場合だけが両種とも安定平衡になる。(b)は不安定な2種の平衡。(c)は種1が競争に勝つ。(d)は種2が競争に勝つ。[Morin, 1999 より]

$K_1/\alpha_{12}$ と $K_2$) のどちらが大きいかによって，図 4-11 のように，典型的には四つの場合がある．両種個体群とも安定平衡になるか，不安定な平衡になるか，種1あるいは種2のいずれか他種を競争排除してしまうかになる．このモデルは，他種の1個体が同種の何個体に換算されるかということから組み立てられており，2種の個体群における最も単純な競争を想定しているだけである．

**(4) 食う食われる関係**

競争方程式と同じく，Lotka と Volterra は，餌生物の個体数($H$)と捕食者

4-4 生物の相互作用

の個体数($P$)の二者間関係についても，次のような連立微分方程式で記述した：

$$\frac{dH}{dt} = bH - PaH \tag{3a}$$

$$\frac{dP}{dt} = e(PaH) - sP \tag{3b}$$

$b$は餌生物全体の出生率，$a$は捕食者全体の攻撃率，$aH$は全体の消費率であり，与えられた餌生物の密度に対する捕食者の「機能的反応」である。また

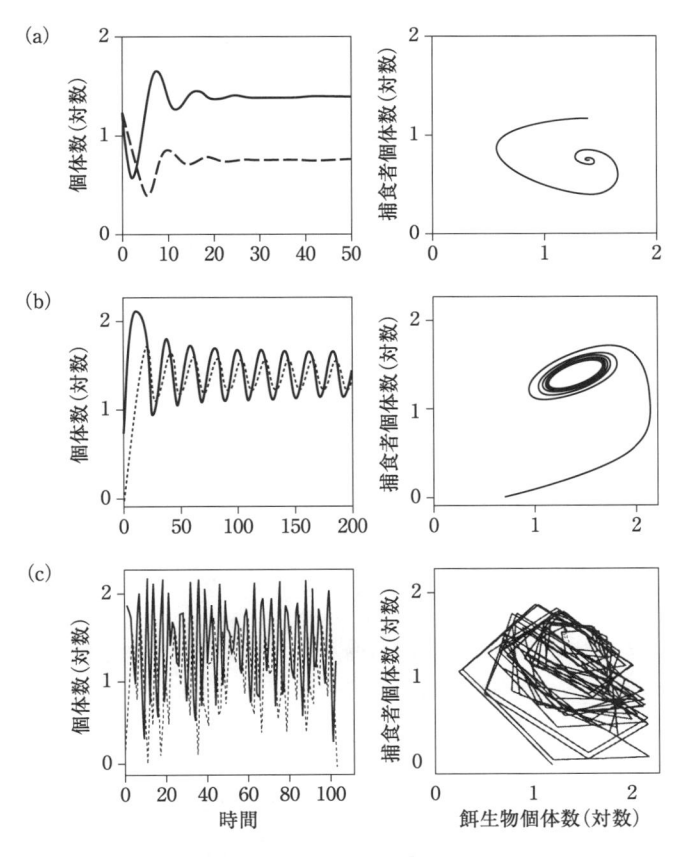

**図 4-12　食う食われる関係の平衡と非平衡の異なる挙動**
(a)は安定平衡。(b)はリミットサイクルとよばれ，双方の個体数が振動しながら安定。(c)はカオス的な変動を示す場合。いずれも単一の捕食者と餌生物間の関係。個体数は実線が餌生物，破線が捕食者。[Morin, 1999より]

$e$ は捕食係数ともいわれるが，消費された餌生物が新たに捕食者へ消費される効率の逆数であり，$s$ は餌生物のいない状態での捕食者の死亡率である。

餌生物の密度の増加に伴う，捕食者の機能的反応のしかたとして，次の三つの型が考えられている。餌生物の密度増加につれて，① 一定の割合で増加する：$f(H)=aH$ の場合，② ある最大の割合 $w$ でのみ増加する：$f(H)=(W/(D+H))H$ の場合，および③ ある最大の割合 $w$ で増加するが，飽和する：$f(H)=(W/(D^2+H^2))H^2$ の場合である。これらの違いは，例えば，捕食者が餌をどのように処理するかといった事情にかかわっている。

式(3a)と(3b)において，$H$ と $P$ の値の集合は，$dH/dt=0$ のとき，つまり $H=s/(ea)$ および $P=b/a$ という条件で与えられる平衡点をもつ。その初期値とともに，それらの変数によって，双方の個体数は，振動しながら安定する場合から，特定の値へ収斂するように安定する場合，カオス的に変動する場合まで，さまざまな挙動を示す(図 4-12)。

### (5) 協同的相互作用

種間の相互作用として，共生ないしは協同的な関係も無視できない。これは数理モデルとしては，競争係数の代わりに協同係数を想定すればよい。ある種の個体数の増加に，他種の1個体の存在がいくらかでもプラスに効くという場合である。この場合は，競争や捕食-被食の関係において想定した環境許容量 $K$ とは異なった「限界値」を想定しなくてはならない。1種だけが存在する場合の $K$ ではなく，それがさらに高くなる可能性があるからである。したがって，従来の教科書によく書かれてきた連立微分方程式：

$$\frac{dN_1}{dt}=\frac{r_1N_1(K_1-N_1+\alpha_{12}N_2)}{K_1} \quad (4a)$$

$$\frac{dN_2}{dt}=\frac{r_2N_2(K_2-N_2+\alpha_{21}N_1)}{K_2} \quad (4b)$$

は，必ずしも適切ではない。Dean(1983)はこの場合の環境許容量 $k$ を，他種の個体数の関数として次のようにおいた：

$$k_1=K_1\left\{1-\exp\left(-\frac{aN_2+C_1}{K_1}\right)\right\} \quad (5a)$$

$$k_2=K_2\left\{1-\exp\left(-\frac{bN_1+C_2}{K_2}\right)\right\} \quad (5b)$$

ただし，$C$ はそれぞれの種の増殖ゼロの等値線が，その種の個体数の軸と交わる切片を示す定数であり，$a$ と $b$ は増殖ゼロの等値線の曲率を決める定数である。この式を代入する形で，ロジスティック式は以下のように与えられる：

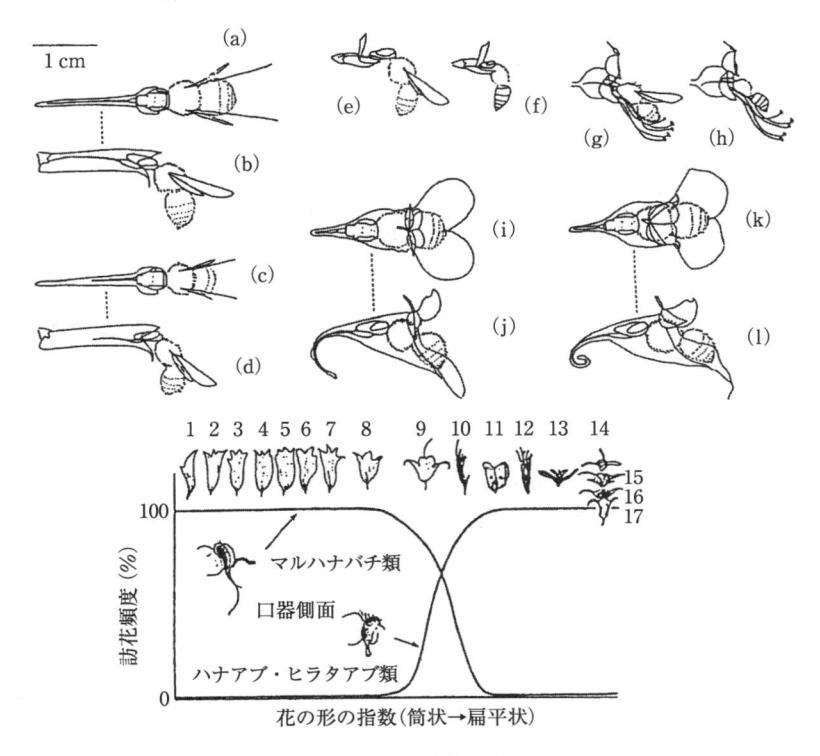

## 図 4-13 花と訪花昆虫類の形質適合と訪花頻度

協同的な関係の典型例として，花と訪花昆虫につき，花の形状とハナバチ類の口吻(中舌)との形質的な適合性が知られている．上図：(a)(b)トラマルハナバチとアキチョウジ，(c)(d)ミヤマハナバチとアキチョウジ，(e)ミヤマハナバチとクロバナヒキオコシ，(f)ニホンミツバチとクロバナヒキオコシ，(g)コマルハナバチとトチノキ，(h)セイヨウミツバチとトチノキ，(i)(j)トラマルハナバチとキツリフネソウ，(k)トラマルハナバチとツリフネソウ．すべて平均サイズの働き蜂．[井上民二, 1993 より] 下図：花の形と訪花昆虫の出現比率．花の形状は筒状から扁平型へ，花の開き方の勾配を示す．マルハナバチ類は1から8，ハナアブやヒラタアブ類は11から17をよく訪れる．ハナアブ類は花粉をポリッジ状にして短い口吻で吸収する．花は1.シロツメクサ，2.フデリンドウ，3.クルマバナ，4.ミズギボウシ，5.アズマツリガネニンジン，6.ホタルブクロ，7.ジキタリス，8.ハクサンフウロ，9.ホツツジ，10.クチアザミ，11.イブキトラノオ，12.ヨツバヒヨドリバナ，13.ウラジロタデ，14.クロズル，15.ミズギク，16.ノリウツギ，17.ミヤマアキノキリンソウ．[菊池俊英, 1960 より]

$$\frac{dN_1}{dt} = r_1 N_1 \left(\frac{1-N_1}{k_1}\right) \tag{6a}$$

$$\frac{dN_2}{dt} = r_2 N_2 \left(\frac{1-N_2}{k_2}\right) \tag{6b}$$

典型的な例では，植物と送粉者の関係(図4-13)や植物と種子分散者との関係は，いわば義務づけられた協同関係である．特定の送粉者を確保するように，花の形態と昆虫の口吻(中舌)の長さに特殊な対応関係がある場合などがこれにあたる．さらに，ウシツノアカシアとよばれる熱帯の植物はアリ植物として有名で，大きなトゲの先に穴が開いていてこの中にアリを住まわせている．つまり巣場所を提供しているのである．このアリは，その植物の外花から蜜を供給されるが，同時に植物体の上を歩き回り，植食性昆虫などを追い払うか捕獲することによって，その植物を食害から守っている．共進化の例として語られているものは，たいていこのような義務的な関係である．しかし，それほど密接でなくて，条件しだいで相利的な関係が生じるだけの場合も多い．

もちろん，相利的な関係になりうる種が複数いれば，その間には共通の相手をめぐっての競争関係が生じることになる．それらがどのように共存・競争しているかを，生物群集を構成する他種との関係の錯綜の中で了解する必要がある．

## 4-5 生産物を使った生物社会の会話と多様性形成

### 4-5-1 食われるのはイヤ——植物による摂食阻害物質の生産

食物連鎖の中で植物は生産者として位置づけられ，草食動物や昆虫といった生物たちの生命を支える役割を果たしている．植物は嬉々としてこのような役回りを演じているのだろうか？ どうやら喜んで身を捧げているわけではないようだ．というのは，植物に含まれる二次代謝産物の多くが動物や昆虫に毒性を示し，あたかも身を守る化学兵器として働くことがしだいにわかってきたからだ．植物は種子から発芽して根を張り生長し，移動することはできない．この宿命は樹齢何千年かの屋久杉も，一年草の雑草でも変わりはない．植物が1か所で長く生き続けるには，水や栄養塩，光の具合などさまざまな条件が整わなければならないが，さらに病原菌から身を守り，昆虫や草食動物の食害にも耐えなければならない．

食害をどうやって避けるか，その一つの答えが摂食阻害物質の生産であろ

4-5 生産物を使った生物社会の会話と多様性形成　　　　　　　　　　133

う。シダ類から裸子植物へ，そして被子植物へと進化するとともに，含有する摂食阻害物質も複雑化していったと考えられている。窒素を含む化合物では，シダ植物で青酸配糖体をつくり出し，進化するとともに複雑な構造をもつアルカロイドを生産するようになってきた。また，単純なフェノール性化合物は，シダ類から被子植物までの多くの植物で生産されるが，裸子植物ではより複雑なフラボノイドも生産するようになった。テルペノイドについてはシダ類でも比較的複雑な構造をもつものを生産するが，糖が結合したサポニンは被子植物になって出現している。なぜ，このように摂食阻害物質も複雑に進歩したのであろうか？　植物の防御システムについて，いくつかの例を述べたあとに，防御物質の進化と生物の多様性について考えてみよう。

### 4-5-2　動物はいかにして毒のある植物を避けるか？

　植物の化学的な防御を日常生活で意識することは滅多にないだろう。選ばれたほぼ無毒の植物だけを農作物として栽培して食材にし，さらにわずかな植物の毒をも調理して取り除いているのである。山菜摘みに出かけて，間違えてトリカブトやハシリドコロで食中毒になったり，古くなって緑化したり芽が出たりしたジャガイモでも食べないかぎり，植物に毒があることを実感することはないだろう。古くなったジャガイモに含まれるソラニンというアルカロイドは，致死量が 3.4 mg/kg と推定されているが，少量ならば煮てしまえば取り除かれてしまう。調理を知らない野生動物は，どのようにして環境中から毒の少ない植物を選ぶのであろうか？　草食性の哺乳類では，苦味や渋味を避けると考えられている。例えば，ウガンダでのサルの実験では，アルカロイドの量よりもタンニンの量のほうが餌を選ぶうえで重要で，タンニンの含有量が 0.2 ％を超えると食べないことがわかった。同様な結果が，数百種の植物を与えたゴリラの実験例でも観察されていて，タンニン含有量が少なければイラクサのようなトゲだらけの植物でも食べると報告されている。タンニンは過去にはなめし皮をつくるときに使われた物質で，渋味をもつとともに，食物中のタンパク質と不可逆的に結合して栄養価を著しく低下させてしまう。一方，アルカロイドも摂食阻害物質として働くことが，ヒツジの実験から明らかにされている。要するに，タンニンやアルカロイドなどの苦味や渋味が，草食動物に摂食阻害を起こすようである。

### 4-5-3 病原菌に対する植物の防御機構

　植物は草食動物からの食害だけではなく，病原菌や昆虫のより重大な脅威にもさらされている。病原菌への植物の防御機構を紹介しよう。

　植物と微生物との戦いはじつに壮絶で，巧妙なものである。植物はさまざまな障壁を設けて身を守っている。葉表面のワックス層などの物理的な第一段階の防御壁が傷ついたり破られたりして菌が侵入すると，次々と化学的な防御システムが作動していく。植物の中にはテルペン類やフェノール性化合物などの病原菌を殺す作用のある物質が存在していて，これが最初の化学防御物質として働く。この防御物質でも退治できない病原菌には，次なる化学防御が準備されている。一つは抗菌物質の動員であり，ジャガイモなどでは病原菌が他の部位に広がらないように，増殖した菌の周りに抗菌物質の濃度の高い層が築かれる。また，菌の侵入が合図となり，抗菌物質の生産が新たに開始される例も知られている。キャベツではシニグリンという配糖体の糖を酵素で外し，抗菌性をもつ物質がつくり出される。安定な配糖体の形で常日頃蓄えておき，いざというときにはすぐに抗菌物質へ変換して，防御に利用するのである。

　実際の病原菌には，これらの防御システムでも退治しきれないものもある。菌に内部まで侵入されてしまった植物細胞では，周囲の細胞に危険を知らせるとともに，最終化学兵器の製造を促す信号を送る。この信号はエリシターとよばれ，病原菌外側の細胞壁の一部を植物細胞の酵素が剥ぎとったものや菌の生産物などが使われ，周囲の細胞を刺激して最終化学兵器の製造開始ボタンを押すことになる。製造開始ボタンは近隣細胞のDNA上のプロモーター領域にあり，ファイトアレキシンとよばれる抗菌物質の生産遺伝子の発現を可能にする。

　これまで病原菌側からの応戦については述べなかったが，もちろん，病原菌側もさまざまな化学兵器を使って植物と戦う。植物側のファイトアレキシンの投入によって，病原菌が敗れ去れば植物は病気にならず，また，実際にはほとんどの菌がここまでの戦いに敗れ去って行くはずである。しかし，植物との戦いに勝利して病気を起こすものは，ファイトアレキシンの出現にも対応できる。病原菌の中には，ファイトアレキシンの生産を抑制するような物質を放出する菌も知られている。植物病原菌は1種ではないが，多くが種特異的で，1種の病原菌が多種多様な植物に感染することはない。これは，各々の植物の防御システムで使われる抗菌物質がさまざまに異なっており，それらのごく一部しか，1種の病原菌には打ち破ることができないということを示しているのだ

### 4-5-4 昆虫と植物の複雑な関係

ファーブル昆虫記に，青虫（モンシロチョウの幼虫）の特殊な才能についての話が出てくる。キャベツはヒトが改良を重ねた作物で，野生のものと随分と形が違うと述べたうえで，青虫はキャベツを好むが，ヒトがキャベツをつくり上げる前には何を食物にしていたのかと興味をもち，ほかの植物の葉を食べるか観察している。その結果，青虫は植物の分類について大変な才能があって，分類学的に同じアブラナ科のホワイト・マスタードなどをよく食べると述べている。これはキャベツとは姿，形はまったく違い，ファーブル自身も植物標本をたくさん集めているが，モンシロチョウの幼虫のほうがアブラナ科の植物を見分けるのははるかに上手だろうとも述べている。

どのようにして青虫はアブラナ科を見分け，食物としているのだろうか？のちの研究者が，キャベツやアブラナ科植物に含まれる青虫の摂食誘引物質を明らかにしたところ，前述のシニグリン（植物の二次代謝産物）であった。青虫はこの物質が含まれていないと食物として受け付けず，どのような葉を与えても食べずに餓死してしまう。シニグリンはワサビにも含まれている苦味のある物質で，糖がはずれるとワサビの辛みになる。ヒトは香辛料として使うが，昆虫や草食動物の多くはこの辛みで食べることを諦めるのである。

なぜ，青虫は食べ物としての認識に，菌や，昆虫，動物への植物の化学兵器であるシニグリンを使うようになったのだろうか？シニグリンは現在のアブラナ科植物の共通の祖先が，おそらく昆虫の食害や病原菌に苦しめられる中で，強力かつ万能な化学防御物質として生み出したのだろう。現在でも特別な昆虫以外の摂食を阻害することから，当初はすべてのチョウ幼虫に摂食阻害を引き起こしたと思われる。モンシロチョウの祖先は，それまでもアブラナ科の祖先を食物として生活を営んでいたのであろうが，ある時期にシニグリンという毒が生み出されると食料を失い，絶滅への一途を歩むか，または何か変化を遂げて生き延びるかの分岐点に立たされたのであろう。生き延びる確率は，必ずしも高いものではなかったかもしれない。一部の個体は，より毒性の低い植物へ食物を変更できたかもしれない。そして，その植物を食料としていた昆虫との勢力争いにもめげず，また植物自身が多くの昆虫からの食害にも負けずに絶滅しなければ，その後も生き延びられたに違いない。一方，現在のモンシロチョウの祖先は，シニグリンへの耐性を獲得したものである。シニグリンの解

毒方法を生み出したモンシロチョウの祖先にとっては，シニグリンが防御物質として強力であれば強力であるほど，シニグリンを含む植物は，ほかの草食昆虫との争いなしに独占できる食料となったはずである。モンシロチョウの仲間にとって，やがてシニグリンが「食べ物の印」となったとしても不思議ではない。

ここに述べたシニグリンとモンシロチョウの関係は仮の話ではあるが，一つの生物の変化がほかの生物の変化に大きな影響を与える可能性を示している。1964年にEhrlickとRavenは，チョウやガの幼虫がどの植物を食べるかを系統的に調べた結果，植物の二次代謝産物が重要な役割を果たしていると指摘し，植物の変異が昆虫の変異を増大させ，昆虫の変異もまた植物の変異を促すという考え，すなわち「共進化」という考えを発表している。昆虫の食害に苦しむ植物が新たな摂食阻害物質をつくり出し，昆虫は苦しんだ末に耐性を獲得して再び植物を摂食すると，食害に苦しんだ植物はまた新たな物質をつくり出す。この繰り返しの中で，植物も昆虫も種の分岐を繰り返し，多様な生物種をつくり上げてきたと考えたのである。

### 4-5-5 助けを求める植物

植物の二次代謝産物は，昆虫との共進化，それに伴う多様化と切っても切れないものである。近年，植物の揮発性の二次代謝産物のおもしろい使い方がわかってきた。端的にいうと，生物間の会話，情報伝達である。植物の病害虫として，ハダニという体長0.6 mmの小さなダニの1種が知られている。このダニは，1匹の雌成虫から1か月で3万匹まで増えることができるほど，繁殖力が旺盛である。小さな体なので葉をかじって食べるのではなく，針のような口を葉の裏側から葉肉に刺し込んで，クロロフィルや液体を吸い込んでしまう。葉に住み着くと，葉の表面には白いスポットが見えるようになり，やがて葉が白くなりさらに被害が進むと植物が枯死することになる。繁殖力が旺盛なだけに植物への害も甚大で，農作物の重要害虫になっている。

ハダニには天敵が知られていて，ナミハダニというハダニの天敵はチリカブリダニという肉食性の赤いダニである。このダニも0.6 mmの小さな体であるが，非常に獰猛でナミハダニよりも旺盛な繁殖力をもち，1か月で10万匹にまで増殖可能である。この獰猛さを買われて，チリカブリダニは生物農薬として，温室でのイチゴなどにつくナミハダニの退治に使われている。1 mm以下の小さなダニどうしの戦いが繰り広げられるのだが，この戦いにはハダニ被

## 4-5 生産物を使った生物社会の会話と多様性形成

害者の植物も深くかかわっている。

　ナミハダニ，チリカブリダニ，植物の三者の関係を考えると，ハダニに襲われた植物にとって，チリカブリダニは平安な生活を取り戻してくれる救世主である。チリカブリダニは肉食なので常雇いのボディーガードとしては雇えないが，緊急時には助けを呼びたい相手なのである。ナミハダニに襲われたら，植物はSOS信号を発信する。文面を日本語に訳すと「今，ナミハダニに襲われています。わたしはキュウリです。助けを求む。」とでもなるのであろう。重要なのは，名を名乗り，また，襲われた相手を特定していることである。被害を受けた植物によって，また襲ったハダニの種類によって，発散する複数の植物成分の種類とその比率が異なることが，研究によって明らかになっている。被害を受けた植物によって成分が異なるのは，固有の植物成分を使うということで理解できるが，どのようにして襲った相手を認識し，またそれを成分の比率の違いとして伝えるのだろうか？　謎である。

　SOS信号が発信されると，受信したチリカブリダニも何が何に襲われているかを明快に理解する。チリカブリダニは内容を吟味して，好みと腹の減り具合によって，SOS信号の発信場所に急行するか，信号を無視するかを決める。満腹ならばあまり好みではないリンゴハダニの加害には興味を示さないが，空腹時にはリンゴハダニの加害でも駆けつけて食欲を満たすことがわかっている。植物の揮発性成分によって，必要な情報をチリカブリダニは正しく得ているのである。一方，ハダニは植物のSOS信号を自分たちが密集しすぎた結果と受け止め，散り始める。

　さて，植物のSOS信号に応答するのはダニだけではない。近隣の同種の植物が情報伝達を始めるのである。SOS信号を受けた同種植物は，同様に揮発成分の発散を始める。最初に加害された植物は，ハダニの攻撃を受けて揮発性成分を発散するが，SOS信号を受けた植物は別の機構で危険を感じ，SOS信号を発信することになる。この情報はさらに近隣の植物に伝えられることになるが，SOS信号の揮発性成分の濃度は加害されている植物が最も高く，遠くになればなるほど薄くなる。チリカブリダニを濃度が高くなる方向へ導く役割を果たし，加害されている植物に間違いなく導くとともに，より広範囲にSOS信号を伝達できることになる。ハダニの加害による，植物とチリカブリダニとの会話，また同種植物個体どうしの会話が成り立っているのである。

　植物の二次代謝産物だけで，生物の多様性がつくり出されたわけではないが，以前は生産意義が不明と考えられていた植物の二次代謝産物が，生物の会

話の手段として使われ，また，生物の多様性形成の一翼を担ってきたことが明らかになっている。

## 4-6　競争と共存の生態学——相互作用からなる生物群集
### 4-6-1　共存のしくみ
#### （1）　競争回避としての「食い分け」

　自然において実際に競争が存在するかどうかは，生態学では激しい論争になっており，興味深い現象がいくつも発見されている。競争状態をプロセスとして観察することは難しく，現実には競争が回避された結果を眺めていることが多いとなると，データの解釈はおのずと異なってくる。それを見極めるには，そのプロセスを語るかなり精緻なデータが必要である。

　鳥類生態学の基礎をつくったイギリスの Lack は，近縁な2種のウ，ヨーロッパヒメウとカワウがともに同じ海岸の崖に営巣しているのを観察し，それらが幼鳥に給餌する海産生物のメニューを調べた（図 4-14）。両種のメニューの構成種はほぼ共通しているが，ヨーロッパヒメウはもっぱら遊泳魚であるイカナゴやニシン類を，カワウは底生魚であるヒラメ，シバエビとクルマエビ，ハゼなどを採餌していた。この結果は，資源要求の重なる近縁な2種が，海中の採餌空間の重複を避けて「食い分け」をしながら，ほぼ同じ営巣場所で共存し

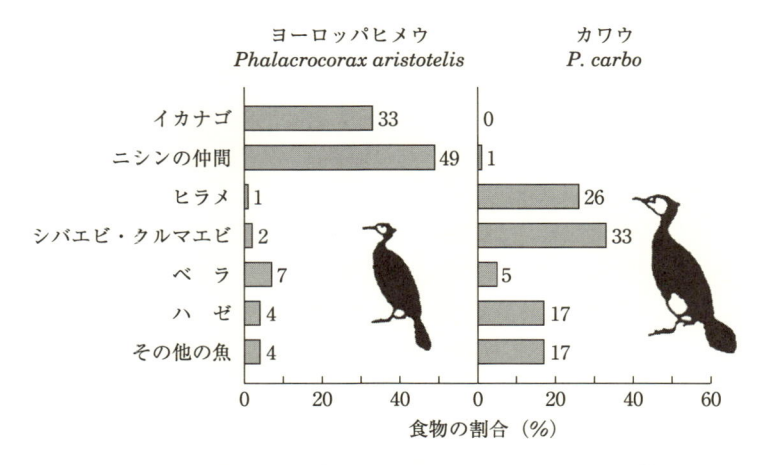

**図 4-14　ヨーロッパヒメウとカワウの餌メニューの差**
[Lack, 1945 より]

4-6 競争と共存の生態学——相互作用からなる生物群集

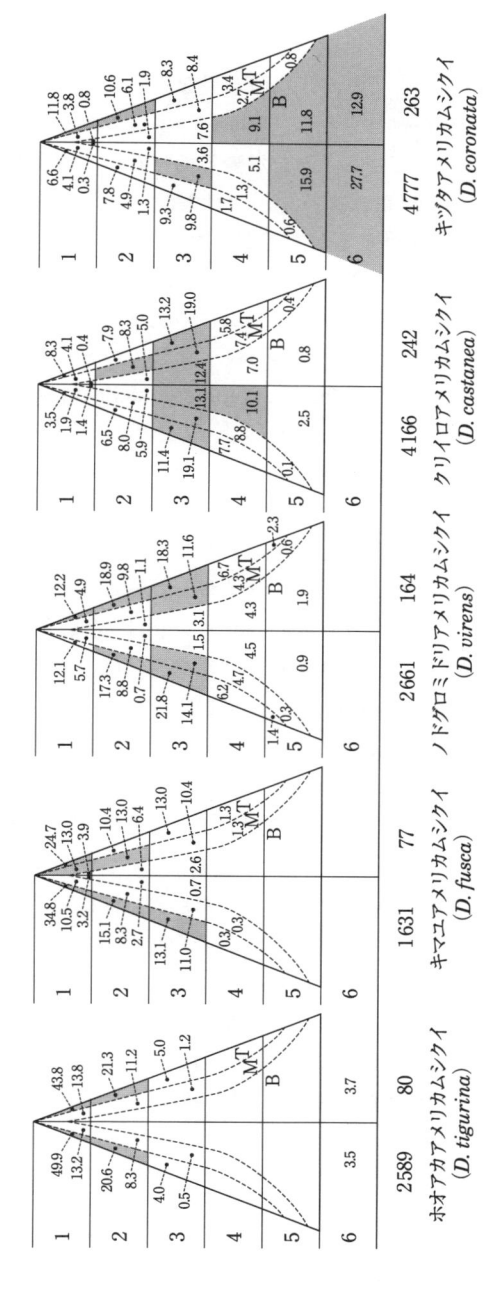

**図 4-15 アメリカムシクイ属（Dendroica）5 種の採餌空間の差**
樹木のTゾーンは新しい針葉と芽，Mゾーンは古い針葉，Bゾーンは枝や幹で地衣類などが付着しているところも含む．樹木図の左下方の数値は総観察秒数，右下方の数値は総観察個体数，図中の数値はそれぞれの場所の観察値を百分率で示す．
[MacArthur, 1958 より]

ているとみなしてよさそうである。しかし，これを競争回避と断定することはできない。少なくとも，それぞれが単独で営巣している場所での，採餌傾向などと比較検討する必要がある。ところが，場所が異なると，生息する海産生物群集は異なり，別の面で比較が難しくなる。そういう事情もあって，このデータは競争がそれなりに緩和されていることを示唆している，というにとどめよう。またアメリカの MacArthur は，メイン州の針葉樹林で5種のアメリカムシクイ類が樹木のどの位置で採餌するかを記録した(図 4-15)。樹冠上部の新葉，やや内部の古葉，あるいは枝や幹で採餌するなど，種によってその採餌空間に顕著な違いが見られた。これは餌になる昆虫類の生息場所の差を反映しており，いわば「食い分け」をしながら「棲み分け」をしている，とみなせる。

このような例は，生態的地位(ニッチェ，ecological niche)の重複あるいは分割として理解されている。ニッチェというのは，もともとはヨーロッパの建築用語で，オブジェなどを置くために壁につくられた「くぼみ」のことであるが，先に触れた生態学者 Elton が，これを生物共同体における食う食われる関係における特定の「位置」を示す概念として定義して以来，生物の生態学的な特性を端的に語ることのできる概念として，広く使われるようになった。多様な生物，とりわけ動物は，そのニッチェを特殊化ないしは分割，調整することで，共存している。いい換えると，生物群集の「組織化」は，そのニッチェの多様性が生み出されること，すなわち群集の形成過程そのものにおいて，構成メンバーである各生物のニッチェがどのように形成されるかによって，構成メンバーどうしが「つながっている」ということである。生息場所という概念は，あくまでも空間的な場の概念であるのに対して，生態的ニッチェは関係概念である。

上に挙げた2例では，空間の使い分けは採餌のための空間に限られるので，これらを「棲み分け」といい切ってしまうのは，やや問題がある。しかし，ニッチェの言葉で語るには，部分的といえば部分的である。アメリカムシクイ5種の例では，その全生活において，その生物群集における位置が示されているわけではない。とはいえ，ヒメウとカワウの場合のように営巣期の給餌データに限らないという点では，いくらか一般的な採餌活動における差異であり，ニッチェのシフトといってよいかもしれない。いずれにせよ，このような差異が，競争的状況をいくらか緩和・回避する効果をもっていることは大いに示唆される。

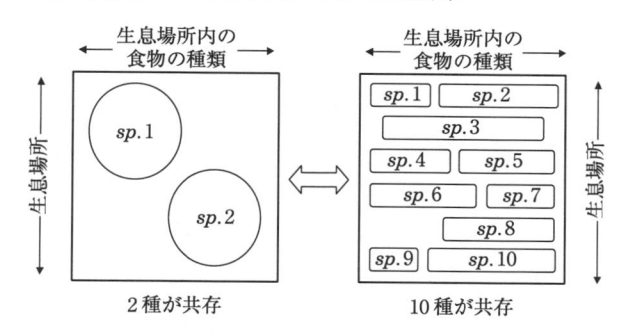

4-6 競争と共存の生態学——相互作用からなる生物群集　　　141

**図 4-16　資源利用をめぐる圧縮仮説**
ある生息場所に多数の種が侵入するほど，利用可能な資源が互いに制限されていると考えることができる．[MacArthur and Wilson, 1967 より]

### （2）ニッチの分割

MacArthur と Wilson は，このような具体的な観察例から，エレガントなモデル，「ニッチ圧縮」仮説を創出した（図 4-16）．この縦軸は，例えば空間的な勾配で表現される生息場所，横軸は餌のアイテムあるいはスペクトルでよい．そこにさまざまな種類が，どのように配置されるか．2次元配置はわかりよいが，3次元なら，箱に大きさの異なる風船がどのように入ることができるか，というイメージである．

この仮説は，アメリカの Hutchinson が，Elton のニッチ概念をさらに発展させて，餌の種類や生息場所の空間利用の違いだけでなく，さらに多数の生活要求の次元を放り込んで構築したもので，ニッチを $n$ 次元超空間で表現するアイデアに基づいている．このモデルのより重要なところは，圧迫されたり余裕があったりと可塑的であること，つまり基本ニッチと実現ニッチという，二重の概念操作をしているところである．基本ニッチはいわば理念型であり，さまざまな条件で成立・実現しているニッチを比較検討することで，互いの関係を理解するのに役立つ枠組み，視点である．$n$ 次元超空間モデルは，おそらく次々と差異を発見していく分析の方法として，大きな意義があり，また魅力的でもある．このモデルは，生物群集における多種の共存のしくみを，基本的には「競争排除＝回避」の原理で理解するモデルなのである．

### （3）「トータル・ニッチ」の解明

しかしながら，これで問題がすべて解けたわけではない．生物群集の中における位置は，生活史の中でも変化する．「この種のニッチはここ」と指定す

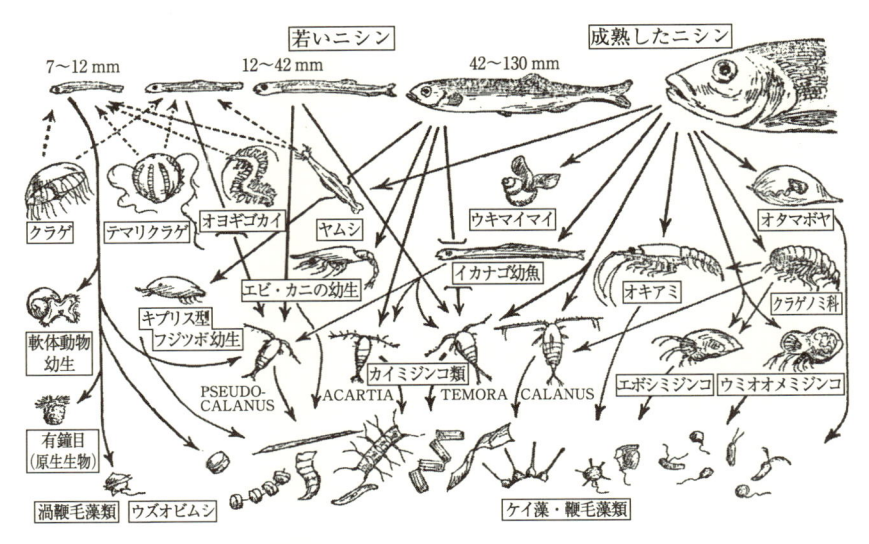

**図 4-17 北海のニシンの餌は年齢とともに変化する**
ニシンは年齢と体の大きさによって，海洋生物群集における生態的ニッチェを変化させている．あるいは，そのトータルがニシンの生態的ニッチェであるということもできる．[Hardy, 1965 より]

るなら，その卵から親になるまでをひっくるめていわなければ，意味がない．古典的な例であるが，北海で捕獲されたさまざまな大きさのニシンの胃袋を調べて，その餌を網羅的に調べたイギリスの Hardy の仕事は，「トータル・ニッチェ」を語る試みといえる（図 4-17）．ここで，少し残念なのは，ニシンのさまざまな大きさのときの天敵の記録が不十分なことである．これは調べるのがずっと難しい．多数の捕食者の胃袋から，さまざまな大きさのニシンを見つけなくてはならないからである．それがわかれば，もう少しリアルにニシンを，その生物群集内でとり結んでいる他種との関係における位置によって，語ることができる．これはニシンに限らず，生物を理解するための正攻法である．しかしそれでも，ニシンのトータル・ニッチェをとらえたとするには不十分である．なぜなら，食う食われる関係については明らかにできても，競争がらみのことはわからないからである．やはりニシンと競争的な関係にありそうな別の魚を同時に調べて，比較分析するしかない．そうして複雑な実態を抑えていけば，暗黙に想定されてきた「"種"のニッチェ」というような概念が，そもそも怪しいことに気づくはずである．要するに，何をどれくらい食べているかと

4-6 競争と共存の生態学——相互作用からなる生物群集　　　　　　　　143

いうのは，それぞれの"個体"の属性であり，そうした基盤のうえに，さまざまなネットワークが存在していることが了解されてくる．

**（4） 食物網の動的構造**

　広大な海で起こっている出来事は，いかにもとらえどころがない．イワシが減った，クラゲが増えたなど，断片的にしかわからないことが多い．そこで，日本の河川で食物連鎖網を調べた川那部浩哉の仕事を取り上げよう（図4-18）．ここでは，京都府の宇川（同図(a)）と上桂川（同図(b)）の魚類を中心にした食物連鎖網が描かれている．ポイントは，アユの密度が高い宇川とその密度が低い上桂川で，藻を食べる種類が変化していることである．上桂川では藻食いがアユ以外に7種いるが，宇川では3種しかいない．カワムツやカワヨシノボリやシマドジョウは，アユが高密度でいると，藻を食べなくなっている．これは，アユの直接作用というよりも，間接作用と解釈できるのではないか．藻食いのアユの存在が，他種の餌の選択性を変化させている．もちろん，アユは年中河川にいるわけではない．秋に生まれた稚魚は海に下り，動物プランクトンなどを食べて，翌年初夏に河川へ遡り，なわばりを形成して，石の表面に生えているケイ藻などの藻類を食べる一年魚である．日本の河川では，このアユの遡上に伴って，河川の生物群集がやや急激に変容する．とはいえ，アユが来ても共存できるしくみがあってもおかしくない．いや，それがなくては，このよ

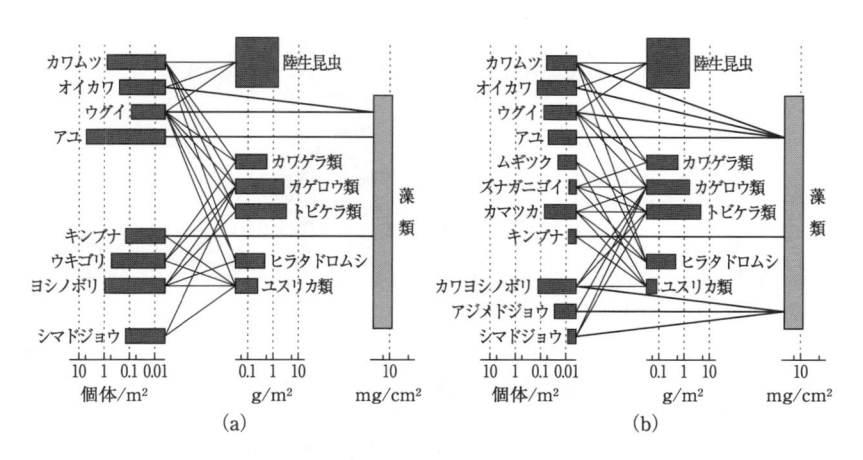

**図 4-18　河川の食物網の動態**
　　群集内の種構成による食性の変化．これは，他種の存在がニッチを変化させる例である．遡上してくるアユの食性は変わらないが，オイカワやカワムツ，シマドジョウなどは食物の種類を変える．[Kawanabe, 1959 より]

## （5） 捕食者の影響

アメリカのPaineは，ワシントン州のマッカウ湾の潮間帯岩礁に成立している生物群集を調べ（図4-19），捕食者であるヒトデを実験的に除去し続けると，岩礁にいた10種程度の固着性の貝類や甲殻類からなる群集の構成が変化し，10年後にはイガイだけになることを確認した。この結果は，生物群集の多様性がヒトデという上位捕食者の存在によって保たれていたことを示唆する例として，世界的にも注目された。そしてこのような重要な位置にある種を，「キーストーン種」とよぶようになった。

また，植物をめぐっては，芝狩りをすると，その場所の植物の多様性が保たれることをDarwinも観察している。これは，牧草地などで家畜の草食み効果によって，草本類の多様性が保持される事実と同じである。いずれも放置するか，放牧を止めると，やがて特定の植物が卓越してしまう結果になる。光をめぐる植物間の競争的な状況が，これでよくわかる。TansleyとAdamsonは，

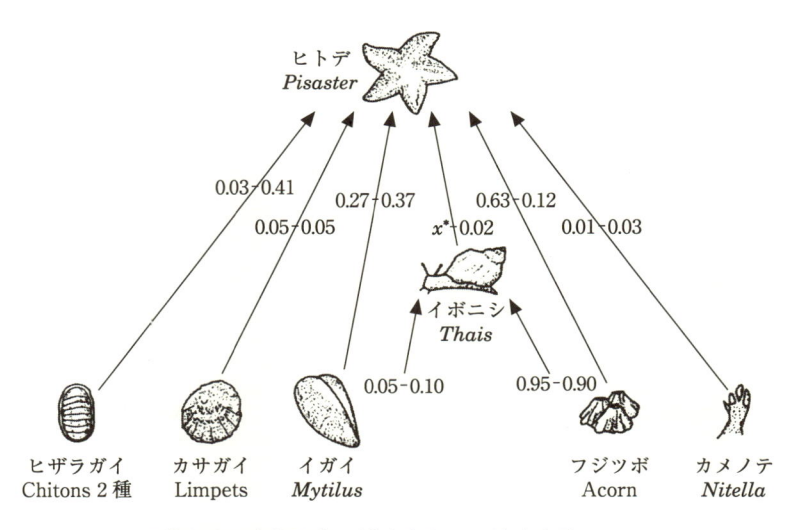

**図 4-19　潮間帯岩礁の生物群集で捕食者を取り除く実験**

図中の数字は，捕食者が摂食した餌種の割合（0〜1）を表し，–の左側が個体数でみた割合（＊：$x \leq 0.01$），右側がカロリーでみた割合である。3年後には2種のヒザラガイ，2種のカサガイ，3種のフジツボが減少し，イガイとイボニシの1種とカメノテが増加したが，10年後にはイガイだけになった。ヒトデがいないと，その場所の多様度が著しく減少することがわかった。ヒトデを頂点とする食物網は「シンク網」とよばれる。［Paine, 1966を改変］

4-6 競争と共存の生態学——相互作用からなる生物群集　　　145

イギリスの草原で43〜49種の草本といくつかの灌木類を含む地域で，アナウサギの侵入を妨げると，6年後には特定の草が卓越して，やがて遷移が進み，森林化してしまったことを報告している。そこではいくつかの種は消えたが，全体としては59〜66種に増加した。イギリスでは1954年以降，ミクソマ・ウイルスによる粘液腫症がアナウサギに大流行して，個体群が壊滅した。それが原因で，その後イギリスでは新しいマツの森林が成立してきたという。

　陸上動物への捕食者の影響は，植物と植食動物の関係よりはるかに不明なことが多い。動物はよく動くので除去などの野外実験も簡単にはできないため，検証が難しい。SpillerとSchoenerは，アノリストカゲと造網性クモとそれらの餌となる節足動物の関係を，バハマ諸島の小さな島で詳しく調査した。トカゲはクモ類を捕食するが，両者間の相互作用は，従来の単純な食う食われるの相互作用関係ではなく，同じニッチェを占める「同業者間（ギルド内）捕食」の相互作用において，うまく語られている。というのは，トカゲはまだ食べられていないクモ類と，同じ餌になる節足動物をめぐって，競争関係にもあるか

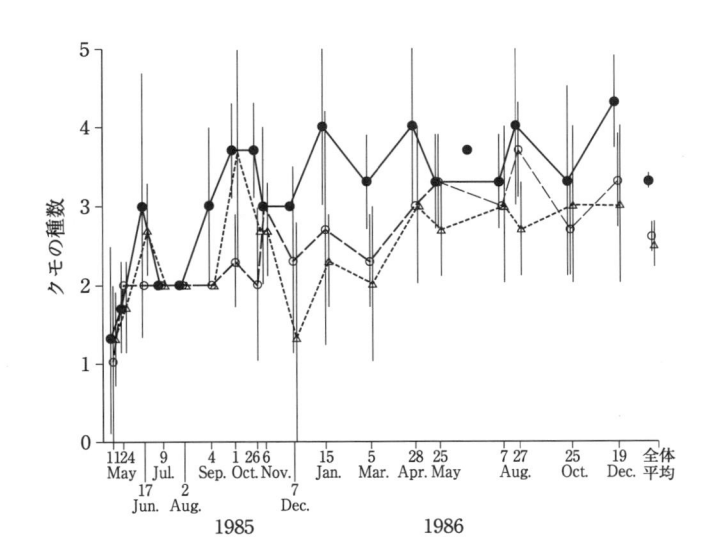

### 図 4-20　トカゲと造網性クモの関係

囲い込んで捕食者であるアノリストカゲを取り除いた場所（—●—）と，囲い込まれた内部およびその外部でアノリストカゲを自然のままにした場所（—○—および…△…）で，造網性クモ類の種数を調べると，前者で多いとの結果が得られた。［Spiller and Schoener, 1989 より］

らである。彼らはいくつかの調査場所でトカゲを除去した囲い込みをつくり，トカゲがいるところではクモの個体数と種数が減ることを確認した(図4-20)。そして，トカゲのいない島では，植食昆虫は豊富にいるが，植物はトゲの密生した葉の覆いをもっていて，昆虫の攻撃を諦めさせる。しかしトカゲのいる島では，節足動物は個体数密度が低く，植物は植食者防衛のレベルを低くしておける。

このような例は，食物連鎖における栄養段階(4.6.2節(2)のf参照)を超えて生態的作用が生じるので，「三つの栄養段階間の相互作用」あるいは「栄養段階的カスケード」などとよばれている。

### (6) ギルドの秩序化——競争あるいは捕食，どちらが重要？

生物群集がどのような「秩序」をもっているかについては，いくつかの仮説が提起され，議論になってきた。端的にいうと，競争と捕食のどちらが重要な役割を担っているかという問題である。1960年代以来，どちらか一方が強調されて対立してきたが，生物群集の中の位置によって，その強度が異なることが認識されつつある(図4-21)。

潮間帯の生物群集を研究してきたアメリカのConnellは，構造化された生物群集においては，捕食のもつ重要な役割が実験的にも検証されてきたことを強調した。また彼は，生物群集の構造に及ぶ捕食者作用の影響が，ある程度までは物理的な環境の厳しさによって規定され，荒々しく変化する環境においては捕食があまり重要でなくなることを示唆した。MengeとSoutherlandは，① 生物群集内では，同業者(ギルド)の組織化において，その食物連鎖における栄養段階が高いほど相対的には競争の重要度が増し，捕食の重要度は減る一方，② 生物群集間では，生物群集の組織化において，構成種が多様な餌種を食べているほど，相対的には捕食の重要度が増し，競争の重要度は減る，という仮説(「MS」仮説とよんでおく)を立てた。その10年後，さらに多くの野外実験が集積され，Sihらは，生物群集に及ぼす捕食者のどのような影響が，陸上，淡水，海洋などの生息場所によって規則的に変わってくるかを，生態学の文献を広く渉猟して評価・検討した。その結果，多数の研究が，餌生物個体群に及ぼす捕食の影響を確認しており，その影響の場所による違いは軽微であることを示した。さらにいくつかの餌生物種が捕食者の存在から利益を得ているとしたのは，捕食を重視している研究の半分以下程度であると判定した。彼らはまた，異なる栄養段階における捕食と競争の相対的な重要性との関連で，「HSS仮説」(図4-21(1))と「MS仮説」のどちらを支持する証拠があるかについて

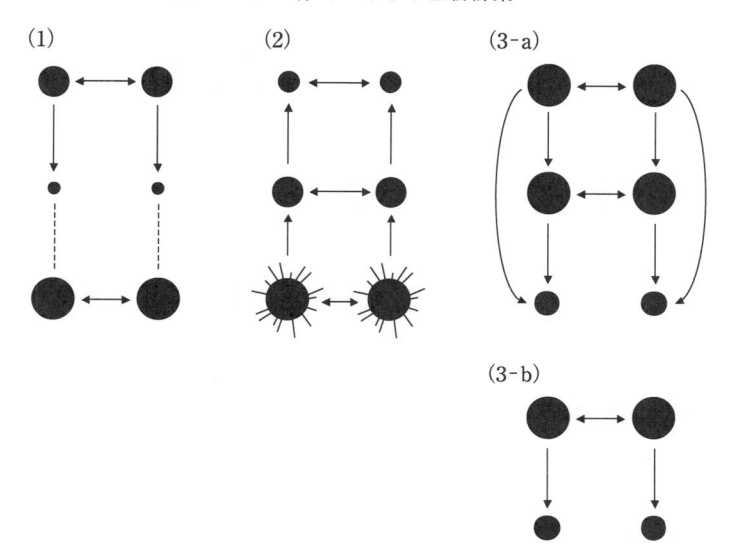

### 図 4-21 捕食と競争の重要度をめぐる諸仮説

世界には植物が豊富にあるのに，なぜそれらを食べる植食性動物の個体数は少なく見えるのか？［Pimm, 1982 より］(1)の仮説：①捕食者は互いに競争的で，植物の葉を無制限に食べている植食者の個体数を制限するように働く。②その結果，植物どうしは競争的になる。③すると，穀物や果実や花蜜などの資源は制限された形で供給されるので，それらを食べる植食者どうしは競争的になる。［Hairston, Smith, & Slobodkin, 1960 より；HSS 仮説］(2)の仮説：①植物は豊富にあるように見えるが，刺や毒をもったり栄養を少なくしていたりするので，誰にでも有用というわけではない。②そうした植物を消化できる能力を獲得したものだけが生存できるので，植食動物の種類は限定される。③それらをめぐって競争的な肉食動物の数も制限される。［Murdoch, 1966 より］(3)の仮説：陸上はたしかに緑の世界であるが，水界はそうではない。捕食の効果は栄養段階の低いところでより重要になるはずで，食物連鎖の下端にいるものほど捕食される傾向にあり，食物連鎖の上端にいるものほど競争的になる。［Menge & Southerland, 1976 より；MS仮説］

検討し，とくに捕食者が食物連鎖の中においてより低位のものを食べる場合に，「MS 仮説」への支持が多いと結論した。それに対して，Hairston は陸上の生物群集では「HSS 仮説」を支持する例が多いと述べ，異なったレベルで種に影響を与える過程こそが重要であり，異なった生息場所での結果を安易に一般化することに否定的な態度をとっている。

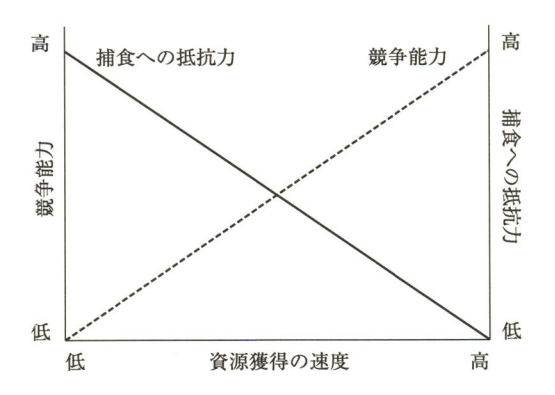

**図 4-22　捕食と競争をめぐるトレード-オフ仮説**
競争能力と捕食者に対する抵抗力の間には，餌生物の資源獲得速度の勾配に沿ってトレード-オフの関係があるという仮説。資源獲得の速度がゆっくりのときは，捕食者に対する抵抗力や回避能力は高いが，競争能力は低い。逆に資源獲得の速度が速いときは，競争能力が高く，捕食者に対する抵抗ないし回避能力はあまり発達しない。[Morin, 1999 より]

## （7） 資源獲得の速度

このような議論に対して Morin は，餌生物種の，資源をめぐって競争する能力と捕食者を回避する能力のトレード-オフ仮説を提起している（図 4-22）。その主要なアイデアは，種の違いが資源獲得の速度や成長率に影響し，その勾配に沿って生物群集が秩序化される，というものである。資源獲得の速度の高い動物種は，採餌活動の速度が高く，それは視覚的に目立つことになり，採餌する捕食者の注意を引きつけるリスクが高くなる。同じく，生産速度の高い植物は，その資源を，化学的あるいは構造的な防衛にはあまり転換せず，葉とか果実のようなとても味のよい，どちらかというと非防衛的な構造をつくるのに回している。限られた生物体のエネルギー・コストを競争能力の強化に向けるか，捕食への抵抗の強化に向けるかは，トレード-オフの関係になり，両立は難しいと考えられる。しかし，具体的にそのコストをどう振り分けられるかは，おそらく分類群によって形態や行動・生活様式が異なるので，個別事情を詳細に検討しないとはっきりしたことはいえない。

## 4-6-2 複雑な生物群集
### （1） 生態系という概念

今や通俗化した印象もある「生態系」という言葉は，しばしば自然と同義のように実体概念として誤用されるので，ここはその原意に沿って明確に規定しておこう。その元祖，イギリスのTansleyは，生態系という概念を提案するにおいて，それ以前の生態学が，生物共同体を有機体的統一性をもつものとして認識していた状況に対する批判から出発し，生物共同体と物理化学的環境を，相互作用する全体としてとらえた。その後，アメリカのLindemanはミネソタの湖沼で，食物連鎖の栄養段階を区別しながら栄養動態論を展開して，その段階が上がるほど栄養の集積率が高まるという，累進効率という概念を提起した。そのLindemanの師でもあったHutchinsonによって，生物-無生物を含む生態系を流れる物質循環の画期的なモデルが提起された（図4-23）。ここから，食物連鎖の栄養段階を含めて物質とエネルギーの流れ全体が，きわめて機械的，システム工学的な意味で，一つの「系」とみなされるようになった。同じくHutchinsonの弟子であるE. P. OdumとH. T. Odumは，そのアイデアをさらに発展させ，生態系のエネルギー／物質論と回路論のモデルとして提示した。それはEltonの「個体数ピラミッド」を「バイオマス／エネルギ

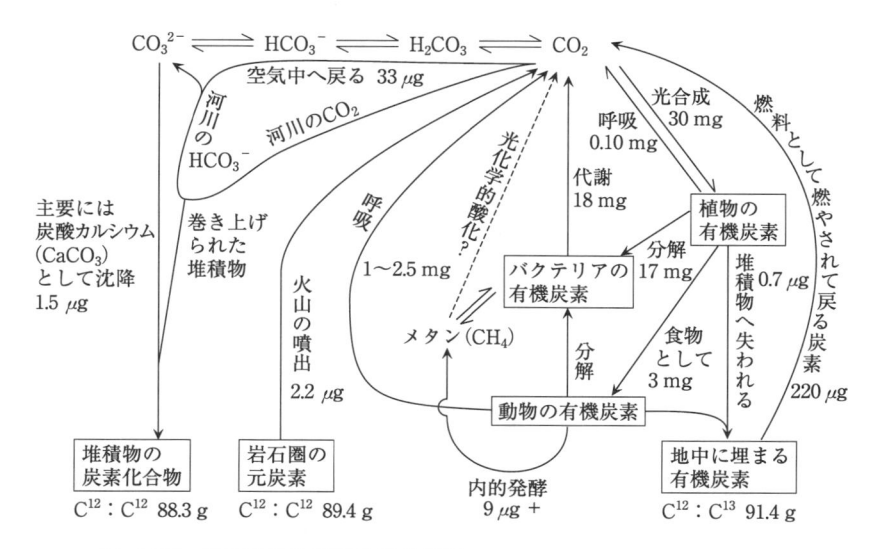

**図 4-23 炭素の生物地球化学的循環**
図中の数字は炭素の1 cm² 当たり年間量。［Hutchinson, 1948より］

ーのピラミッド」として洗練することにもなった。食物連鎖網を，生産者，消費者，分解者という「機能的役割」でとらえ，食物網を形成する栄養段階の構造が認められるようになり，その段階を流れる物質とエネルギーの挙動の特性を含めて，生物生産という概念のもとに，さまざまな生態系が記述されることとなった。

「生態系」というのは，しばしば何か実体であるかのように，ほとんど自然と同義に語られるが，その後の生態学は，これをあくまでも操作概念として語ってきたのである。

### （2） 食物網のさまざまな特性

食物網のネットワーク特性として，「キーストーン種」への注目は，おおむね生態学的常識になったが，その後，食物網におけるソース／シンクの概念の重要性が認識されるようになった。ソース食物網というのは，単一の食物ソースから出発したネットワークであり，シンク食物網というのは，すべての食物関係が単一のトップ捕食者へ導かれるネットワークである。さらに，現代の群集生態学において，食物網を理解するためのいくつかの重要な属性として，以下のようなものが提案されている。

a．結節（結び目，nodes）——食物網内における位置によって，栄養的位置を示す。基底（ボトム）種，媒介種，頂上（トップ）捕食者が区別される。

b．鎖環（links）——消費するものと消費されるものをつなぐ線。直接につながらない関係がどれだけあるかは，相互作用の特性を示すことになる。ある種が捕食者の餌の中にあれば，両者は結合される。直接鎖は矢印で表されることが多い。

c．連結可能性（connectances）——存在する食物網において可能な連鎖がいくつあるかを記述する以下のような指標：

$$C = \frac{L}{\frac{S(S-1)}{2}} \tag{7a}$$

ここで $L$ は直接につながらない「鎖」（非直接鎖という）の数，$S$ は種数，$S(S-1)/2$ は可能な非直接鎖であり，連結可能性の高い系は，所与の種数に対して多数の鎖を含んでいる。

d．連結密度（linkage density）——$L/S$，つまり種当たりの食物関係の平均数で示される。これは連結可能性と種密度の関数になる。

e．仕切り性（compartmentation）——ある食物網は，その中に，互いにあ

まり結びついておらず，相対的に隔離されているが，それ自身の内部は豊かに結びついている，部分食物網を含んでいる。その相対的な隔離の程度を示している。仕切り性は，例えば以下のような指数で示される：

$$C_1 = \frac{\sum_{i=1}^{S}\sum_{j=1}^{S} P_{ij}}{S(S-1)} \tag{7b}$$

ここで $S$ は食物網全体の種類。$i$ と $j$ はともに種数で，$P_{ij}$ は相互作用する種数である。

f. 栄養段階——生産者(緑色植物)から植食者，肉食者1，2，3…とつながる食物連鎖の段階上の位置をいう。生産者，1次消費者，2次消費者…とよぶこともある。基底種から頂上捕食者の間の「連結数＋1」の段階数をもつ。

g. 雑食性——同じ連鎖内の雑食性／異なる連鎖間の雑食性／生活史内雑食性を区別できるが，これは，当然ながら，ある栄養段階を超えた結合を可能にしている。

h. 循環と環(cycles & loops)——互いに食う食われるの関係にあると，物質の循環が起こり，環が形成されるし，連鎖の最終鎖と最初の鎖がリンクすることもある。さまざまな年齢群の個体がいる場合も，このような環(ループ)が形成される。

i. 堅牢な回路(rigid circuit)——例えば2種の餌生物に対して捕食者が重複している場合，2次元展開して図示すると，重複した三角形を描くことになる。これを堅牢な回路とよんでいる。

j. 間隙性(間隔度，intervality)——アメリカの数理生態学者 Cohen は，公表されている食物網の図を，たとえ粗っぽくても比較して議論可能にするために，そのニッチェ空間を線分で示してその重複を幾何学的にわかりやすく表現する方法を提案した。その重複度を間隔で示したものである。

以上のような食物網の諸特性をめぐって，Cohen(1978)は多数の食物網の公表された図を比較分析して，まず以下のように結論した。①餌生物に対して捕食者の種類数の比率が3：4を超えないこと，そして②捕食者の種類数の少ない食物網はシンクになっており，生物群集をなしている食物網では，平均して餌生物の結節数3に対して，捕食者の結節数がほぼ4になっていることである。

Cohen の第二の結論によると，食物網は自然においてかなり重複している

ことが多く，食物網の特性は，何か単一の生物学的過程と厳密につながっているわけではない。つまり，特定の餌生物に捕食者がかなり重複しているという。この重複を単純に1次元のニッチェ線分で記述する「カスケード・モデル」を提起している。その間隔がニッチェの重複幅を示すが，このパターンが生じる生物学的なしくみはまだ確かではない。この「カスケード・モデル」は，何か恒常的な結節密度が存在すること，捕食者あるいは寄生者の階層化するなんらかの秩序を想定している。

種当たりの連結数（連結密度）は，食物網の結節が著しく集合的な種の組み合わせからなっている食物網でもそうでない食物網でも一定であることを，初期の分析は示唆していた。連結可能性は種数が増えると，双曲線的に減少するはずである（式7a）。食物網の詳細な分析によると，連結可能性は種数がかなり多くても一定であることが示されている。

従来の生態学は，体の大きさとピラミッド構造，生物の多様性の制限，さらに個体群動態論からの制約，また栄養段階を通過するエネルギー消費の制約などから，食物連鎖は5ないし6を超えることはないと考えていた。しかし，熱帯林を調べたMartinezは，その理由は一つには，分類学的な同定が不十分であることからそうなっていただけであり，詳細に調べると連鎖数はさらに増えることを示した。また，変化しやすい環境では連結性が低いことが示され，さらに，生息場所の境界が明瞭な場合，部分食物網はより隔離されていると推察される。単純な話ではあるが，食物連鎖は2次元的な草原より，3次元的な森林や海洋において長くなることが期待される。

人間も含めた海洋生物群集の動態を，食物網というネットワークの詳細な分析から理論的に議論したYodzisの仕事，Pimmの「食物網」という総説などは無視できないものの，このあたりの議論は，まだ始まったばかりである。こうした議論においては，基礎となる食物網のデータが，どれくらいの精度で取られているかが大変重要である。数理生態学者たちはあえて大胆な単純化をしており，食物網についての詳細なデータが集積されると，その結論がどうシフトするかに，注意が必要である。

## （3） 生態の間接作用

もっぱらLotkaとVolterraの微分方程式で理論化されてきた生態学であるが，食う食われる関係や競争関係にしても，その直接作用だけでなく，第三者を介した間接作用の重要性が，とりわけ1980年代後半から注目されてきた。間接作用という考え方は，従来の生態的関係の教科書的理解ではほとんど見逃

されてきたが，個別に取り出されていた現象を，生物群集(生態的ネットワーク)という広がりの中でとらえることを可能にした。そしてその中で，直接・間接の作用を含めたさまざまな作用の動態を理解する大きな展望を語ることができるという，画期的な転換を可能にしたはずである。その先駆的な試みの一つとして，アメリカのD. S. Wilsonによる，動物の死体とシデムシとイソウロウダニをめぐるユニークな研究を挙げておこう(図4-24)。また，数理生態学者の東正彦は，理論モデルにおいて第三者を媒介とすることによって，二者系で考えるのとは劇的に異なる生態的間接作用が働くことを示した(図4-25)。個別の小群集を記載する試みは多数あるが，そこから小群集間，あるいは小群集と比較的安定した植生に依拠している「基本群集」との間にあるさまざまな生態的な関連性を拾い上げる作業はまだごく少ない。Elton(1949)が述べたように，例えば花や果実，動物の巣や糞や死体，キノコなどの上に成立する，いわゆる生態的「作用中心」に飛来する昆虫などの個体群が，相互に作用を及ぼし合いながら散在する様相を含めた，生物群集の「関係の総体」を，過度に単純化・抽象化することなく，可能な限りそのままとらえる必要がある。このようなElton的な問題関心を共有しているイギリスのJonesとLawtonらは，生物個体の作用を「生態系エンジニア」としてとらえ，自律的／他律的作用を含めた生態的直接・間接諸作用を，その帰結とともに類型化するという，刺激的な展望を示した(図4-26 a～gの例を参照せよ)。

　これらの試みは，遺伝子と行動を含めた表現形質の関係を概念的に拡張した動物行動学者のDawkins(1982)が示唆した，「延長された表現型の相互作用」として生物群集を見立てるという展望が，それほど無謀ではないことが理解されてきたことを示している。(Dawkinsの「延長された表現型」が終わったところから，生物群集学を始めるべしと書いた遠藤(1992)は，狩蜂の研究を生物群集論として拡張して，曲がりなりにも展開してきたが…。)うれしいことに，アメリカのシロアリ研究者Turnerも，やはりDawkinsに触発されながら，『延長された生物体』(2000)という「動物の建築物」に焦点をあて，生物体の「外部の生理学」という冒険的なアプローチを行っている。それは，Dawkinsのいう，生物体の外へと及ぶ「遺伝子の遠隔操作」のいわばインフラ・ストラクチュアを，物質とエネルギーの流れにおいてとらえる試みとして，位置づけられている。これは，生態的作用を重視する群集生態学が，生物体の形成を担う遺伝子と生理学のベースと手を結びながら，新たな展望を語る枠組みを準備しつつある動きである。生態的複雑性を射程に入れた群集生態学が，今後も紆

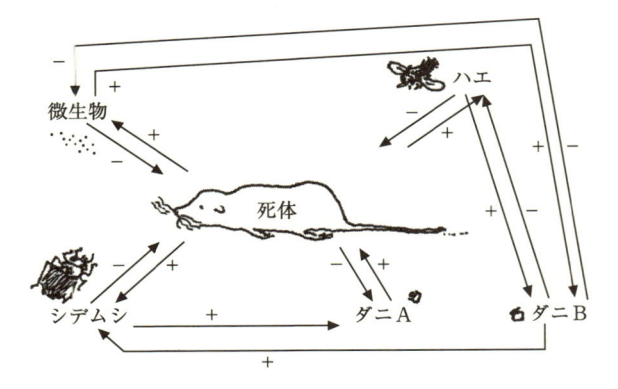

**図 4-24　動物死体とシデムシとダニの間接作用**
ヒメネズミの死体に成立している腐肉群集における間接作用。ダニは，ハエと微生物だけを食べると，シデムシにも利益をもたらし，また死体とシデムシを食べると，自身にも害を及ぼすことになる。[Wilson, 1984 より]

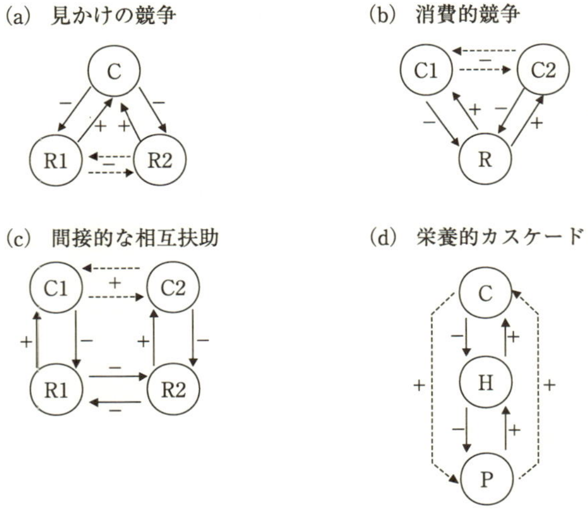

(a) 見かけの競争
(b) 消費的競争
(c) 間接的な相互扶助
(d) 栄養的カスケード

**図 4-25　生態的間接作用の4類型**
Cは消費者，Rは資源，Hは植食者，Pは捕食者。直接作用は実線，間接作用は破線の矢印で示す。[Morin, 1999 より]

余曲折しながらも，生態学の中核として展開することは間違いない。その新しい展開がないと，その魅力が半減してしまう。その点で，「遺伝子の遠隔操作」「外の生理学」「生態的作用のブリコラージュ（その場しのぎの展開）」などは，

4-6　競争と共存の生態学——相互作用からなる生物群集

| 物理的状態 1 | 物理的状態 2 | 他の生物の資源利用の仕方を変更 | | |
|---|---|---|---|---|
| | | 資源の創出 | 無機的資源の調節 | 無機的諸力変更 |

**自律形成的 Autogenic**

a　樹木の成長
　　→→分枝に水溜まり　　生活空間　　水分保持・
　　　　　　　　　　　　　　　　　　　栄養堆積

**他律形成的 Allogenic**

b　樹木　→→洞をもつ樹木　　生活・
　　　　↑キツツキ・　　　　貯蔵空間
　　　　　腐朽菌

c　土　→→空隙をもつ土壌　　生活・　　水分保持
　　　↑樹木根の成長　　　　貯蔵空間　土壌好気化

d　植物の覆い
　　→→下生えと土壌　　　隠れ場所　　水・栄養の　　降雨・風の衝撃
　　↑樹木の成長・　　　　　　　　　　流入　　　　　温度・相対湿度
　　　葉生産

**自律＋他律形成的 Auto- & Allogenic**

e　土　→→落葉層形成　　生活空間　　物理的障壁　　雨滴の衝撃
　　　△樹木・落葉　　　　　　　　　水分保持　　　熱交換
　　　　　　　　　　　　　　　　　　土の浸食
　　　　　　　　　　　　　　　　　　ガス交換

f　岩石・土
　　→→安定な基質　　　　　　　　　土壌の浸食　　暴風雨の
　　△樹木の成長・　　　　　　　　　　　　　　　　衝撃
　　　根の結合

g　森林内の流れ
　　→→ダム・池　　　　　生活空間　　水・堆積物・　洪水規模
　　△樹木倒壊・　　　　　　　　　　栄養の再配置
　　　葉や枝の離脱　　　　　　　　　酸化の進行

**図 4-26　生態系エンジニアリングの自律作用と他律作用**
　他律的エンジニアリングは，生きているか死んでいる状態1（生の素材）から状態2（工作された対象・素材）へ，機械的な手段などで変更する．生態的作用についてのこのような概念整理は，従来の生態学にはまったく欠落していた．
[Jones *et al.*, 1994 より]

いずれも新しい群集生態学の，キイ・コンセプトになると強調しておきたい。それは分子の挙動をも眺めながら生態的作用が語られる時代の到来を期待させるはずである。

### 4-6-3　生態遷移の過程と原理
**（1）　現代の生態遷移論**

　生態遷移とは，ある地域の生物群集，主に植生の，時間経過に伴うその種構成の変化のことである。Clements をはじめ，20 世紀初頭の生態学の揺籃期における理論家が，この概念化を試みた。植物生態学者 Horn はアメリカの落葉樹林の初期と後期の遷移を調べ，その種構成をそれぞれの個体数のマトリクスで表現した。森林全体を，その中のそれぞれの場所を 1 本の成木が占めている「蜂の巣」のような空間とみなし，特定の場所での種の置き換わりを，「マルコフ連鎖」として知られる確率過程で記述する，シンプルなモデルである。ここでは，「遷移」の素過程が，それぞれの場所を占めている樹種が次に同種あるいは別種に置き換わる確率としてとらえられ，その確率は相互作用している種の生物学的特性にのみ依存するとされる。それぞれの確率としては，ある成木の下に生えているさまざまな種の芽生えの個体数の相対値などが与えられる。Horn のモデルは，かなり単純化されているが，それでもニュージャージの古い森林の種構成パターンをうまく記述していた。

　また Tilman は，植物間の資源競争に，時間の経過に伴う資源供給速度の変化を組み込んで，遷移を予測するモデルを提案している。とりわけ消費，生物地球化学的な過程，あるいは撹乱の結果として，なんらかの秩序あるしかたで，複数種類ある資源の供給速度が変化すると考えられている。このとき，これらの資源をめぐる競争が，種の置き換わりを含めた群集の変化の動因になっており，それぞれの種は，それら複数種類の限られた資源の供給速度が示す特定の比率に対して，より優れた競争者になると想定されている（図 4-27）。

**（2）　ニッチェの多様化**

　ニッチェの多様化というのは，資源利用の特殊化にほかならない。生物群集において，与えられた資源の幅をより狭く利用することによって，より多くの種の共存を可能にすると考えられてきた。しかし，これが実際にどのように起こっているかについては，議論の的となっている。例えば，熱帯林やサンゴ礁において，その資源利用は相対的にはそれほど特殊化しているわけではないが，植物食の昆虫や動物では特定の植物を食べるという特殊化がかなり見ら

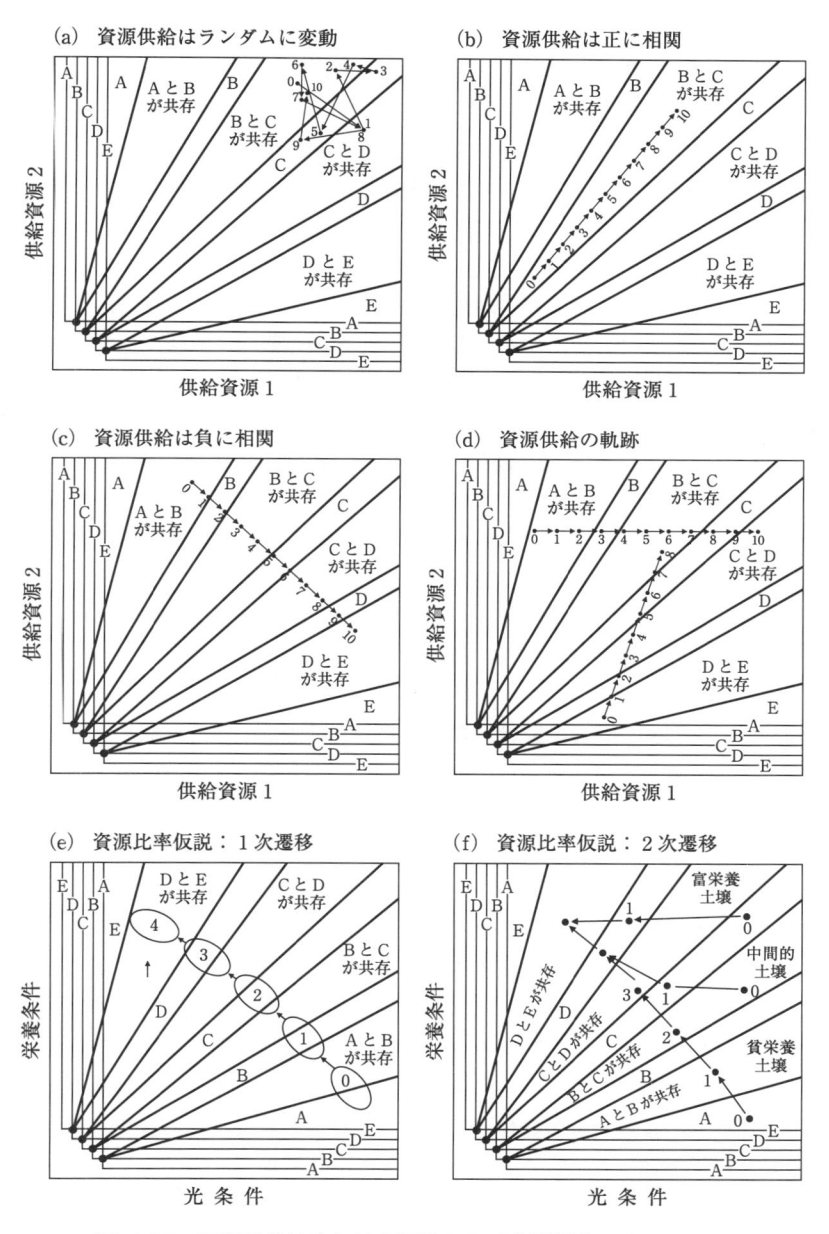

4-6 競争と共存の生態学——相互作用からなる生物群集

**図 4-27 資源供給速度と植生遷移および生態遷移の予測モデル**
[Tilman, 1985 より]

れ，ニッチェの多様化が起こっていると考えられてきた。生物群集は共存する種の平衡状態を想定していることが多いが，その群集がある平衡に達しているという証拠はほとんどない。

しかしながら，次のような興味深い推論もなされている。そのしくみは，長時間を費して平衡から離れた系では，多様性が維持されるかもしれないというものである。Hutchinson は，温帯の多くの淡水湖にいるプランクトンの藻類が 30〜40 種という高い多様性を示すことから，その多様性を促進するしくみを不思議に思った。それは競争理論に基づく平衡の予測からすると，奇妙な結果に思われたからである。すなわち，ほとんどの藻類は，二酸化炭素，窒素，リン，イオウさらに微量元素やビタミンなどを含む資源を同じように要求して競争しており，単純な環境のもとで，どのように構造的に共存を可能にしているのか，という疑問である。通常の競争理論からは，どれか 1 種が優占する結果が予測されるところである。この「競争排除則」の破綻にもみえる現象は，「プランクトンのパラドックス」とよばれた。Hutchinson は，湖の中では緩慢な変化が藻類間の競争状態に影響を与え，そのパラドックスを解くのではないかと考えた。つまり，環境条件が長時間にわたって変化するので，どの 1 種も他種を排除して競争的に優占し続けることができないのではないか，というアイデアである。

その後 Chesson と Huntly は，環境の変動だけでは生態的に同じようなグループ内の多様性を維持するのは十分ではなく，それらの種間には環境の変動に対する反応の差異があり，それにより多様性の維持ないし促進が可能であると考えた。ただしこの考えは，Hutchinson の最初のシナリオに含意されていたとも思える。

種の多様性の非平衡的な維持を促進するもう一つの例は，「貯蓄効果」と呼ばれるものである。それは，長生きする生物の再生産にとっては，ほんの一時的にしか有利な状況がないので，状況が好転するときのために「貯蓄」が効果的になるというものである。ある種にとっての好条件が別の種には悪条件になる場合もあるが，悪条件を打ち負かすくらい貯蓄が効いて，次の好条件が再び来る前に貯蓄のない別種の個体が死んでしまうというような場合である。したがって，砂漠で休眠ができる 1 年生草本とか，休眠卵をもつ動物プランクトンとか，長期間の環境変動を超える寿命をもつ生物などは，多様性を促進する。また埋蔵種子の大量散布や，栄養上の文字どおり「貯蓄」なども効果があるだろう。

「貯蓄効果」は，生物多様性を維持する「ロッテリー・モデル」の上に築かれている。このモデルは，「空いたなわばり」のような開放空間の周辺に，潜在的な入植者たちの大きな供給源が存在し，そこからランダムに新規参入が行われることによって，開放空間が満たされる場合を想定している。まさに「ロッテリー（くじ引き）」のように，さまざまな種が入り込める可能性があるというわけである。この供給源の種構成は，その局所的な生物群集の構成に必ずしもしっかり結びついていなくてもよいが，一般的には最も個体数の多い種が，その空いた場所に入り込むのに有利であろう。この「ロッテリー・モデル」が説明する多様性は，繁殖能力や競争能力が同程度のさまざまな種がいるところについて，当てはまる。熱帯林などにおいて倒木などによって偶発的に形成されるギャップとか，サンゴ礁のサンゴや魚類群集などでは，このモデルが当てはまりそうである。ただし，ギャップの生じる頻度の高さ，あるいはその生成条件の多様性を前提にしているので，せいぜい多様性の維持は説明できても，その促進を説明することまでは難しいかもしれない。

　Caswell（1978）がモデル化した，空間的に細分化されている捕食者と餌生物の相互作用も，非平衡のモデルとよばれている。このような場所では，捕食者と餌生物は長時間にわたって共存することはないし，また競争的な餌生物も，いかに便宜的に定義された生息場所単位においてでも，共存することはない。そうした共存の失敗は，そのような系を説明するモデルが非平衡状態を前提とするものであることを裏づける。反対に，捕食者が共存を媒介するような平衡モデルは，競争的な餌生物が局所的に共存する能力を，捕食者が促進するような条件に，焦点をあてている。おもしろいことに，平衡モデルも非平衡モデルも，ヒトデが競争的な餌生物である固着生物の共存を促進したという，Paineの研究で示された経験的な事実を説明するために，考案されてきた。

**（3）　人間活動を含めた生態遷移**

　人間活動そのものが，局所的のみならず地球規模で気候に影響を及ぼすことなどによって，生物群集を変容させ，生物の地理分布域や生態遷移をも左右することになってきている。その実態が従来のように，気候区によって特定できる安定した極相林へ進むという理解ではすまない，複雑な様相を呈していることが判明してきた。

　特定の生物群集に新しく別種の小さな個体群が侵入して，それが定着・分布拡大することができる場合とできない場合，いったい何が異なるのか？　極相（クライマックス）に到達した安定平衡な状態が，従来のように想定できないこ

ともはっきりしてきた．さまざまな人為的な攪乱が起こり，その帰結はその初期条件によって多様な変遷をたどり，その変遷にもさまざまな追加条件がかかわってくる．まして，それらが安定するのは，いったいどのような事態になったときなのか？ それをどのようなタイムスケールでとらえるかによっても，じつに複雑な様相が生まれる．生態学が誕生してまだ1世紀あまりで，その経験的に集積されているデータも限られている．とはいえ，「その生物群集の変遷の過程と，そこにどのようなしくみが作用しているのか？」，これが群集生態学のグランド・セオリーになるべきはずの問題である．

ところで，「遷移問題」とはやや離れたところで，生物群集の構成やその種数の安定性をめぐる議論がなされてきた．それは1967年に，アメリカの生態学者MacArthurと昆虫学者Wilsonによる，島の生物地理学に関する理論モデルが提出されたことから始まった（図4-28）．島の生物相を構成する種数の安定平衡を，侵入種と絶滅種のそれぞれ移入率と絶滅率のバランスから説明する基本的な枠組みが定着してきた事情による．このモデルにより，生物相というレベルでの安定において，きわめて単純な仮定から，それなりに明確な帰結を得ることができる．その仮定は，種間の競争原理を導入して，ある地域に共存できる種数が，種のニッチェや生息場所などの資源利用の有限性によって，制約されているとするものである．そこではそれぞれの個体数を直接に問題にすることなく，その生物群集の安定／不安定，平衡／非平衡を語れる便利なモデルであり，SimberloffとWilsonが実際にフロリダ・キイの島々で検証してきた．

しかし，このモデルは，基本的に種数の均衡（端的にいえばニッチェの数が均衡すること）が想定されているが，群集を構成する種数とそれぞれの種の個体数の間に幾何級数的優占順位があるとしても，それが種間の競争原理によるという仮説を検証するものではない．それぞれの種の個体数の安定状態が平均的に考慮されており，そこから競争関係の原理が敷衍されているだけで，実際の生物群集の種および個体数構成の動態を必ずしも反映していない．現実の生物群集においては，ランダムな分散やランダムな種分化が起こり，生態的な浮動に満ちている．すなわち，ニッチェ集合として群集をとらえる考えと，分散しながら集合している群集という考えは，対立的であるにもかかわらず，従来の理論の中で混在していた．

そのような問題を抱えたモデルに，アメリカの植物生態学者Hubbellの批判が生まれた．彼はボルネオの熱帯林の更新について，長年にわたって研究し

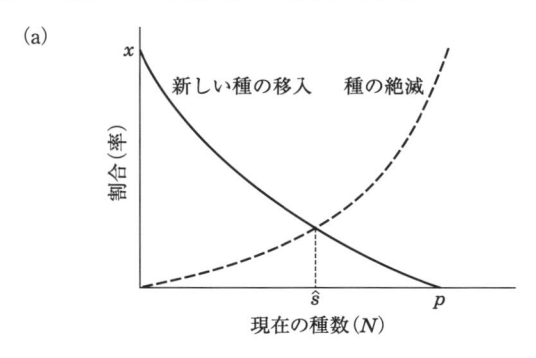

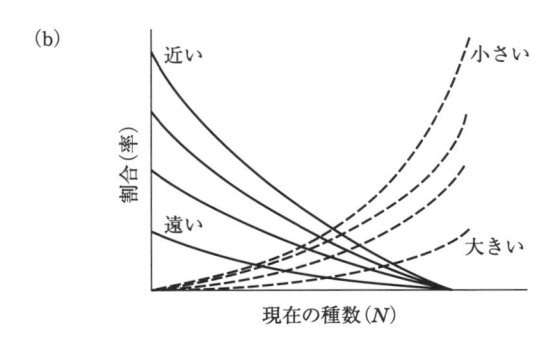

4-6 競争と共存の生態学――相互作用からなる生物群集

(a) のグラフ：縦軸「割合（率）」、横軸「現在の種数（$N$）」。実線は「新しい種の移入」（$x$から右下がり）、破線は「種の絶滅」（右上がり）。交点が$\hat{s}$、横軸右端に$p$。

(b) のグラフ：縦軸「割合（率）」、横軸「現在の種数（$N$）」。実線は「近い」「遠い」、破線は「小さい」「大きい」。

**図 4-28 島の生物地理のモデル**
島はさまざまな大きさをもち，また大陸などの主要な陸地からさまざまな距離にある．これらの島について，仮想的な移入率（実線）と絶滅率（破線）が引かれている．その交差する点が，現存している種数の平衡点を示す．このモデルは，大陸から離れた大洋島を想定しているが，パッチ状の適当な生息場所を生態的な「島」とみなすことで，普遍性をもつと考えられてきた．
[MacArthur and Wilson, 1967 より]

てきた．生物群集の変容は，当然のことながら，いきなり種が交代するわけではなく，その変化はある種の個体数の変動として起こる．そこでの相互作用は，基本的には個体間，それも異種の個体間で生じる．それを基礎にして，伝統的な MacArthur と Wilson のモデルとは異なった仮説を立てた．Hubbell は，ある意味で植物生態学者らしく「同じ栄養段階にある（資源要求の重なる）群集」という限定をして，競争原理の想定が理にかなったところで，種／面積関係の具体的データを基礎にして理論を再構成した．

### 4-6-4 生物多様性と生態的複雑性
### （1）「自然のバランス」はあるか？──「撹乱する自然」

　自然はそもそも安定している。それを乱してきたのは人間であるという認識が，地球温暖化が問題にされるようになってから，かなり一般的になったように思われる。

　1960年代，高度成長の歪みのように，水俣のメチル水銀中毒や四日市の喘息，富山のイタイイタイ病（カドミウム汚染）など，人間の命を脅かす深刻な事態が頻発した。「公害」というよび方が，その当時の認識のしかたを端的に示している。またアメリカの「環境主義」の系譜は，Worsterの『ネイチャーズ・エコノミー』に詳しいが，それによると，とりわけ原子爆弾の開発が，環境運動の展開の大きな契機になったという。とくに第二次大戦後の経済復興の過程で，海洋生物学者Carsonの「沈黙の春」が，農薬や化学物質による海洋生物の汚染がそのほかの生物や人間にも著しい影響を与えていることを警告して以来，1960年代のベトナム戦争への反対運動ともあいまって，環境運動は大きく発展した。1970年には市民中心に「アース・デイ」の運動が盛り上がり，世界的にも環境問題に大きな注目が向けられるようになった。

　1974年にオイル・ショックが起きると，「経済成長の限界」が語られるようになった。そして，ヨーロッパでの酸性雨，アメリカのスリーマイル島原発事故や，カナダの太平洋岸で起きた大型タンカーの座礁事故による大量の石油流失がもたらした海洋汚染，ロシアのチェルノブイリの原発事故などによって，環境問題への関心が1980年代になってますます高まり，熱帯林破壊や希少動物の絶滅問題も取り沙汰されるようになった。さらに化石燃料の大量消費によって二酸化炭素濃度が上昇して，地球温暖化への危惧が広く認識にされるようになり，「温暖化防止策」が世界的な課題とされるようになった。「地球にやさしい」とのフレーズが市民レベルでも語られるようになり，ゴミの分別やリサイクルも定着しつつあり，企業も商品の開発に際して，環境への配慮をすることが常識になりつつある。また，1993年ブラジルで開催された環境サミットで「生物多様性条約」が締結され，1995年には「京都議定書」によって，地球温暖化防止のための二酸化炭素排出規制が打ち出された。ここには政治力学が働き，「地球環境の危機」への対応としては，今なお多くの問題をはらんでいるが，大きな流れとしては1960年代の「公害問題」からの展開の中で，われわれの環境をめぐる危機的な状況への対策が，21世紀の世界を考えたときにおそらく最も重要な課題であることが，今ほど認識されるようになった時代

4-6　競争と共存の生態学——相互作用からなる生物群集　　　163

はないということである。

　「自然のバランス」という概念は，さまざまな形をとりながら，かなり古くから，われわれ人間の自然認識として，現代の生態学まで，長い歴史をたどることができる。しかし「移入種」の例で明らかなように，近年では，この「自然のバランス」という通念に対して，さまざまな再検討がなされ，生態学でも議論がなされてきている。さまざまな生態的現象を記述するモデルでも，基本的にその数学的な安定性，定常性など，さまざまなバランスが仮定されており，あたかも，「自然のバランス」が実在するかのように考えられてきた。

　もうお気づきと思うが，生物群集というレベルを対象としてみた場合，従来の生態遷移における一次遷移の極相（クライマックス）という生物群集の安定相が想定されてきた。しかし，とりわけ人間活動による二次遷移の多様な動態は，たとえ安定してみえていても，それはさまざまな撹乱に対して単純に平衡が保たれているだけでなく，むしろ非平衡の多様性が実現されていたのではないか，あるいはもっと動的な変動の最中にあるのではないかなど，数々の議論が活発になされてきている。生物群集の「安定性」と「抵抗性」は異なるとの指摘もあるが，いずれも実態的に理解されるところまでいっていない。

　複雑な生物群集こそが安定しているという考えが，久しく生態学者の間でも常識であった。理論的に想定された「ランダム群集」で近似したところ，系としての安定性は，むしろかなり単純な場合に成立するが，複雑な場合は，必ずしも安定ではないと考えられるようにもなってきた。しかしながら，現実の生物群集は，理論的に想定されている「ランダム群集」ではなく，それなりの歴史をもった生物地理的な存在である。しかしその安定性は，実際のところかなり動的な変動を繰り返しており，それなりの「柔軟性」をもっているのではないかと理解されるようにもなってきている。

**（2）　生物多様性を支える生態的複雑性**

　生物多様性の重要性が指摘されるようになって久しい。このことを考えるとき，それぞれの種の個体群にある遺伝的な変異の多様性が，将来の進化可能性の保持には重要であることを忘れてはならない。すなわち，種数が多いだけでなく，それぞれの種が個体群として適切な個体数を維持し，多様な場所に分布していないと，意味がないということである。しかしそれでもまだ，重要な観点が抜けている。筆者が強調したいのはここからである。それぞれの種の個体群分布が，さまざまな他種の個体との多様な関係を維持しながら存続していることが，多彩な生活内容をもった多様な生物の生存を可能にしてきたことであ

る。この生態的複雑性は，生物群集という複雑な関係のありさま，その変容の動態そのものである。

　ついでながらいってしまうと，そうした生物どうしの多様な関係を，散々に「搾取」したうえで，成立しているように見える人間の活動あるいは文化が，それでほんとうに豊かなのかどうか。端的にいって，たとえ遠く離れているかのように思えるにしても，「野生」から切り離された，それと独立に成立する「市民社会＝文明」は，ありえない。そうだとすれば，どのように「野生」とつながっているのか，そのつながりが今，どのように危機的なのかということこそを，直視しなければならない。そうすれば生物多様性と生態的複雑性が，われわれにどのような意味をもっているのかが理解される。

　生態的複雑性はどのようにして生成されてきたのか？　近年，ますますこの問題への関心が高まっている。いわゆる複雑系への関心は，それを端的に示している。複雑なものを単純化して理解するのが，いわば科学の本流のように考えられてきた。しかし，そもそも複雑なものを理解するのに，「単純化」してどうするのか？　生態学自体が，じつはずっとこの複雑性をとらえようとしてきたともいえる。その道は険しいけれども，それだけ知的に挑戦しがいのある問題でもある。基本的な問題ではあるが，現在の「壊れた自然-人間関係」をどうするのかを考えるときに，この基本的な視点がとても大切である。

## （3）　人間は何をしてきたか

　「文明的な市民社会」の成立を支えているのは，現在において進行している農業，植林などのアグリビジネス，養殖技術などのバイオ技術，ヒューマン・テクノロジーやエコ・テクおよび情報技術，さらにクリーン・エネルギーの開発などである。確かに，さまざまな環境悪化を食い止める努力もなされているように見える。しかし，現実に進行しているのは，人間による，地球上の資源と人間自身に対する「生命・生態の支配すなわち管理」が，隅々まで浸透してきているということでもある。「持続可能性」とか「循環社会」とか，「自然との共生」あるいは「地球共生系」という類のきれいな言葉が，実態としてどのような「文明」を理想としているのか？　民族，宗教，経済的な摩擦や抗争，さらに飢餓や病気といった人間どうしの共生すら危うい昨今の世界の現状があり，その背後で確実に生物の多様性や生態的複雑性が，均質化，単純化され，多くの生物が絶滅の危機に瀕している。つまり，人間とそれ以外の多くの生物たちとのかかわりが，急速に希薄になってきている事実が，われわれに何を問いかけているのか？　これらは近代文明の同根の問題でもあるが，それでも人

間どうしの問題にしか目を向けない人が，まだまだ多い。誤解を避けるためにいうが，人間中心の思考に自然中心思考を対置しようというのではない。われわれは所詮「人間中心」に考えるほかないが，その場合，どのような人間としてどのように考えるのかという問いの射程を，どこまで延ばすかということである。

　生態学の視点から，危機的な状況をどう予測できるのかは，なかなか難しいが，少なくとも二酸化炭素の排出によって「地球温暖化」が起こり，その結果として気候変動から動植物の分布が変わるというような，単純なシナリオではない。すでに漁獲圧によって海洋の魚の動態は大きな変化を示しているし，陸上の多くの大型哺乳類や鳥類，さらに最近では両生類などは，軒並み個体数が減少し，局所的な個体群の絶滅が起こっている。植物や昆虫にも大きな変化が起こっている。その原因の多くは，生息場所の破壊や水系の汚染などである。農作物の単作化は病害虫の発生を引き起こし，それへの農薬の過剰使用がやっと危惧されるようになったが，それでも化学肥料に依存した農業は，周辺の水域の富栄養化の原因にもなっている。自然資源の有限性やその再生産のポテンシャルを無視した過剰な搾取の構造は，当然にして安定供給を不可能にして，価格の上昇として跳ね返り，庶民は安価で安全性を保障されていない食品に頼らざるをえなくなる。交通手段や冷凍保存技術の発達は，食料の遠距離運搬を可能にして輸入食品の低価格化を実現したかに見えるが，トータル・コストをどう計算するかによって，より高くついている可能性も否定できない。それは，病気や環境汚染といった別のリスクへのコストを支払うことにもなるからである。端的には，輸入品への検疫システムの不十分さを度外視している危うい現状を改善しないまま，それらの低価格化は成立しているからである。

　あれこれ指摘し始めるとキリがないが，われわれ人間の活動を，生態学的に点検することが重要である。通常いわれている環境負荷を，個別にだけでなく，まさに「システム」として，今一度見直して，われわれのやっていること，やってきたことを，とりわけ都市における生活というものの成り立ちを，生態学の視点を踏まえながら再考することが必要である。単純に「自然を取り戻せ」などといいたいのではなく，まずは，そこでわれわれは何をしていることになっているのか，ということの確認が重要ということである。それをすることで，どのような物とエネルギーが，どのように流れたりとどまったりしているのかということを，明らかにできるはずである。

　われわれが現代の食物網のどのような位置にいるのか，自分が生まれてから

食べてきたものをすべてリスト・アップする，できればその量も推定することを試みてはどうだろう．今食べているものの産地も含めて，それはもう空恐ろしいことになっているはずである．いや，食物だけではない．われわれの周囲にある生活の備品を，コンクリートの砂や砂利から材木の由来まで，片っ端から挙げてみなくてはならない．良いか悪いか以前に，いったいわれわれの生活がどのように成立しているのか．そこにも，優れた「生態学の探偵」の仕事があるはずである．それらをどう評価し，どう再構築するのか．それはそのうえでの話ということになるだろう．

### ■ 参考文献(4章)

Alberts, B., Bray, D., Lewis, J., Raff, M., Roberts, K., Watson, J. D.／大隅良典ほか監訳(1990)『細胞の分子生物学（第2版）』，教育社．

Brock, T. D. and Madigan, M. T. (1988) "Biology of Microorganisms (5th ed.)", Prentice-Hall, New Jersey.

Carson, R.／青樹築一訳(1969)『沈黙の春』，新潮文庫(原書は1962年刊行；訳書初版は1964年「生と死の妙薬」の題で刊行)．

Chesson, P. and Huntly, N. (1997) *Amer. Natur.*, **150**: 519-533.

Cody, M. L. and Diamond, J. M. (eds.) (1976) "Ecology and Evolution of Communities", Harvard University Press, Cambridge, Mass.

Cohen, J. E. (1978) "Food Webs and Niche Space", Princeton University Press, Princeton, NJ.

Darwin, C./八杉龍一訳(1990)『種の起原（改版）』，岩波文庫(原書は1859年刊行)．

Dawkins, R./日高敏隆・遠藤彰・遠藤知二訳(1987)『延長された表現型』，紀伊國屋書店．

Deevey, E. S. Jr. (1947) *Quarterly Review of Biology*, **22**: 283-314.

Elton, C. S./渋谷寿夫訳(1955)『動物の生態学』，科学振興社(原書は1927年刊行)．

遠藤彰(2004)「「生態遷移」というグランド・デザインの発想——1900年前後の生態学と遺伝学」，d/SIGN, No. 8: 131-139．

Hairston, N. G., Smith, F. E., and Slobodkin, L. B. (1960) *Amer. Natur.*, **94**: 421-425.

Harborne, J. B. (1993) "Introduction to Ecological Biochemistry (4th ed.)", Academic Press.

Harborne, J. B./高橋英一・深海浩訳(1981)『ハルボーン化学生態学』，文永堂．

Hardy, A. C. (1965) "The Open Sea: Its Natural History", Houghton Mifflin, Boston.

服部勉・太田寛行 編(2000)『新・土の微生物〈5〉 系統分類からみた土の細菌』, 博友社.

宝月欣二(1974)『生態学講座〈3〉 水界生態系』, 共立出版.

Hubbell, S. P. (2001) "The Unified Neutral Theory of Biodiversity and Biogeography", Princeton University Press, Princeton, NJ.

布施慎一郎(1962)生理生態, **11**: 23-45.

Hutchinson, G. E. (1948) *Scient. Monthly*, **67**: 393-398.

Hutchinson, G. E. (1957) *Cold Spring Harbor Symp. on Quant. Biol.*, **22**: 415-427.

Hutchinson, G. E. (1959) *Amer. Natur.*, **93**: 145-159.

Hutchinson, G. E. (1961) *Amer. Natur.*, **95**: 137-145.

井上民二(1993)「送粉共生系における形質置換と共進化」,『花に引き寄せられる動物——植物と送粉者の共進化』, 川那部浩哉・井上民二・加藤真 編, pp. 137-173, 平凡社.

Jones, C. G., Lawton, J. H., and Shachak, M. (1994) *Oikos*, **69**: 373-386.

可児藤吉(1944)「渓流性昆虫の生態」,『昆虫 上 (日本生物誌 4)』, 吉川晴男 編, pp. 117-317, 研究社.

Kawanabe, H. (1959) *Memoirs of the College of Science, University of Kyoto. B*, **26**: 253-268.

川那部浩哉(1996)『生物界における共生と多様性』, 人文書院.

菊池俊英(1960)科学読売, **12**(4): 82-89, 読売新聞社.

Kikuchi, T. (1966) *Publ. Amakusa Mar. Biol. Lab. Kyushu Univ.*, **1**: 1-106.

熊澤峰夫・伊藤孝士・吉田茂生 編(2002)『全地球史解読』, 東京大学出版会.

Lack, D. (1945) *J. Anim. Ecol.*, **14**: 12-16.

Levin, S./重定南奈子・高須夫悟 訳(2003)『持続不可能性』, 文一総合出版.

Lotka, A. J. (1925) "Elements of Physical Biology", Williams & Wilkins, Baltimore.

MacArthur, R. H. (1958) *Ecology*, **39**: 599-619.

MacArthur, R. H. and Wilson, E. O. (1967) "The Theory of Island Biogeography", Princeton Univ. Press, Princeton, NJ.

松本忠夫(1993)『生態と環境』, 岩波書店.

宮田隆 編(1998)『分子進化―解析の技法とその応用―』, 共立出版.

水野信彦・御勢久右衛門(1972)『河川の生態学』, 築地書館.

水野寿彦 監修(1975)『淡水生物の生態と観察』, 築地書館.

Morin, P. J. (1999) "Community Ecology", Blackwell Science Inc.

森下正明(1961)「動物の個体群」,『動物生態学』, 宮地伝三郎ほか 著, pp. 163-262, 朝倉書店.
Murdoch, W. W. (1966) *Amer. Natur.*, **100**: 219-226.
日本生態学会 編(2002)『外来種ハンドブック』, 地人書館.
Odum, E. P./水野寿彦 訳(1967)『生態学』, 築地書館.
Odum, E. P./三島次郎 訳(1974・1975)『生態学の基礎 上・下 (第3版)』, 培風館.
沖野外輝夫(2002)『新・生態学への招待 湖沼の生態学』, 共立出版.
Paine, R. T. (1966) *Amer. Natur.*, **100**: 65-75.
Pearl, R. L. and Reed, L. J. (1920) *Proc. Nat. Acad. Sci. USA*, **6**: 275-288.
Pianka, E. R./伊藤嘉昭 監修, 久場洋之ほか 訳(1980)『進化生態学』, 蒼樹書房.
Pimm, S. L. (1982) "Food Webs", Chapman & Hall, London.
Pimm, S. L. (1991) "The Balance of Nature?: Ecological Issues in the Conservation of Species and Communities", The University of Chicago Press.
Spiller, D. A. and Schoener, T. W. (1989) *Ecol. Monogr.*, **58**: 57-77.
Stanier, R. Y., Adelberg, E. A., Ingraham, J. L., Wheelis, M. L./高橋甫ほか 訳 (1992)『微生物学 入門編』, 培風館.
田川日出夫(1973)『生態学講座<11a> 生態遷移I』, 共立出版.
高林純示・西田律夫・山岡亮平(1995)『共進化の謎に迫る 化学の目で見る生態系』, 平凡社.
谷幸三(1995)『水生昆虫の観察』, トンボ出版.
Tansley, A. G. (1935) *Ecology*, **47**: 733-745.
Tilman, D. (1985) *Amer. Natur.*, **125**: 827-852.
Turner, J. S. (2000) "The Extended Organism", Harvard University Press, Cambridge, MS.
Verhurst, P. F. (1838) *Corresp. Math. et Physiq.*, **10**: 31-121.
和田秀徳(1994)『微生物の生態<19> 物質循環における微生物の役割』, 学会出版センター.
Whittaker, R. H./宝月欣二 訳(1979)『生態学概説 (第2版)』, 培風館.
Wilson, D. S. (1984) Adaptive indirect effects. In "Community Ecology", Diamond, J. M. and Case, T. J. eds., Harper & Raw.
Wilson, E. O./大貫昌子・牧野俊一 訳(1995)『生命の多様性』, 岩波書店.
Worster, D./中山茂ほか 訳(1989)『ネイチャーズ・エコノミー:エコロジー思想史』, リブロポート.
山本護太郎・伊藤猛夫(1972)『生態学講座<16> 水界動物生態学I』, 共立出版.
依田恭二(1971)『生態学研究シリーズ<4> 森林の生態学』, 築地書館.
Zuckerkandl, E. and Pauling, L. (1965) *J. Theoretical Biology*, **8**: 357-366.

# 5 バイオテクノロジー

## はじめに

　古来より微生物は，味噌，醤油，納豆，チーズ，ヨーグルト，酒，ビール，ワインなどの製造に深くかかわってきた。このような微生物利用技術を基礎として，L-グルタミン酸のように，化学的には生産が難しい物質を効率よくつくり出す発酵技術が20世紀に開発された。最近広く使われているバイオテクノロジーという言葉の原点は，この優れた微生物利用技術にあるといってもよい。

　1970年代には，微生物の能力を利用した組換えDNA技術が欧米で確立され，従来入手が困難であったヒト由来タンパク質を，大量につくり出せるようになった。第二のバイオテクノロジーの出現である。しかし，当時欧米の培養技術は日本に比べ劣っていたので，タンパク質生産の熾烈な競争の中で，日本の優れた培養技術は欧米諸国の脅威の的であった。

　組換えDNAによって得られたタンパク質の多くは，現在医薬として利用されている。しかし，さらに改良を加えて，機能の優れたタンパク質を創製したり，自然界にない新たなタンパク質を設計する試みも浮上してきた。これが世の中に大きな期待を抱かせたタンパク質工学である。しかし，改良されたタンパク質のヒトへの投与には，まだ解決しなければならない問題が残されている。

　このタンパク質の生産には，生育が速い大腸菌が最適だと考えられていた。しかし，大腸菌がつくるヒト由来タンパク質は不活性型になりやすいという問題や，大腸菌には動物細胞のようなタンパク質の修飾機構がないという問題があった。これを克服するために，動物細胞の利用研究が進められ，多くの新た

な技術が開発された。遅れて開発された植物細胞でも，組換えDNAはもとより，細胞や組織そのものも利用されている。

一方人類は，「免疫」という生体の防御システムによって，感染の危険から身を守っている。昔から免疫は経験的に知られていたが，このメカニズムが分子レベルで解明されたのは，比較的最近のことである。1980年代以降飛躍的にその解明が進んだが，それは免疫が，医療と密接に結びついていたからであって，その機構解明は，科学が生命の神秘に一歩近づいたことを意味している。

以上とは少し趣きを異にするが，光のエネルギーを利用しようとするテクノロジーも存在する。光といえば，誰しも光合成を思い出すであろう。光合成は微生物や植物によってなされ，その産物を人類は利用している。この分野は，バイオテクノロジーの域に達するには少し時間を要するが，多くの可能性を残しているのも事実である。今後の研究の進展によって，光のエネルギーをさらに有効に利用できれば，人々の暮らしをより豊かにするのに貢献するであろう。

本章では，このようなバイオテクノロジーを概説する。

## 5-1 発酵テクノロジー

アルコール飲料(酒)をはじめとする各種発酵食品の生産技術は，世界各地で，それぞれの風土と用いる原料に応じて発展し伝えられてきた。これら伝統的発酵食品の研究(醸造学)が，微生物利用技術(発酵テクノロジー)の原点である[*1]。

Pasteurは，「ブドウ酒醸造の主役が酵母であり，その性質が製品の品質を決める」ことを示した。特定の微生物が特定の能力をもつという，このような考えを基礎に，KochやLindnerらが考案した微生物の取り扱い技術を用いて，各種発酵食品の醸造にかかわる微生物を分離して性質を明らかにし，それぞれの発酵食品に適した微生物を選択することによって，さらによい製品をつ

---

*1 発酵(fermentation)という言葉はラテン語のfervere(沸騰する)に由来し，本来は酵母によるエタノール(アルコール)発酵を指すものである。発酵液が，発生する炭酸ガス(二酸化炭素)の泡によって沸騰しているように見えるからである。しかし今日では，微生物を用いて有用物質を生産することを意味するようになっている。なお「腐敗」は，人間にとって不都合な，微生物による物質変化のことである。

## 5-1 発酵テクノロジー

くるための努力が重ねられた。

一方，このような検討の過程で，多量の特定産物を培養物中に蓄積する微生物が見いだされ，これらを用いて，有用化学物質の工業的生産が検討されるようになった。このようにして始まった発酵テクノロジーと微生物利用工業は，その後，関連基礎科学の発達とともに著しく発展し，産業，医療，環境保全などの分野で，人間生活の向上に貢献できるようになった。発酵テクノロジーの内容は多岐にわたっており，限られた紙面ですべてを述べることは困難である。そのため，対象産物やその他の視点によって内容を整理し，それぞれを概説する。

### 5-1-1　分解代謝産物

化学物質として最初に工業生産されたのは，エタノールである。エタノールは飲料以外に，染料，塗料，溶媒，あるいは化学合成原料として使われ，最近では化石燃料（ガソリン）の代替品として利用されている。エタノールの生産は，酵母の嫌気的代謝［$C_6H_{12}O_6$（グルコース）→ $2C_2H_5OH$（エタノール）＋ $2CO_2$；図5-1］によって行われるので，特別な装置と動力を必要とする「通気」を行わなくてもよいということと，原料として安価なデンプンを使えるようになった［$(C_6H_{10}O_5)_n$（デンプン）＋ $nH_2O$ → $nC_6H_{12}O_6$（グルコース）］ことが，比較的容易に工業化できた理由である。現在までにいくつかの改良法が考案され，また種々の材料を使用することも検討されている。

酵母のアルコール発酵で，アセトアルデヒドをエタノールへ還元する反応を妨げると，グリセリンが生成するようになる［グリセリン発酵：$C_6H_{12}O_6$（グルコース）→ $CH_2OH\cdot CHOH\cdot CH_2OH$（グリセリン）＋ $CH_3CHO$（アセトアルデヒド）＋ $CO_2$；図5-1］。19世紀末には，偏性嫌気性細菌（*Clostridium*）を用いたアセトン・ブタノール発酵法が開発された。これらは，第一次・第二次世界大戦中，軍需物質の工業生産法として発展したが，その後は化学的な合成法によって置き換えられた。しかし近年は，再生産可能なバイオマス資源（生物起源の原料）を利用する生産法として，再評価されつつある。

乳酸菌の嫌気的代謝による乳酸の生産［$C_6H_{12}O_6$（グルコース）→ $2CH_3$-$CHOHCOOH$（乳酸）；図5-1］も，主にデンプンを原料として工業的に行われている。乳酸は，食品の製造や保存，医薬などに使われるが，生分解性プラスチックの原料としても注目されている。

好気的条件下で糖の分解代謝中間体を生産する場合には，当然ながら通気が

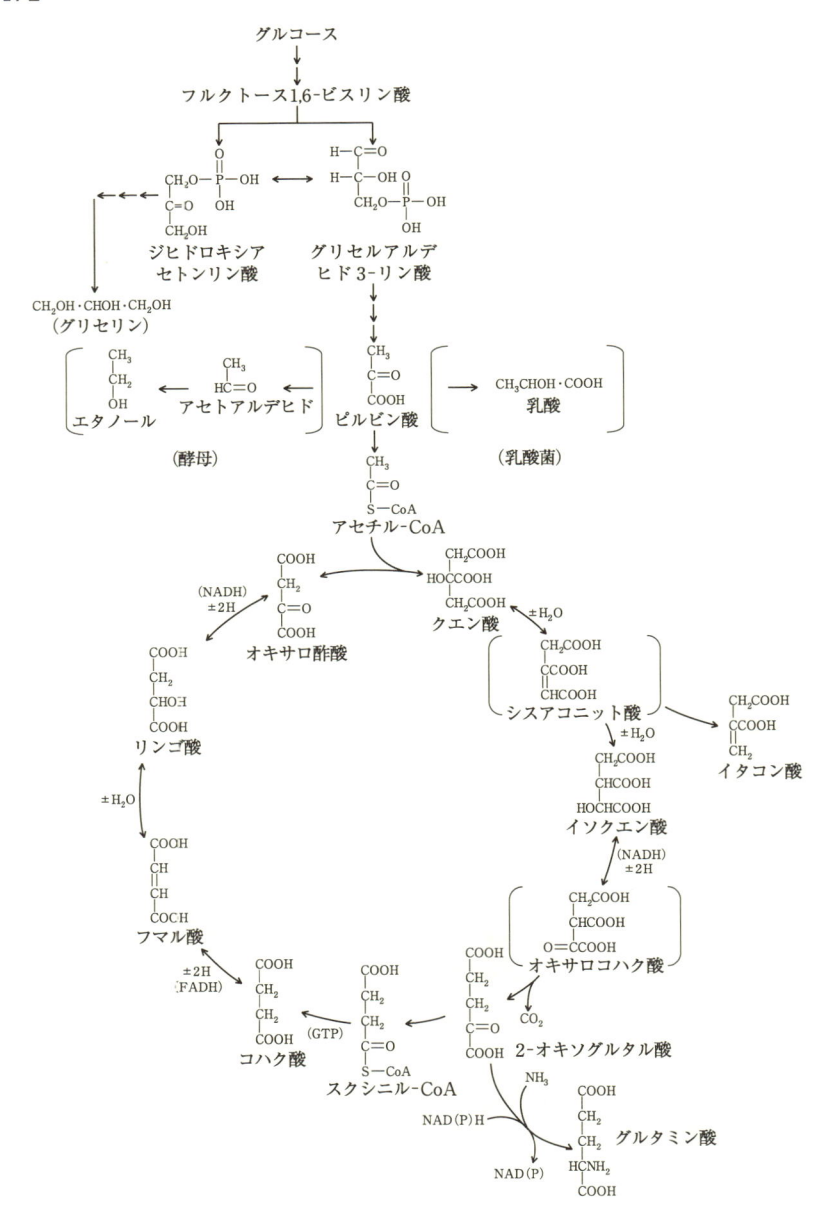

**図 5-1 解糖系とクエン酸回路**
NAD, NADH, NADP, NADPH, FAD, FADH：酸化還元酵素の補酵素

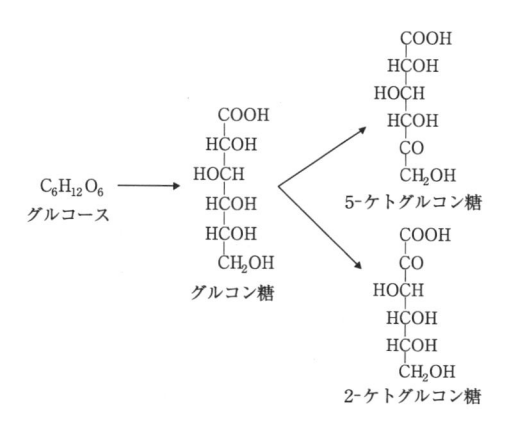

図 5-2 グルコースからのグルコン酸，5-ケトグルコン酸，2-ケトグルコン酸の生成

必要となる。しかし，20世紀初期，初めて実施されたクエン酸の製造は，好気性のカビを，強制通気が必要でない液体表面培養法で生育させて行われた。

現在クエン酸は，通気撹拌装置を備えた発酵槽を用いた深部培養法でつくられており，食品や医薬品の原料，あるいは可塑剤やキレート剤としての需要がある。クエン酸回路（TCA回路，図5-1）を構成するコハク酸，フマル酸，リンゴ酸，あるいはこれに関連したイタコン酸なども発酵生産できる。これら有機酸は，食品や医薬品の原料，あるいは化学合成の原料として利用される。グルコン酸は食品添加物や洗浄剤などに使われ，カビを用いて生産できる。酢酸菌などもグルコン酸を生成するが，菌種によってはこれをさらに酸化し，2-ケトグルコン酸や5-ケトグルコン酸を生成する（図5-2）。これらは，酒石酸，ビタミンC，抗酸化剤などの原料となる。いずれの場合でも，培養条件を種々変更することによって代謝の流れを制御し，目的物質の増産が図られている。

**5-1-2 合成代謝産物**

エネルギーを必要とする合成代謝系は，エネルギーを供給する役割をもつ分解代謝系に比べて，さまざまな代謝制御を強く受ける。合成代謝の中間体を微生物に生産させるためには，これら制御を打ち破る必要がある。

合成代謝産物の生産例はいくつかあったが，画期的なものは，20世紀半ばに日本で開発された，グルタミン酸（コンブの旨み成分）の発酵生産である。これは，糖質とアンモニア態窒素を含む培養液中に，多量のグルタミン酸を蓄積

する *Corynebacterium glutamicum* の発見によって可能となった。グルタミン酸の生合成（図 5-1）には，糖の好気分解，アミノ化反応，酸化反応，還元反応などが含まれる。この細菌は，ビオチン（水溶性ビタミンの1種）を生育に必要とするが，培養液中のビオチン量を制御することによって，グルタミン酸の生合成系を発酵生産に利用できるようになったのである。

その後，自然界から分離した新規微生物や，代謝制御が解除された遺伝的改良株，例えば，栄養（アミノ酸）要求変異株やアミノ酸アナログ耐性変異株を利用して，あるいは微生物起源の酵素を用いて，ほとんどすべてのアミノ酸が生産できるようになった。「アミノ酸発酵」とよばれる分野の成立である。

アミノ酸発酵は，従来，分解代謝産物に限られていた大量生産の対象を，合成代謝系の中間体まで拡大できることを示したものであった。また，多分に経験的であった発酵テクノロジーが，生化学を基盤とする近代的な発酵技術へ転換する契機でもあった。技術改良の過程で，変異株や分子育種株を利用する手法がつくられていったが，このような経過は現代の技術発展の典型であって，これをよく把握すれば，発酵テクノロジー全般の理解が容易になるといっても過言ではない。

次に行われたのが，呈味性ヌクレオチド（図 5-3）の生産である。まず，微生物起源の酵素を用いて，酵母から抽出した RNA を分解して，イノシン酸（カツオブシの旨み成分）や，グアニル酸（シイタケの旨み成分）を生産する手法が確立された。次いで，アミノ酸発酵の場合と同じように，各種変異株を用いることによって，培養液中にヌクレオシドを蓄積させることが可能となった。このヌクレオシドを，化学的なリン酸化反応によって呈味性ヌクレオチドに転換していたが，その後ヌクレオチドを培養液中に蓄積させることにも成功した。

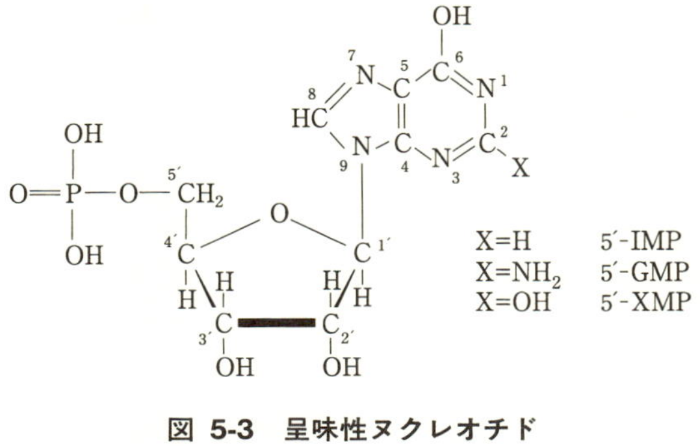

$X=H$　　　$5'$-IMP
$X=NH_2$　$5'$-GMP
$X=OH$　　$5'$-XMP

**図 5-3　呈味性ヌクレオチド**

このような検討過程で，ヌクレオチドを構成成分とする補酵素類や活性糖類など，さまざまな核酸関連物質の生産技術が開発された。また，ビタミン類や多糖類なども生産できるようになった。

### 5-1-3 抗生物質・二次代謝産物

生き物の生命活動に直接関与しないと思われる代謝を，二次代謝という。1920年代に見いだされた二次代謝の産物であるペニシリン（抗生物質[*2]）とジベレリン（植物ホルモン）は，のちにそれぞれ工業生産されるようになった。抗生物質については，結核に有効なストレプトマイシンの発見を契機として，多くのものが工業的に生産されるようになった。その過程で，深部培養法が発達し，大量生産プロセスの基礎となった。このことの発酵テクノロジー発展への寄与は大きい。ジベレリン以外の植物ホルモンあるいは酵素阻害剤を，農業や医療の分野で応用することも検討されている。

### 5-1-4 微生物菌体

昔から，ある種の微生物の菌体が，微量栄養素源として，あるいは整腸剤として用いられていた。パン酵母も工業生産されている。シイタケの原木栽培のほかに，おがくず，米ぬか，あるいは堆肥などからなる固体培地（菌床）を用いた食用キノコの生産法が開発され，現在では多量のキノコが供給されている。

タンパク質源として微生物菌体を積極的に利用することは，第一次世界大戦中に酵母菌体の生産から始まった。1960年以降は，世界の食糧不足問題に対する方策の一つとして，食飼料と競合しない炭素源を用いた微生物タンパク質の生産が，重要な課題になっている。菌体生産に用いる原料は，パルプ，デンプン，あるいは食品の製造に伴う廃液など多岐にわたり，使用微生物も，細菌，酵母，糸状菌，藻類など多様である。食飼料としての微生物菌体の生産は，一部の国々ですでに工業化されている。

### 5-1-5 酵　素

微生物酵素の生産と利用も，発酵テクノロジーの重要な分野であり，① 直接的な利用，② 物質生産反応の触媒としての利用に大別できる。使用目的に

---

[*2] 抗生物質（antibiotics）という言葉は，「微生物が生産する，他種微生物の発育を阻止する物質」という意味で提唱されたが，現在では「微生物が生産する，微生物やその他の細胞の発育を阻止する物質」と認識されている。

よって，精製品から粗製品，あるいは微生物菌体などを使い分ける。直接利用の例としては，タカジアスターゼから始まった加水分解酵素の消化剤としての利用がある。そのほかにも，消炎剤，血栓溶解剤，洗剤成分として利用されている。また多くの酵素が，化学物質を分析・定量するための試薬として，さまざまな分野で用いられている。

　微生物酵素を触媒として利用することも，古くから行われてきた。培養による物質生産の場合とは違って，化学合成プロセスと容易に組み合わせることもできる。微生物酵素は食品素材の加工や工業生産などに用いられていたが，酵素化学の発展とともに，有機化学と組み合わせる方法が発展した。複雑な構造をもつ化合物の位置特異的な反応は，有機合成化学では多くの反応工程が必要で，回収率も低くなることが多い。そのような反応を，微生物酵素を用いて簡単に収率よく行おうという方法であり，ステロイドや抗生物質などの改良に効果的であった。いくつかのアミノ酸の酵素合成や，酵素分解による呈味性ヌクレオチドの生産，あるいは基礎化学品の合成なども重要な成果である。

　一方，酵素あるいは微生物菌体の固定化の技術が開発され，安定性や水溶性など，化学触媒としての酵素の弱点が改善された。そのため，長期間使用あるいは反復使用が可能になり，バイオセンサーやバイオリアクターなどの設計が容易になった。アミノ酸の生産やグルコースの異性化などのプロセスが，固定化酵素や固定化微生物を用いて行われている。また，組換えDNA技術によって，酵素タンパク質の人工的改造も簡単に行えるようになり，バイオテクノロジーの新しい分野として発展しつつある。

### 5-1-6　発酵原料

　ここでは視点を変えて，有用物質をつくるための原料について述べる。

　発酵テクノロジーは，微生物を使って安価な原料を，高価なものに転換する技術である。利用したい微生物を原料中に生育させるには，炭素源，窒素源，無機塩類，微量栄養素などが含まれていることが必要であるが，その中でも炭素源が最も多く必要となる。そのため，微生物工業は，安価で大量供給が可能な炭素源を常に求めてきた。

　これまで，糖類，デンプン，あるいはセルロースのような生物起源の炭素源のほかに，石油系炭化水素や石油化学工業の二次製品（アルコール，酢酸など）の利用が検討されてきたが，その選択基準はいつも価格であった。1970年代の石油危機以前には，きわめて低価格であった炭化水素や天然ガス，あるいは

石油化学工業製品を原料とする方法が盛んに研究され，実用技術も開発された。現在も，埋蔵量が石油よりもはるかに大きい天然ガスの主成分であるメタンと，これの酸化によって生成するメタノールを炭素源とする微生物について，検討が行われている。しかしながら，世界の食糧や資源の状況，あるいは化石炭素の乱用が環境に与える影響などを考えると，今後は，食飼料と競合しない再生産可能なバイオマス資源をより積極的に活用することが必要になってくる。

## 5-2 遺伝子のテクノロジー

### 5-2-1 DNA時代の到来

　一昔前には，ほとんどの生物学者が，遺伝情報の担い手はタンパク質であると考えていた。ところが1944年，Avery, MacLeod, およびMcCartyは，肺炎双球菌 *Pneumococcus*（肺炎を起こす細菌）の表面を覆っている粗い無害の膜（R型）を滑らかな毒性のある膜（S型）に変えるのは，DNAであることを明らかにした。その後，HersheyとChaseは放射性同位元素で標識したT2ファージを用いて，遺伝物質がタンパク質ではなく，DNAであることを証明した。このころすでに，DNAは多くのヌクレオチドを含む大きな分子であることがわかっていたが，1953年にWatsonとCrickがDNAの二重らせん構造を提唱したことによって，DNAへの理解がさらに深められた。翌年には，MeselsonとStahlが遠心分離と同位元素を巧みに使って，親DNAと娘DNAの分離に成功し，DNAが複製することを明らかにした。同じころ，Kornbergが無細胞系を使って，DNAの複製に関与するDNAポリメラーゼを発見している。またそのころCrickは，DNAの遺伝情報に従ってRNAが合成され（転写），そのRNA鎖がタンパク質のアミノ酸の順序を決める（翻訳）というセントラルドグマを提唱していた。それはDNAを鋳型にRNAを合成するRNAポリメラーゼの発見によって裏づけられ，1960年にはDNAの情報を写し取ったメッセンジャーRNA（mRNA）が発見された。さらに翌年には，NirenbergとMatthaeiが無細胞系を使って，ウリジン（U）が多数つながったポリUからできるペプチドは，フェニルアラニンが多数つながったポリフェニルアラニンであることを明らかにした。この発見によって，UUUがフェニルアラニンを指定する遺伝暗号であることが明らかになった。それに基づいてKhoranaは，1966年までに64個すべての遺伝暗号を解明した（第2章参

照)。このように,Averyらの実験から約20年の間に,DNAを中心に生命の情報に関する基本概念が明らかにされ,DNA時代の幕が切って落とされたのである。

### 5-2-2　組換えDNA技術の確立

　DNAとRNAの研究は驚くべきスピードで進展し,遺伝子の複製,修復,組換えの機構や,DNAの転写,翻訳の機構が次々に解明された(1章参照)。同時に20世紀後半には組換えDNA技術が確立され,研究の手法が一変した。この技術を可能にしたのは,あらゆる生物のDNAはアデニン(A),シトシン(C),グアニン(G),チミン(T)から構成されているために,生物種が異なってもDNAを互いに交換できるという点である。ここで組換えDNA分子とは,細胞からDNAを取り出し,試験管内でほかの細胞由来のDNAや化学合成したDNAと連結したものをいい,この組換えDNA分子を大腸菌や動物細胞などの生細胞に移入することを含めて,組換えDNA技術という。この技術の確立には,遺伝子のクローニング法,塩基配列決定法など,新たな技術の開発が大きく貢献している。

　1960年代にスイス人のArberは,細胞が外来のウイルスDNAを分解してウイルスの侵入を防ぐことを見いだし,その過程でさまざまなDNA分解酵素を発見した。その一つが制限酵素である。制限酵素は,DNAの特殊な配列を認識してDNAを切断する酵素である。同じころ,微生物が抗生物質に耐性を獲得する機構が研究され,耐性を獲得した微生物は,プラスミドという小さな環状のDNAを獲得することが明らかにされた。このプラスミドは,染色体とはまったく関係なく複製できるという特徴があるので,組換えDNA技術では,異種遺伝子を連結してそれを細胞内へ運搬するDNA分子として利用されている。1967年には,DNA分子どうしをつなぐDNAリガーゼが発見され,1971年にはCohenが,試験管内でこのプラスミドを大腸菌に取り込ませることに成功した。さらにBoyerとCohenが,テトラサイクリン(Tc)という抗生物質に耐性を示す遺伝子をもったプラスミドと,カナマイシン(Km)という抗生物質に耐性を示す遺伝子をもつプラスミドを,それぞれ切断して連結し,組換えDNA分子を調製することに成功した。彼らはこの組換えDNA分子を細菌へ移入して,TcとKmの両方に耐性を示す細菌を得ることに成功した。そしてこの方法はありとあらゆる生物のDNAの組換えに利用可能であることがわかり,ここに初めて組換えDNA技術が確立されたのである。Cohenと

Boyer によるこの方法は，その後特許出願され，組換え DNA 法の基本技術を包含した最初の特許になった。

### 5-2-3 組換え DNA 分子の作製

DNA どうしを組換えるためには，まず DNA を切断しなければならない。一般に，核酸を切断する酵素の塩基配列特異性はきわめて低いが，組換え DNA 実験に使用する酵素は，塩基配列特異性を有することが必要である。1970 年に Smith の見いだした酵素は，DNA を特異的部位で切断した。彼は *Haemophilus influenzae* が，外から入ってきた DNA をすばやく分解することに注目し，これから得た酵素が，自分の DNA は分解しないが，自分以外の DNA は分解することを見いだしたのである。精製されたこの酵素は，GTPyPuAC(Py はピリミジン塩基，すなわち C または T を，Pu はプリン塩基，すなわち A または G を示す) という塩基配列に結合して，DNA を Py と Pu の間で切断した。この酵素は酵素が得られた微生物名にちなんで，*Hind*II

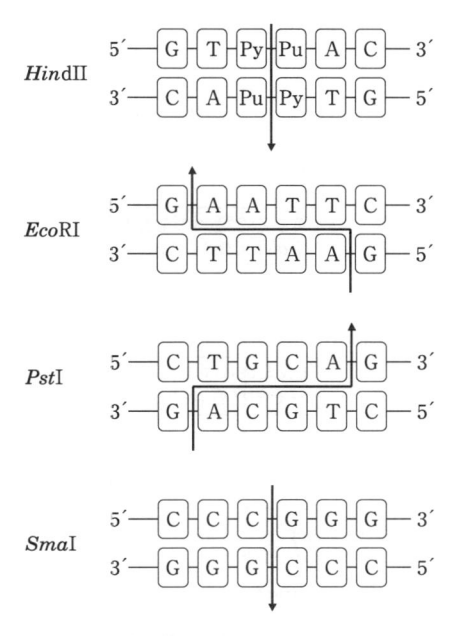

図 **5-4** 制限酵素の認識配列とその切断部位
切断部位は矢印で示している。

とよばれている。このように2本鎖DNAの特異的な塩基配列を認識して、その2本鎖を切断する酵素を制限酵素、あるいは制限エンドヌクレアーゼとよんでいる。現在数多くの制限酵素が見つかっており、すべての細菌は、自分に固有な制限酵素を合成していると考えられている。

代表的な制限酵素の認識配列とその切断部位を図5-4に示すが、その認識配列は回文配列[*3]になっている。ちなみに、上述したHindIIの認識配列は、上の鎖を5′から読んでも、下の鎖を5′から読んでもGTPyPuACである。なお、制限酵素の名前は、それが得られた微生物の属名の1文字と、種名の2文字に基づいて命名されている。図5-4に示している *Eco*RI, *Pst*I, *Sma*I は、それぞれ *Escherichia coli*, *Providencia stuartii*, *Serratia marcescens* から得られたことがわかる。微生物の学名は、ギリシャ語に基づいているのでイタリックで記載される。したがって、制限酵素名の最初の3文字はイタリックで記載する。*Eco*RIで切断したDNAは5′末端が、*Pst*Iで切断したDNAは3′末端が飛び出している。このように末端が飛び出したものを、粘着末端あるいは付着末端という。また *Sma*I で切断したDNAの末端のように、飛び出

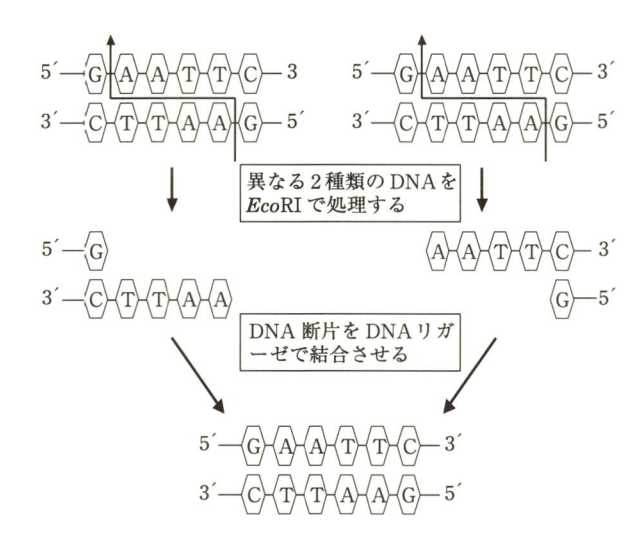

図 **5-5** *Eco*RIによるDNAの切断とDNAリガーゼによるDNA断片の連結

---

[*3] 頭から読んでもおしりから読んでも同じ配列のことで、DNAの場合は上の鎖を5′から読んでも、下の鎖を5′から読んでも同じ配列のこと。

5-2 遺伝子のテクノロジー

した部分がなくそろっているものを，平滑末端という。

　図 5-5 に示すように，異なる DNA を同じ制限酵素で切断すると，得られた 2 本の DNA の粘着末端は互いに相補的な塩基配列をもっているので，その部分は塩基対を形成できる。このように塩基対を形成した DNA どうしに DNA リガーゼを働かせると，酵素の働きでホスホジエステル結合が形成され，互いに連結され組換え DNA 分子が形成される。

## 5-2-4　プラスミドと形質転換

　抗生物質耐性菌は，そのプラスミド上に抗生物質耐性遺伝子をもっている。その遺伝子から産生される不活性化酵素によって抗生物質が不活性化されるために，細菌は抗生物質に耐性を獲得する。すでに述べた Tc や Km 以外によく利用される抗生物質は，ペニシリン G を原料に半合成されたアンピシリン（アミノベンジルペニシリン，Amp）である（図 5-6）。Amp 耐性遺伝子をもったプラスミドを獲得した細菌は，Amp が存在しても平気で生育できるが，Amp 耐性遺伝子をもたない細菌はすぐ Amp に殺されてしまう。それは，Amp 耐性遺伝子から大量に産生される $\beta$-ラクタマーゼという酵素が，Amp の $\beta$-ラクタム環を分解して Amp を不活性化するからである（図 5-6）。したがって，このプラスミドに目的の遺伝子をつなげば，目的の遺伝子をもった細菌だけを Amp 含有培地を使って選択できる。すなわち，Amp を含んだ培地に大腸菌を塗りつけると，Amp 耐性遺伝子を有するプラスミドをもった大腸菌だけが生き残ることになる（図 5-7）。Amp 耐性遺伝子のような遺伝子は，ほかと容易に区別できるところから，マーカー遺伝子という。またプラスミドに連結された目的の遺伝子は，プラスミドとともに大腸菌内に運び込まれる。このように外来 DNA を運び込むプラスミドのような分子を，「運び屋」すなわち「ベクター」という。最近は目的によってさまざまなベクターが開発されているが，

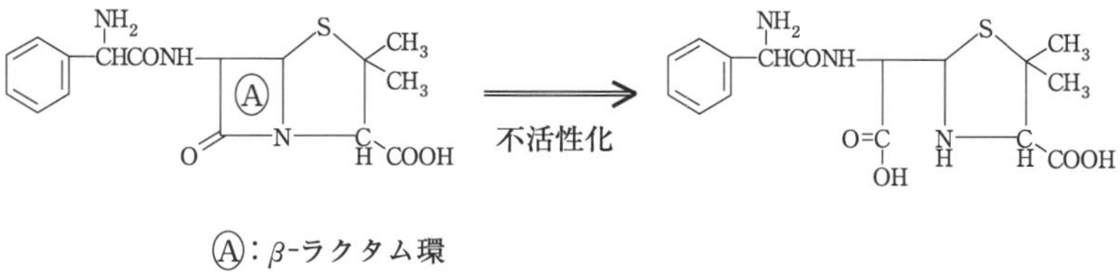

Ⓐ：$\beta$-ラクタム環

図 5-6　アンピシリンの化学構造と $\beta$-ラクタマーゼによる不活性化

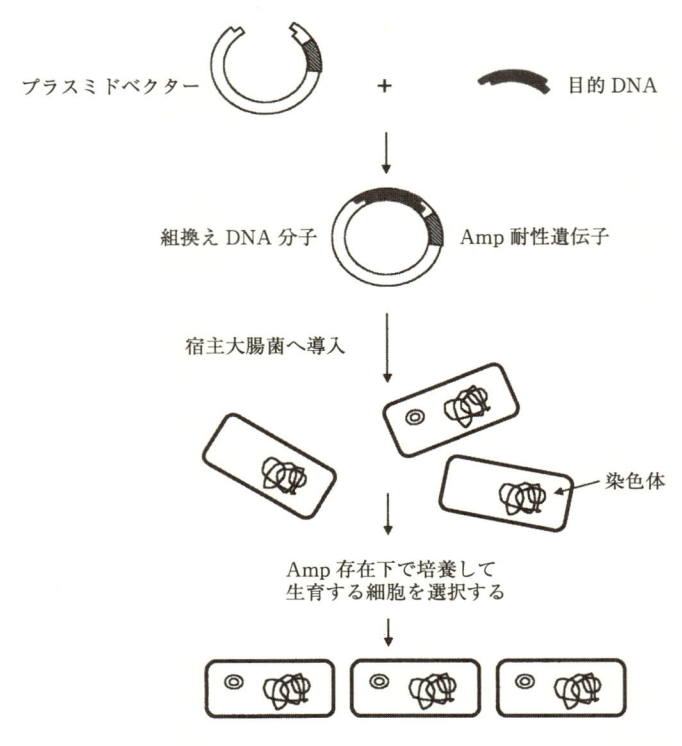

**図 5-7 Amp 存在下における組換え DNA 分子を有する細胞の選択**
組換え DNA 分子のコピー数は表記の便宜上，1 コピーとした。

中でも Boyer が開発した pBR322 は有名である。一般に，ベクターとして使われるプラスミド分子の細胞当たりのコピー数はきわめて多く，pBR322 では約 50 コピーである。この pBR 322 のコピー数は 1 コピーの染色体に比べて遺伝子数が多いので，タンパク質の生産に有利である。自然界の薬剤耐性プラスミドには，ほかの細菌へ自由に移る伝達性をもつものがあるが，遺伝子工学で使用するプラスミドは，組換え DNA の安全性を確保するために，改良されて非伝達性になっている。

大腸菌からプラスミドを調製するには，染色体とプラスミドの特性が利用される。プラスミドは，二重らせんをもう一度ねじったスーパーコイル構造を形成しているため，解離しても相補鎖が離れず，再会合して容易に 2 本鎖を形成する。一方，巨大な染色体は DNA 鎖に切れ目が入りやすいので，解離した相

補鎖はバラバラに離れてしまい，再会合して2本鎖を形成するのが難しい。この差を利用して，臭化エチジウム存在下で塩化セシウム密度勾配遠心すれば，染色体DNAとプラスミドは分離するので，プラスミドだけを単離できる。

プラスミドのようなDNAを細胞に導入して，細胞の機能や形質を変えることを，形質転換という。例えば，Amp耐性遺伝子をもったプラスミドを導入した大腸菌は，導入しなかった大腸菌と違って，Ampに耐性をもつ形質を獲得する。形質転換によって得られた細胞を，形質転換体という。形質転換体を得るためには，高分子のDNAが細胞膜を通過する必要がある。MandelとHigaは，精製したファージDNAを大腸菌に取り込ませることに初めて成功し，外来DNAの取り込みを可能とした。このように，細胞が外来のDNAを取り込む能力をコンピテンスといい，コンピテンスを獲得した細胞をコンピテント細胞という（例えば大腸菌のコンピテント細胞は，カルシウムで低温処理することによって得られる）。その後，この外来DNA導入法は組換えDNA分子移入へと発展していった。

### 5-2-5　クローニング

1970年代に，高等生物のDNAの翻訳領域が非翻訳領域で分断されていることが発見された。Gilbertは翻訳領域をエキソン，それを分断している配列を中間にあるものという意味から，イントロンと命名した。図5-8に示すように，エキソンとイントロンからなるDNAは転写されて，初期RNA転写産物になる。その初期RNA転写産物からイントロン領域が除去されて，エキソン領域だけをつなぎ合わせるスプライシングというステップを経て，完全な翻訳領域をもったmRNAが生じる。このmRNAを鋳型に，逆転写酵素を使ってmRNAの配列に相補な配列をもつDNAをつくり出す方法が開発された。そ

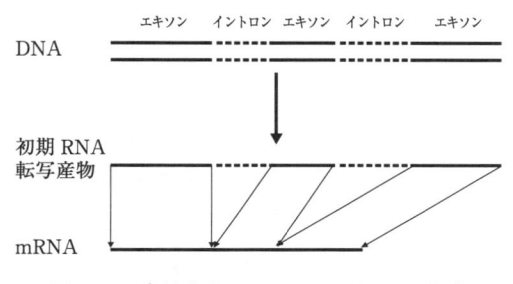

図 **5-8　真核生物における mRNA の生成**

れを可能にしたのが，RNAウイルスの発見であった。

　RNAウイルスはRNAを遺伝子としてもっているが，増殖するときRNAはDNAに変換される。Temin, Mizutani, およびBaltimoreがそれぞれ独立に，RNAを鋳型にDNAを合成する逆転写酵素を発見した。それを契機に，mRNAの配列に相補的な配列をもつcDNA[*4]を合成することが可能になった。mRNAの相補鎖DNAの合成が可能になれば，それを利用して，目的タンパク質の情報をもったcDNAをクローニングできる。クローニングとは，特定の遺伝子を選択してベクターにつなぎ，均一の遺伝子集団をつくり出すことである。またこの語源となったクローンとは，1個の細胞あるいはウイルスから増殖した，同一遺伝子型をもつ集団のことである。実際には，多くの種類の遺伝子が混じったcDNAを制限酵素で切断して，DNA断片を作製する。その後，DNAリガーゼを用いて，この断片を同一制限酵素で切断したベクターと結合させ，得られた組換えDNA分子で大腸菌を形質転換させて，得られたコロニーの中から目的の遺伝子を含むコロニーを探し出すのである。

### 5-2-6　遺伝子工学の応用

　目的の遺伝子が得られれば，次はその遺伝子を含む細胞を培養して，大量のタンパク質を得ることができる。このテクノロジーは，真っ先に医薬を安全にかつ大量に生産するために応用された。組換えDNA法で最初にタンパク質がつくられたのは1977年で，それは神経伝達物質であるソマトスタチンという14個のアミノ酸からなるペプチドであった。その後，このような遺伝子工学のテクノロジーを用いて生産され最初の医薬として認可されたのは，糖尿病の治療薬としてのヒトインシュリンであった。最近では，酵母を用いたB型肝炎ウイルスワクチン生産や，血栓を溶解する組織プラスミノーゲン活性化因子（tPA）も生産されている。tPAは哺乳動物細胞培養によって産業化された最初の医薬である。

　ソウルオリンピック以来，ドーピングで問題になっているヒトエリスロポエチンも，チャイニーズハムスター卵母細胞を使って組換えDNA法で生産されている。このタンパク質は赤血球の産生を促す作用があり，貧血改善剤として認可されている。赤血球が増えれば運搬される酸素量も増え，持久力が向上するので，ドーピングに利用されるのである。このほかにも，多くの医薬用タン

---

　[*4]　相補鎖DNA（complementary DNA）のことで，mRNAを鋳型として逆転写酵素によって合成されたDNAのこと。

パク質が組換え DNA 法によって生産されるようになっている。

　遺伝子を導入して動植物の改良を行うことも可能となった。2004 年には，サントリーがバラに色素代謝系の遺伝子をいくつか導入して，青いバラをつくった。昔，アイルランドのバラづくりは，自分の息子がつくった青いバラを，「バラにはバラの色がある」といって焼き捨ててしまったという。その後，青いバラはバラづくりの悲願であった。そのほか，組換えウシ成長ホルモンを用いて，ミルクの産生量を上昇させた例もある。

### 5-2-7　組換え DNA 実験の安全性の確保

　組換え DNA 法は，生物の遺伝子の構造や機能を明らかにするだけではなく，インシュリンのような医薬品の量産，難治性疾患の原因解明，作物の品種改良などの広範囲にわたる応用面で，人類の福祉に貢献できる。しかし，1972 年には米国のニューハンプシャーで，組換え DNA 実験の安全性に対する懸念の声が上がった。当時はまだ，組換え DNA 実験が人体に及ぼす影響に関して，しっかりした評価が得られていなかったためである。このような中で，実験の危険度が確実に評価されるまで，科学者は実験を差し控えることを求める小論文が，1974 年の Science 誌に掲載された。1975 年には，米国カルフォルニアのアシロマに，世界中の著名な分子生物学者が集まって会議が開かれ（アシロマ会議），そこで DNA クローニングに制限が加えられ，宿主としては試験管外では生育できない遺伝的に弱い細菌を用いるべきであるという勧告がなされた。翌年，米国では政府の規制ガイドラインが設定されたが，その後の研究の進歩に従って，このガイドラインも少しずつ改定されてきた。日本では 1979 年に，内閣総理大臣決定による「組換え DNA 実験指針」が制定された。その後の改定に続いて，2004 年にこの指針は法制化された。現在ではこのようにして組換え DNA 実験の安全性が維持されているが，後述するように，組換え DNA 法によって生産された大豆などの安全性が，議論の的となっている。

## 5-3　タンパク質のテクノロジー

### 5-3-1　身近なタンパク質

　微生物をはじめとして，動物，植物，そしてヒトにいたるまで，水を除くと，生物の細胞の構成成分の半分以上はタンパク質である。タンパク質には，

核酸と結合して染色体を形成するヒストンや、筋肉を構成するアクチン、皮膚や爪に含まれるケラチンなどのように、われわれの身体そのものをつくっているものもある。また脂質と結合して生体膜を構成する受容体のように、医薬開発のターゲットとして多くの関心を集めているものや、酵素のように生体内の物質代謝に重要な働きをしているものもある。そのほかにも、細胞の増殖に必要なタンパク質、病原体の侵入を防ぐ抗体のようなタンパク質など、その種類は千差万別である。一時期、日本中を騒がせた大腸菌 O-157 のベロ毒素やマムシなどの蛇毒、さらには蜂毒、クモ毒もまたタンパク質である。このようなタンパク質が本来の機能を発揮するためには、正しい立体構造を形成することが必須であり、タンパク質の構造とその機能は、切っても切れない関係にある。タンパク質が高温や変性剤にさらされると、正常な立体構造を失ってしまうが、このような状態を変性状態という。構造が変わることによって機能を失うだけなら問題はないが、異常な構造をもったタンパク質は、ときにはわれわれの身体に悪い影響を及ぼすことがある。アルツハイマー病のように、タンパク質が本来形成すべき構造がとれないために引き起こされる病気が、最近数多く明らかにされてきた(第6章参照)。

### 5-3-2　タンパク質工学の誕生

　組換え DNA 技術が確立されたことによって、入手が容易になったタンパク質を改良して、人類の福祉に役立てようという動きも盛んになってきた。このような背景のもとに、1983年、Ulmer は「タンパク質工学」という概念を提案した。タンパク質工学というテクノロジーは、①天然タンパク質を構成しているアミノ酸の変換、欠失、あるいは天然タンパク質への新たなアミノ酸の挿入、あるいはまったく新しいアミノ酸配列を理論的に設計することによる、新しい機能や物性をもったタンパク質の創製、さらには②天然タンパク質の機能部位を抽出してその構造を明らかにすることによる、天然のタンパク質に代わる新たな分子の創製、などにかかわる技術である。このタンパク質工学は、上述した組換え DNA 技術に加えて、DNA やアミノ酸の配列解析技術や、DNA を人工的に大量に増やす DNA 増幅法、モノクローナル抗体の作製を可能にした細胞工学技術、DNA やペプチドの化学合成技術、X 線結晶解析や NMR による構造解析技術、データベースを使った情報解析技術、およびタンパク質の立体構造予測法、タンパク質の立体構造のモデリング法などを含む設計技術などが総合されて、はじめて可能になる。このような技術で改良あ

るいは創製されたタンパク質は，後述するように多方面で利用されており，理論的に設計した人工タンパク質の創製も試みられている。

### 5-3-3 抗体タンパク質の利用

抗体（図5-9）は，外来性の異物（自分のものではないという意味）を識別して，われわれを感染から守るタンパク質である。この外来性の異物を抗原という。抗体が抗原分子と結合すると，その複合体はマクロファージ（5-5-2項参照）によって捕食され，抗体と結合した細菌やウイルスは血液中のタンパク質によって分解される。ここでいう抗体とは，ポリクローナル抗体のことである。ポリクローナル抗体は，われわれの体内に入ってきた異物のさまざまな箇所を認識して結合する，多くの異なる抗体の混合物である（図5-10）。このポリクローナル抗体を構成する一つひとつの抗体をモノクローナル抗体といい，後述するように，現在ではマウスを使ってモノクローナル抗体を調製する方法が確立されている。

この抗原-抗体反応はきわめて特異性が高いので，抗体は多方面で利用されている。抗体は図5-9に示すように，2本の軽鎖（L鎖）と2本の重鎖（H鎖）か

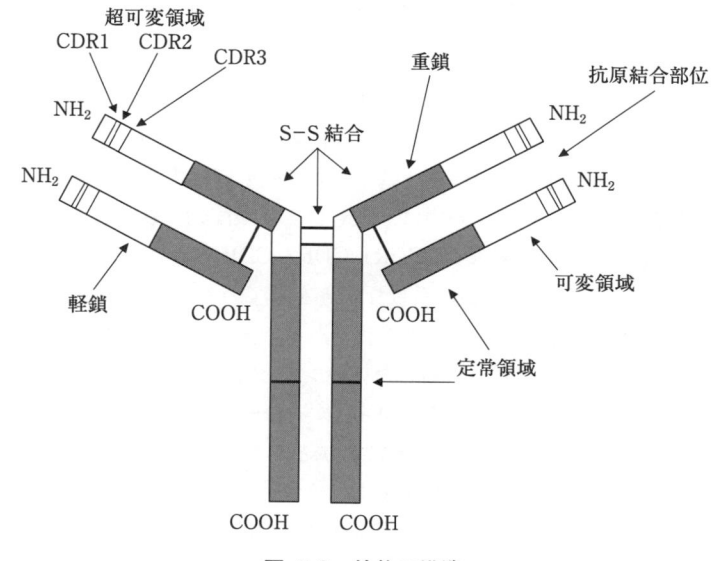

**図 5-9 抗体の構造**

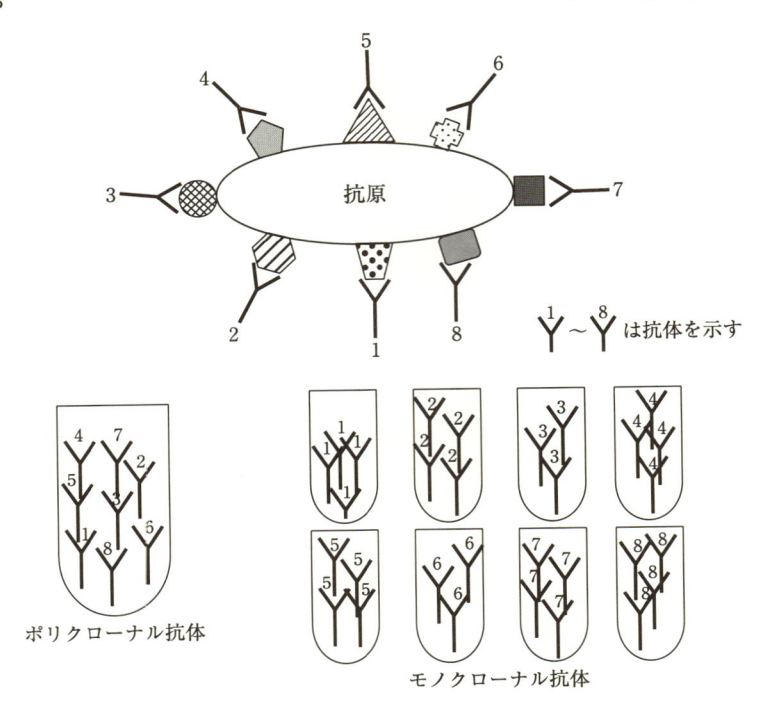

図 5-10　ポリクローナル抗体とモノクローナル抗体

らなる4量体である。L鎖の約半分とH鎖の約3/4は，抗原の種類が変わってもそのアミノ酸配列はほとんど変わらないので，この部分を定常(C)領域とよぶ。残りの部分は抗原が変わるとアミノ酸配列も変化するので，これを可変(V)領域とよぶ。このV領域の中に，最もアミノ酸配列の変化に富む部分が3か所あり，これを超可変領域(CDR1, CDR2, CDR3)という。このCDR1, CDR2, CDR3が，抗原の認識に重要な働きをしている。

抗体分子自体は多方面で利用されており，その一つが，抗体を使用したタンパク質の精製である。まず，精製したいタンパク質(A)に対する抗体(これを抗A抗体という)を作製し，この抗A抗体をビーズに結合させてカラムに詰める。次にAを含む混合液をカラムに流すと，Aだけが吸着されるので，カラムを洗浄後，特殊な溶液で溶出すると，Aだけを得ることができる。また，目的タンパク質(A)を含む混合物に抗A抗体を加えると，Aだけが抗体と結合するので，遠心分離によってAと抗体の結合体のみを得ることができる。

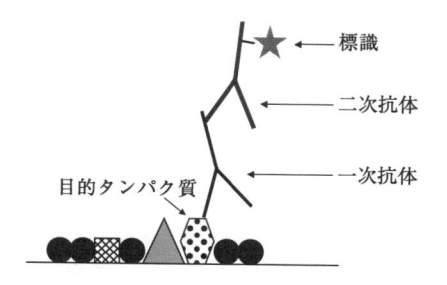

**図 5-11 ウエスタンブロッティングによるタンパク質の検出**
二次抗体を特殊な酵素(西洋わさびペルオキシダーゼ)で標識したのち，それに発色試薬を反応させて発色させるのが一般的である。

これを免疫沈降法という。さらに抗体を利用して，タンパク質や細胞を標識することもできる。抗A抗体を放射性元素で標識するか，あるいは特殊な色素に反応するよう標識して，濾紙上にスポットしたAを含む混合物と反応させると，標識された抗体はAだけに結合するので，Aの存在を容易に検出できる。この方法をウエスタンブロッティングという。一方，一次抗体として抗A抗体をそのまま反応させたのち，抗A抗体を認識する抗体(これを二次抗体という)を調製して，これを標識して使用する方法もあり，この方法のほうがより一般的である(図5-11)。というのは，抗体の定常領域はどの抗体にも共通であるから，この部分を認識する抗IgG抗体[*5]はどんな一次抗体とも反応する。したがって，どのような一次抗体を使用してもその度ごとに標識する必要はないというわけである。

### 5-3-4 タンパク質安定化

天然タンパク質は通常の生理条件下では，それぞれ固有の立体構造を維持して，それぞれ固有の機能を発揮する。しかし，極端な高温や酸性条件下では，この立体構造が破壊されてしまう。これをタンパク質の変性という。ゆで卵の白い色は，変性した卵白アルブミンの色である。タンパク質が二つの可逆的な状態である天然状態(N)と変性状態(D)のどちらの状態にあるかは，NとD，どちらのギブス自由エネルギーが低いかによって決められている。N，Dのギブス自由エネルギーをそれぞれ $G_N$，$G_D$ とすると，$\Delta G = G_D - G_N$ において，

---

[*5] Immunoglobulin G(IgG)抗体を認識する抗体。

$\Delta G > 0$ のときタンパク質は天然状態にある。この式からもわかるように，$\Delta G$ を大きくするためには $G_N$ を小さくするか，あるいは $G_D$ を大きくすればよい。

立体構造の明らかなタンパク質の場合には，コンピュータ解析によって，タンパク質内部の疎水性残基に囲まれた空洞を見つけ，その残基を側鎖の大きなアミノ酸で置換することによって，タンパク質を安定化できる。また，水素結合や金属結合部位を導入することによっても，タンパク質を安定化できる。これらはタンパク質内部の相互作用による安定化である。2か所のアミノ酸の置換によって，$Ca^{2+}$ 結合部位を導入した変異型ヒトリゾチームの場合は，ホロ酵素（$Ca^{2+}$ を結合した酵素）の反応至適温度は，野生型が 70°C であったのに対して 80°C に上昇し，かつ 80°C における酵素活性は，野生型の約 6 倍であった。また，変性したタンパク質はランダムな構造をとるため，通常は，取りうる構造の多様性を示すエントロピーが高い。そこで，このエントロピーを減少させるために，ジスルフィド結合のような分子内架橋を導入するか，元来構造の多様性の少ないプロリンを導入すると，変性状態の $G_D$ が上がって天然状態が安定化する。すなわちこの方法では，変性状態を不安定化することによって天然状態を安定化するのである。

## 5-4 細胞のテクノロジー

1665 年，イギリス人の Hooke は，顕微鏡を使って初めて細胞を発見した。細胞という名の命名者も Hooke その人であった。彼は顕微鏡を組み立て，その性能を試した人でもあるが，彼が見たものは細胞の外側を囲む細胞壁であったという。現在細胞は生命機能を営み，生物体を構成する最小単位であると定義されている。われわれの皮膚も骨も髪の毛も，みな細胞から成り立っていることからもわかるように，動物も植物も細胞からできている。細胞は遺伝情報を親から引き継ぎ，それに基づいて固有のタンパク質を合成する。しかし最近は，遺伝子操作による細胞の改良や，細胞融合による雑種細胞の創製のように，新たな情報の移入や変換によって，細胞の遺伝子設計が可能になった。ここでは，顕微鏡でしか見ることができない細胞を分子レベルで考え，その利用について概説する。

### 5-4-1 動物細胞の株化

生体内で細胞は，隣り合った細胞と身を寄せ合っており，それぞれが寿命を

もっている。仮に正常細胞を培養系に移しえたとしても，その細胞本来の寿命のために，一定期間を過ぎると死滅してしまう。この細胞を生体から分離して，無限に生育できるようにすることを細胞の株化といい，これによって細胞を培養したり利用したりすることが可能になる。この寿命を克服して，無限に増殖する性質を付与された細胞を株化細胞といい，このような細胞株の樹立が，細胞の安定した培養には不可欠である。

　細胞を株化するには，いくつかの方法がある。腫瘍細胞は正常細胞と違って際限なく増殖できるので，この腫瘍細胞の特徴を利用して，細胞を株化することができる。このような腫瘍細胞から株化された細胞株の中には，医薬として有用なタンパク質を生産するものがあり，それらの中には，プラスミノーゲン活性化因子，インターフェロン-$\alpha$，インターフェロン-$\beta$，インターロイキン-2，リンフォトキシンなどがある。

　一方，試験管内でがんウイルスを感染させて，正常細胞をがん化させる方法がある。これは，がんウイルスの感染によって発がん遺伝子が細胞内で働いて，無限に増殖しうる性質を細胞に付与するからである。リンパ系組織や血液中に存在するリンパ球細胞(5-5節参照)は，T細胞[*6]とB細胞[*7]に分けられる。T細胞の株化には，ヘルペスウイルス群に属するウイルスが使用される。また，成人T細胞白血病ウイルス(ATLV)の感染によって，がん化した正常T細胞が長期に継代培養[*8]でき，かつインターロイキン-2やインターフェロン-$\gamma$を産生することも明らかにされている。B細胞の株化には，EB(Epstein-Barr)ウイルスが有効である。このウイルスは，EpsteinとBarrが1964年に，アフリカで発生する小児リンパ腫の細胞から見いだしたDNAがんウイルスである。B細胞にはこのウイルスの吸着部位があるため，B細胞が選択的にがん化され株化される。また，動物に乳腺腫，腎がん，骨髄性副腎がんなど多様ながんを発生させるポリオーマウイルスは，広範囲の細胞の株化に有効である。がんウイルスの特殊な遺伝子を用いて，細胞を株化する方法も知られている。SV40(Simian virus 40)はサル由来のがんウイルスである。このウイルスはそのままで利用すると，SV40が自己複製して細胞を殺してしまう頻度が高い。そこで，このSV40 DNAから複製起点[*9]を除去して細胞に導入すると，

---

[*6] ウイルス感染細胞を殺したりほかの白血球の活性を制御する細胞。
[*7] 抗体を産生する細胞。
[*8] 増殖して過密になった細胞の一部を，新しい培地に植え継いで培養することをいう。
[*9] DNAが複製を開始する部位。

細胞の株化の頻度が上がる。この方法には，どのような細胞にも適用できるという利点がある。また，アデノウイルスの*E1A*遺伝子は形質転換遺伝子で，この遺伝子を細胞に導入すると細胞が株化される。しかし，*E1A*を細胞に導入しても必ずしも細胞ががん化するわけではないので，この遺伝子は細胞不死化遺伝子とよばれている。このような細胞不死化遺伝子がEBウイルスからも見つかっており，細胞の株化にも利用できる。

### 5-4-2 動物細胞の融合

　細胞融合は，2種類の異なる細胞を化学的あるいは物理的に融合させ，両方の細胞の性質をあわせもった細胞をつくり出す技術である。得られた融合細胞をハイブリドーマという。岡田善雄は，紫外線で不活性化したHVJ（Hemagglutinating Virus of Japan）というウイルスを培養細胞に加えると，隣り合った細胞どうしが融合して，複数の核を一つの細胞内にもついわゆる多核細胞ができることを見いだした。この多核細胞は分裂すると，一つの細胞中に複数の細胞由来の染色体が存在する雑種細胞（融合細胞）が生じる。この発見が，その後のハイブリドーマ作製のきっかけになったのである。日本で発見されたHVJの名前は，その赤血球凝集能に基づいて命名されたものであるが，仙台にある東北大学から米国へ伝わったために，センダイウイルスともよばれている。その後，ポリエチレングリコールを使用する方法が開発され，細胞融合に広く使われている。

　一般に，ハイブリドーマの機能を維持するには，親細胞どうしの機能が近いほうがいいとされており，抗体産生細胞であるB細胞と，B細胞に機能的に近い腫瘍細胞であるミエローマ細胞株とのハイブリドーマがよく知られている。このハイブリドーマは，B細胞の抗体産生能とミエローマ細胞の速い増殖能をあわせもっており（図5-12），産生される抗体はモノクローナル抗体（5-3節参照）である。このハイブリドーマによるモノクローナル抗体の生産方法は，1975年にKöhlerとMilsteinによってマウスを使って開発され，モノクローナル抗体はその後さまざまな分野で応用されている。一方，マウス細胞とヒトの細胞のハイブリドーマを培養し続けると，ヒトの染色体がランダムに脱落して，1個あるいは数個のヒト染色体を有する細胞が出現する。この現象を利用して，ヒトの特定の染色体の解析が可能になり，1970年初頭にヒトの染色体地図が作製されたのである。

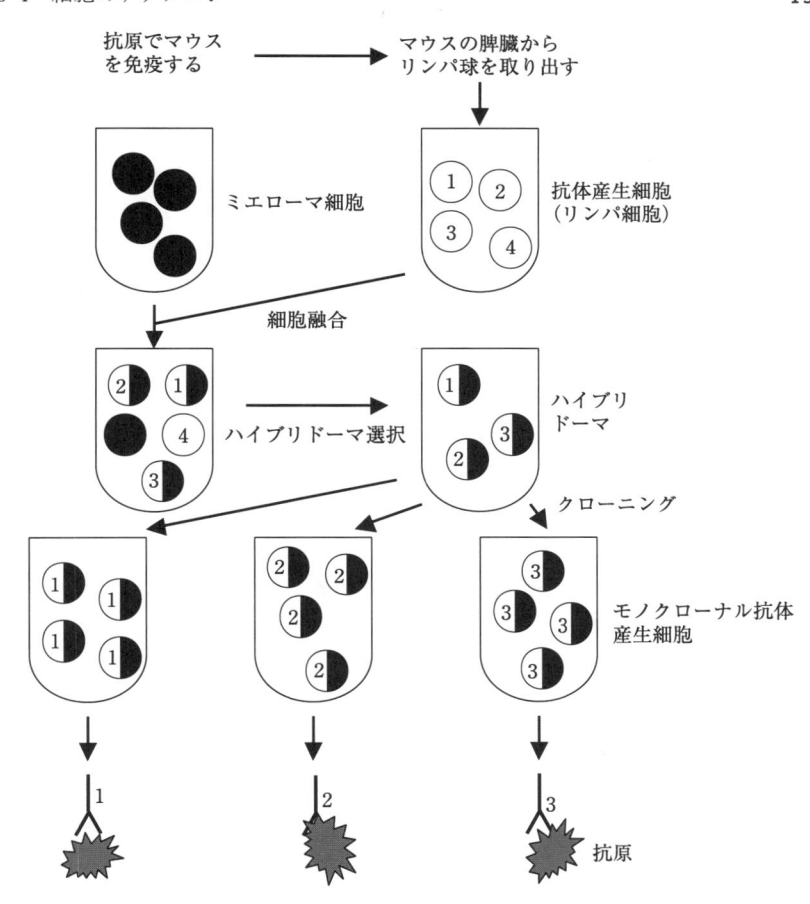

図 5-12 モノクローナル抗体の作製

## 5-4-3 動物細胞の培養

　動物細胞を大量に培養して，その培養液から目的とする物質を取り出す細胞培養法によって，インターフェロンやモノクローナル抗体が得られている。基本的な培養方法は微生物の培養と変わりはないが，動物細胞に独特な面もある。一般に，どの細胞にも適した培養培地はないといってよい。また培養培地に動物の血清[*10]を加える必要がある。この血清の主な機能は，培養する細胞に細胞増殖因子や物質を運搬するタンパク質を与えることである。血清はきわめて高価であり，製造ごとに成分にばらつきがあるので，安定した培養結果を

得るためには，同一製造の血清を使用することが望ましい。この欠点を克服するために，現在数々の無血清培地も開発されているが，必ずしも満足できるものばかりではない。さらに微生物の培養と異なる点として，細胞の多くは付着性であること，炭酸ガスの供給が必要なこと，培養時間が長いことなどが挙げられる。

　細胞の中には，何かの表面に付着して細胞が増殖する付着性細胞と，微生物と同様に浮遊状態で増殖する浮遊細胞とがある。前者には，臓器の結合組織に存在する繊維芽細胞，動物体の内外の遊離面を覆う上皮細胞などがある。付着性細胞を継代培養するには，タンパク質分解酵素を使用するか，あるいは物理的に細胞を容器表面から剥離する必要がある。一方，浮遊細胞としては，血液系細胞由来の細胞，腹水化したがん細胞などがある。浮遊細胞の大量培養には，マグネティックスターラーで撹拌するスピナーフラスコが，付着細胞の大量培養には，円筒形ボトルの内壁に細胞を付着させて培養するローラーボトルが，それぞれ使用される。いずれにしても，細胞培養によって細胞が産生する生理活性物質はきわめて微量であるし，浮遊性がん細胞のようによく増殖する細胞でも，その飽和密度はせいぜい$10^6$細胞/mlのレベルである。したがって大量に目的物質を得るためには，培養量を増やすか，細胞密度を増大させる高密度培養法が採用されている。付着性細胞の大量培養では，細胞が付着できる表面積を増やす工夫がなされており，100〜200 $\mu$mの径をもつマイクロキャリヤービーズに細胞を付着させて，浮遊細胞と同じように培養する方法もある。

### 5-4-4　動物細胞および動物細胞培養の利用

　細胞が株化され，細胞の培養法が明らかになれば，細胞を利用して有用な生理活性物質を得ることができる。遺伝子を導入した細胞に目的タンパク質を多量に生産させる手段として，プロモーターの選択と同時に，エンハンサー[*11]を目的タンパク質の遺伝子付近に挿入する方法や，目的タンパク質の遺伝子に直列にジヒドロ葉酸レダクターゼ(DHFR)遺伝子を挿入する方法がある。前者では，エンハンサーに結合したアクチベーターが転写因子[*12]と転写複合体

---

[*10]　血液から血球といくつかの血液凝固因子を除いたもので，多くのタンパク質が含まれている。
[*11]　遺伝子発現を調節するアクチベーター(結合することによって転写をONにする)が結合するDNA領域のこと。

を形成して，目的タンパク質遺伝子の転写を促進するので，産生タンパク質の量が増大する。後者は，DHFRの拮抗阻害剤であるメトトレキセート(MTX)を培地に加え，MTXに耐性を獲得した細胞を選択することによって，目的タンパク質の高生産株を得る方法である。細胞がMTXに耐性を獲得するためには，DHFR遺伝子の増幅が必要になる。その結果，増幅されたDHFRに直列に連結された遺伝子も増幅され，高い生産が認められるのである。

血栓を溶かす作用を有するウロキナーゼは，細胞培養でつくることができる。ウロキナーゼは当初，人の尿を集めて精製され，製品化されていたが，細胞培養技術の発展により腎臓細胞が利用されるようになった。ウロキナーゼは，tPAと同様に，プラスミノーゲンからプラスミンをつくって血栓を溶かすので，脳血栓や心筋梗塞に利用される。また抗体医薬(5-3節参照)のほとんどは，CHO細胞を使用した大量培養によって得られており，1 g/Lの収量を実現しているが，コストが高いことが今後の課題となっている。抗体医薬は現在，乳がん治療剤や大腸がん治療剤として認められている。

一方，自分の細胞分化を試験管内で自由にコントロールできれば，自分の1個の細胞から目的に応じて臓器をつくることができる。最も製品化に近い例は，患者から採取した皮膚を培養して，患者に移植する自家培養皮膚移植である。皮膚には少々のけがや，すりむいたぐらいの傷をすぐ治す能力がある。ヒトの皮膚は，30%以上がやけどすると助からないといわれているので，このような培養皮膚は，重症熱傷への応用が考えられているが，現在はコスト的になかなか難しい。そのほかに，リンパ球を体外に取り出して活性化したのち，それを体内にもどすがんの免疫細胞療法(5-5節参照)などへの応用がある。

### 5-4-5　植物の組織培養

植物に傷をつけて時間がたつと，切り口に細胞の塊ができることが知られている。この不定形の細胞の集団をカルスという。このように，植物の場合は1個の細胞が増殖して，カルスという細胞の塊ができる。これをもう一度バラバラにすると，1個の細胞が分裂して芽や根が生じて，植物体を再生することができる。これは，植物がいかなる組織や細胞からでも個体を再生できるという，植物の全能性によっている。これを応用し，植物の細胞，器官，あるいは組織を無菌的に培養する技術を，組織培養技術という。植物細胞を大量培養す

---

＊12　RNAポリメラーゼによる転写を助けるタンパク質。

るには、植物から得た切片を寒天培地上でカルス細胞とし、その中から高生産性細胞を選択する(図5-13)。例えば、ムラサキという漢方植物からは、バイオ口紅として知られたシコニンという紫色の染料がとれる。ムラサキの根に含まれるシコニンを、ムラサキのカルス細胞のタンク培養によって、もとの植物よりも含有量を高くする方法が開発されている。

また植物の組織培養の代表的なものに、生長点培養*13 という技術がある。すなわち、顕微鏡で見ながら切り出した成長点を、栄養物を含んだ培地で無菌的に培養して発芽させる。次に発根を促す培地に植え替えて根が出てきたら、土に植え替えて育てる。このような組織培養では、短期間に大量の苗を増やすことができる。この手法は実用化されており、園芸植物のカーネーション、ラン、ユリなどは、ほとんどこの組織培養でつくられている。成長点には植物の生育を阻害するウイルスがいないので、品質のよい植物体が得られる利点もある。さらに、種子になる胚や胚珠を培養して、完全な植物体にする胚培養はラ

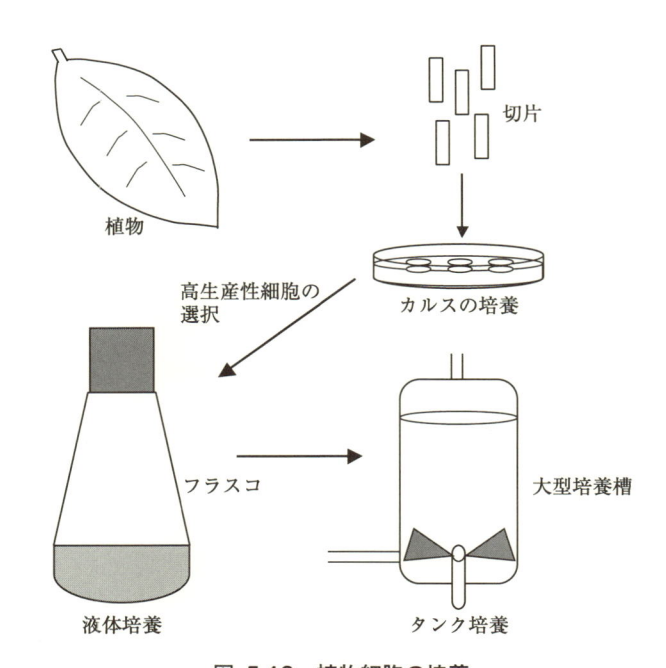

図 5-13 植物細胞の培養

---

*13 根、茎の先端にある生長点を無菌的に切り取って培養し、植物体にまで育てる技術であり、茎頂培養ともいう。

5-4 細胞のテクノロジー

ンやユリで実用化されており，おしべの先端にある葯の花粉を培養して完全な植物体にする葯培養は，イネ，タバコ，イチゴなどで成功している。

**5-4-6 植物の細胞融合**

動物細胞と同様に，植物細胞でも細胞融合は行える。ただ植物細胞には動物細胞にない細胞壁が存在するので，融合に先立って，酵素で細胞壁を溶かす必要がある。このようにして得られた細胞を，プロトプラストという。プロトプラストになると，細胞は完全な球形になる。このプロトプラストどうしをポリエチレングリコール存在下で融合することを，細胞融合という。この技術を利用すると，従来交雑できなかった植物間での雑種も可能になり，耐病性や耐寒性を付与するための新品種開発に利用されている。融合の例としては，白菜とキャベツを融合して得られたハクランや，ジャガイモ（ポテト）とトマトを融合したポマトなどが知られている。そのほかにも，イネ科の植物，マメ科の植物，ミカン，リンゴなどの果樹，メロンなどの果物，およびカーネーションの花などの改良に細胞融合が利用されている。

**5-4-7 植物を利用した組換え DNA**

すでに 5-2-6 項で述べたように，植物でも組換え DNA は可能になっている。この技術を利用する場合は，機能の明確な遺伝子を導入するので，目的とする品種改良ができる。ベクターとしては，植物に腫瘍を形成させる Ti プラスミドやカリフラワーモザイクウイルスを利用する。正確には組換え DNA ではないが，最初に実用化された作物は日持ちのよいトマトであった。トマトは成熟するに従って，トマトの成分であるペクチンが分解されて柔らかくなるが，日持ちのよいトマトには，このペクチン分解酵素の生成を妨害するアンチセンス RNA[*14] が導入されている。その後，除草剤耐性作物や害虫抵抗性作物がつくられてきた。除草剤耐性作物の中には，日本でも食品としてその是非が問題になっている，大豆やトウモロコシなどがある。これらは，米国のモンサント社が製造販売している「ラウンドアップ」という除草剤に耐性になる遺伝子を導入した作物である。それら自体，モンサント社が製造販売を手がけている。この除草剤はどのような植物にでも効くので，この除草剤を散布すると，ラウンドアップ耐性遺伝子を導入したものだけが枯れないで残り，ほかの

---

*14 標的遺伝子の mRNA に対して相補的な RNA のことで，mRNA と塩基対を形成して mRNA からの翻訳を阻害する。

植物は枯れてしまうのである。現在，商業的に栽培されている組換え大豆のほとんどすべては，モンサント社のラウンドアップ・レディだといわれている。これらの組換え DNA 作物が商品化されて以来，欧州，米国そして日本の消費者から，その安全性を問う声が上がっている。

1962 年にカーソンが「沈黙の春」という本を出して，農薬の環境汚染を初めて指摘し，食物さえも農薬によって汚染されていると警告した。彼女の警告は全世界に大きなセンセーションを巻き起こした。その後，このような有害な化学物質の使用低減と害虫除去を目的として，組換え DNA を利用した害虫抵抗性作物がつくられてきた。その例としては，タバコ，トウモロコシ，綿などがある。これらは，*Bacillus thuringiensis* (Bt) という土壌細菌が生産するタンパク質毒素 (Bt 毒素) の遺伝子を植物に導入したものである。この Bt 毒素は多くの昆虫の幼虫に毒性を示すので，その遺伝子をタバコの中で発現させると，タバコはタバコスズメガの幼虫に耐性を示す。この Bt 毒素はまず不活性体として発現されるが，それを食べた幼虫の消化管内のプロテアーゼによって消化され活性型になるのである。その結果，活性体が幼虫にしかない中腸細胞表面の受容体に結合して，腸に穴を開け，幼虫に対して致死効果を示すのである。

## 5-5 生体(免疫)テクノロジー

われわれ人類は，日常的にウイルスと接触する機会にさらされているが，幸い「免疫」という生体の防御システムにより，多くの場合は感染することなく無事に過ごしている。免疫現象に関する記録は古くから残されているが，15 世紀にヨーロッパで猛威をふるったペストの大流行にも，免疫を象徴する描写が残っている。当時は修道僧が献身的にペスト患者の看護にあたったが，修道僧達はペストを患いながらも症状は軽く，それが回復したあとは，二度とペストにかからなかったとある。このことは教会のステンドグラスに描かれた物語にもしばしば登場しており，疫を免れること，すなわち「免疫」の逸話が神のご加護として語り継がれている。このように，一度伝染病にかかると二度はかからない生体の防御システムは昔から経験的に知られていたが，そのメカニズムが分子レベルで解明されたのは比較的最近のことである。とくに 1980 年代になって，組換え DNA や細胞工学の技術を応用することで，著しい成果が得られるようになった。そこでこの章では，生体のテクノロジーとして免疫の概

## 5-5 生体(免疫)テクノロジー

要を述べ，そのしくみについて解説する。

### 5-5-1 液性免疫と細胞性免疫

ウイルスがヒトに感染した場合，それがこれまで感染したことのない初めてのウイルスであったときは，感染症状が現れる。しかし，その後同じウイルスが再び感染しても症状は現れない。これが免疫の典型的な現象であり，生体内ではリンパ球(免疫に携わる細胞の総称)の巧妙な連携プレイによりそのシステムが機能している。免疫の主役は，B細胞とT細胞の2種類のリンパ球集団である(図5-14)。これらの細胞は，もともと骨髄で生まれるが，そのまま骨髄に残って増殖・成熟する免疫細胞を，骨髄の英語名 bone marrow の頭文字をとってB細胞という。また，一部の免疫細胞には骨髄から胸腺に移動してそこで成熟するものもあり，このような細胞は胸腺の英語名 thymus の頭文字をとってT細胞と命名された。侵入してきた抗原に対し，それと特異的に結合する抗体をつくるのがB細胞の働きであり，抗体を介した免疫応答を液性免疫という。抗原と結合した抗体はマクロファージ(リンパ球の1種である貪食細胞；図5-14)の中に取り込まれ，分解される。また，ウイルスや細菌に感染した細胞の場合は，その細胞が提示するウイルス由来のタンパク質を見つけ

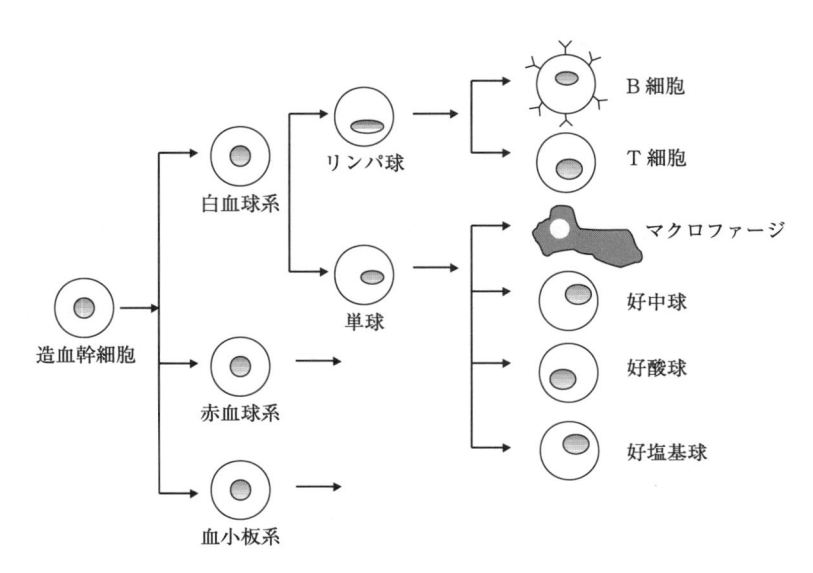

図 5-14 造血幹細胞とリンパ球

て抗体が結合し，補体*15 経路の活性化という防御反応を介して，感染細胞に小孔をつくり，破壊してしまう。

　T細胞はB細胞の働きを助けたり，細菌やウイルスに感染した細胞を直接攻撃して殺傷する能力をもつ。このようなT細胞が関与する免疫応答を細胞性免疫とよんで，液性免疫と区別している。いずれの応答でも抗原となるのは，細菌やウイルス，あるいはタンパク質や糖質，脂質などの高分子である。ヒトの体内では積極的に高分子が生産されているが，そのようなもともとの生体内にある「自己抗原」には免疫作用は働かない。これを免疫の自己寛容という。自己寛容は，胎生期に自己抗原と出会った免疫細胞が，アポトーシスとよばれる細胞の自殺により消失することで起こることが明らかにされている。

### 5-5-2 抗体の多様性

　抗体はB細胞がつくり出す2種類のタンパク質，軽鎖と重鎖とからなる(5-3節参照)。二つの重鎖が図5-9のように非共有結合で連結し，その外側にそれぞれ一つずつ軽鎖が結合している。全体の構造はYの字型として表されることが多い。軽鎖の分子量は約30000，重鎖のほうは約50000である。抗体にはIgA(immunoglobulin-A)，IgD，IgE，IgG，IgMの5種類があるため，それぞれ分子量は異なる。最も高濃度に存在するのはIgGであり，成人の免疫のほか，胎児の感染防御も担っている。IgAも産生量は多いが，2量体を形成し粘膜に分泌される(図5-15)。IgEは寄生虫などの感染時に機能するが，過剰に働くとアレルギー反応の原因となる。また，IgMやIgDはB細胞が活性化される初期に多くつくられる。図5-9に示すように，軽鎖も重鎖も，一定の決まったアミノ酸配列をした定常部と，さまざまに異なるアミノ酸配列をした可変部とからなる。可変部の中でもとくに変化に富む部分は超可変部とよばれ，そこが抗原の結合する部位である。可変部の構造のバリエーションは億を超えるが，この数字の分だけ，生体外の環境に存在するウイルスや細菌，毒素などの抗原を認識し，抗原抗体反応が起こりうることを示している。

　そもそも，ヒトの遺伝子数は有限であり，その数，約22000と予想されている。一つの遺伝子は一つか二つのタンパク質の設計図と考えられるので，ヒトがもつ遺伝子全部を抗体に利用したとしても，数万種類の抗体しかつくり出せないことになる。それにもかかわらず，億を超える種類の抗体タンパク質を

---

＊15　血清中に存在する因子で，九つのタンパク質からなる。免疫の抗原抗体複合体に反応し，溶菌や溶血を引き起こす。

## 5-5 生体(免疫)テクノロジー

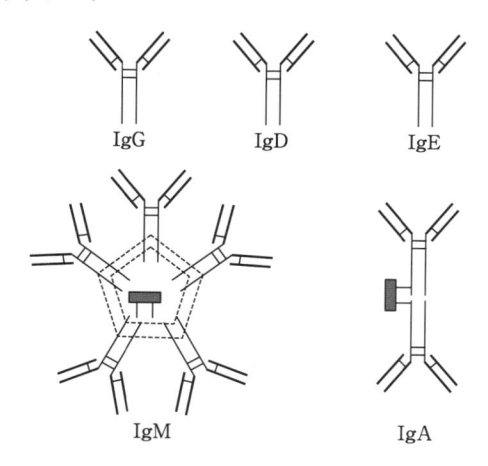

図 5-15 抗体のサブタイプ

つくり出すことができるのはなぜであろう？

　抗体の多様性をつくり出すメカニズムについては，タンパク質の構造が研究され始めた1950年代から，生化学の中心的なテーマとなってきた。ノーベル化学賞を受賞したPaulingは，まず，抗体の鋳型適合説を提唱した。彼は，抗体が抗原に出会うと，その抗原がうまく結合する形に抗体自身が構造を変化させると考え，熱変性させた抗体を用いて，抗原との再結合実験を繰り返し行った。鋳型説では，抗体は一つの原型が存在するだけで，いくつもの抗原に対応できるという合理的な概念であったが，自己抗原とは結合しないことや，長期の免疫の記憶については，説明ができないものであった。それに対し，BurnetはJerneが出した自然選択説を発展させた「クローン選択説」を提唱し，動物実験によりそれを証明した。

　クローン選択説に従うと，ヒトは胎生期に自己抗原を含むほとんどの抗原に対する抗体を1セット作製する。それはいい換えると，それだけの抗体をつくり出すB細胞群を1セット有することになる。発達につれて自己抗原と反応するような抗体をつくるB細胞はアポトーシスにより除去され，誕生するときにはおおよその免疫の寛容はできあがっている。クローン選択説が成り立つためには，一つのB細胞がつくり出す抗体は1種類であることが前提となるが，このことはのちに明らかになり，クローン選択説の正当性が証明されている。

しかしながら、このような免疫研究の流れにあっても、億にのぼる多様な抗体がつくり出されるメカニズムは、なかなか解明されない難問であった。当時、遺伝子の組換え現象は、生殖細胞においては減数分裂時に生じるものの、リンパ球のような体細胞においては起こらないものと考えられていた。ところが、利根川進はこの常識をくつがえし、分化した体細胞においても遺伝子の組換え、正確には「遺伝子再編成」が生じることを実験で示し、見事に抗体の多様性ができるメカニズムを解明した。

抗体の可変部はいくつかの部品に分かれていて、それぞれV領域、D領域（これは重鎖のみ）、J領域とよばれる。この領域に関する設計図は第14番染色体上にあるが、V、D、Jそれぞれの領域について、設計図は複数つくられて整然と並んでいる。これらの設計図をとくに分節というが、V領域では300ほどの分節があり、D領域は10、J領域では4の分節がある（図5-16）。そしてB細胞が分化して抗体を産生するようになる過程で、トランスポゾン[*16]活性を有するRAG（recombination activating gene）の産物によって、これらの分節からそれぞれ一つだけが選ばれるようにB細胞の染色体DNAが再編成される。これがB細胞の集団全体で起こると、多様な抗体遺伝子群が形成されることになる。

各分節の選択された組み合わせは単純な確率に依存するので、生じる遺伝子数は分節の数を掛け合わせた数となり、軽鎖では1200種類、重鎖では12000種類となる。軽鎖と重鎖の組み合わせもランダムなので、それぞれの数字をかけると合計1400万種に近い多様な抗体がつくり出される。さらに、各分節のつなぎ目の部分でDNAの読み違いが生じ、その結果約10種類の遺伝子多様性ができる。この数を掛けると1.4億種類の抗体をつくり出すだけの遺伝子ができるが、さらに、超可変部をコードするDNAは突然変異が生じやすい性質があり、どの個体も結果的には数億種類以上の多様な抗体を産生するようになる。マウスの骨髄腫細胞と制限酵素を利用して、抗体遺伝子の再編成を証明した利根川進の業績に対し、1987年にノーベル医学生理学賞が贈られている。

---

*16 染色体にあるDNAが別の染色体部位へ移動（転移）するDNAの1単位。一般に、移動する際に必要な組換えDNA反応に必要なトランスポザーゼ（トランスポゼース）遺伝子を含んでいる。

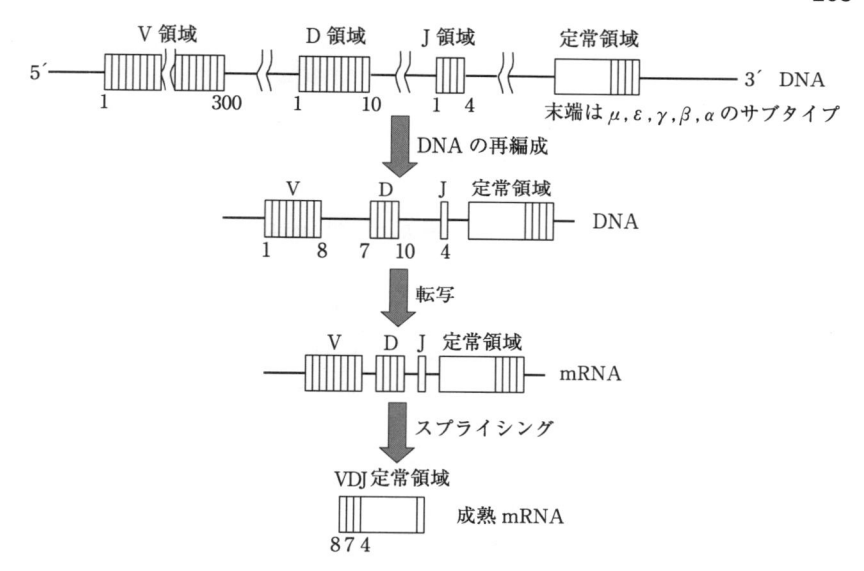

図 5-16 抗体遺伝子の再編成

## 5-5-3 細胞性免疫と拒絶反応

ここまで液性免疫について述べてきたが，細胞性免疫についてもさまざまなことが解明されてきた。液性免疫の場合は，抗体分子と抗原分子が体液中で結合し抗原抗体反応が生じるというものであった。一方，細胞性免疫の場合は，T細胞が細菌に感染した細胞を認識し，それに対する抗体を産生するB細胞を活性化させたり，感染細胞を直接攻撃したりする。

ヒトが細菌やウイルスに感染すると，感染した細胞は細菌やウイルスのタンパク質を分解し，細胞表面に運んで提示する。このとき分解産物は，細胞表面の主要組織適合性複合体（MHC；major histocompatibility complex）という膜タンパク質に結合した状態で提示される。MHCにはクラスIとクラスIIがあり役割を分担しているが，重要なことは，このタンパク質にも多型があることである。すなわち，クラスIには101種類，クラスIIには39種類のMHC対立遺伝子[*17]があり，それぞれのクラスについて発現しているMHCは複数ある。したがって，兄弟以外にまったく同じMHCの組み合わせを有するヒ

---

[*17] 染色体の同じ遺伝子座に存在し，互いに区別できる遺伝的変異体。対立形質を支配している。

トを見つけ出すのは困難であり，この多様性を利用して，個人の識別や親子鑑定に MHC が利用されてきた．個人によって MHC の組み合わせが違うことが，臓器移植における拒絶反応の大きな原因となっている．すなわち，臓器の表面細胞にある MHC を T 細胞が常に監視しており，移植された異なる MHC をもつ臓器を見つけると，それを非自己とみなし，攻撃する．T 細胞のこのような機能によって，移植された他人の臓器が排除されるのが拒絶反応である．

　もう一つ重要な T 細胞の性質として，T 細胞は，ウイルスに感染した細胞が自己である場合にだけ，応答することがあげられる．T 細胞は，自己 MHC を認識しながら，その MHC に結合した外来性産物を非自己と見なしたときに免疫応答を引き起こす．自己と非自己を同時に認識するこの機能は T 細胞受容体(TCR)が担っている．TCR もまた抗体同様，MHC と外来性物質を認識する部位は多様性に富んでいる．TCR が多様性を獲得するメカニズムは，先に述べた B 細胞における遺伝子再編成と似たメカニズムによる．

　TCR が非自己の侵入を認識すると，それに結合する構造をもった抗体を産生する B 細胞を活性化し，さらに見つけた T 細胞が自己増殖するためのシグナルを出す．また，直接，標的細胞を攻撃してアポトーシスを導くこともあるが，これらに見られる T 細胞のシグナル伝達は複雑な様相を呈している．免疫応答におけるシグナル伝達機構とそのダイナミックな調節機構の解析が，先端的なバイオテクノロジーを用いて盛んに研究されている．この分野の研究がバイオテクノロジーの技術革新を牽引してきたといっても過言ではない．

### 5-5-4　細胞内のシグナル伝達

　非自己の断片を提示する MHC タンパク質と TCR との結合が引き金となって，細胞内ではリン酸化酵素である「チロシンキナーゼ」の活性化と，その下流に位置する一連の分子群の活性化が起こる．このシグナル伝達の中核はリン酸化反応である．次々と起こるリン酸化反応は，やがて MAPK[*18](mitogen activated protein kinase)の活性化を引き起こし，転写因子の活性化を経てインターロイキン-2(IL-2)遺伝子の発現へと導かれる(図 5-17)．

　IL-2 は，免疫細胞間のネットワーク情報を伝達する物質として単離同定さ

---

[*18] 細胞の増殖，がん化の際に活性化されるセリン／トレオニン-キナーゼ(リン酸化酵素)．現在，ERK, JNK, p38 などのファミリーが知られており，いずれも分子量は 40〜45 kDa．

5-5 生体(免疫)テクノロジー

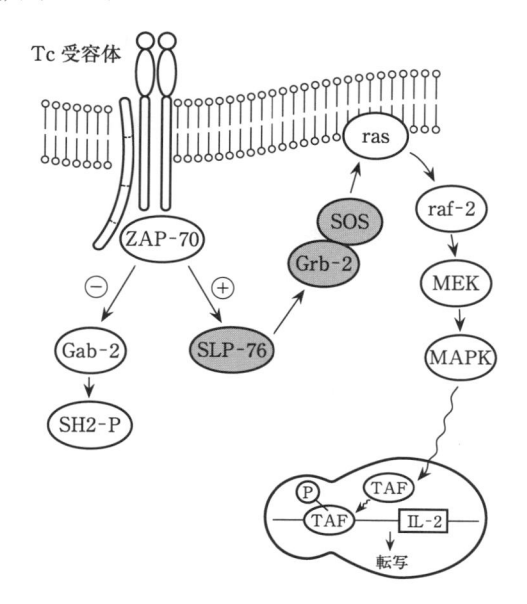

**図 5-17 Tc受容体を介したシグナル伝達**
　Tc受容体を介したシグナルにはT細胞を活性化する作用(+で示す)と不活性化する作用(-で示す)がある。活性化はさまざまなアダプタータンパク質を経てMAPKの活性化をもたらす。この図は，最終的には転写因子(TAF)のリン酸化を経てインターロイキン-2遺伝子の転写が始まることを示している。

れた分子量15400のポリペプチドであり，B細胞やT細胞を活性化する必須の可溶性免疫制御因子(これらはサイトカインとよばれる)である。もともとサイトカインの生産量はきわめて微量であることから，その研究は困難を極めたが，組換えDNA技術によりサイトカインの大量生産が可能となり，それが免疫細胞の増殖の分子基盤を研究する起爆剤になった。また，同様にサイトカインのシグナルを受け取る受容体についても，IL-2受容体を皮切りに分子レベルでの解明が進み，細胞外からの情報が受容体を介して免疫細胞内に伝達されるしくみが急速に解明されている。IL-2がIL-2受容体と結合すると，チロシンキナーゼの活性化を介してMAPKの一つ，JNKキナーゼ(Janus kinase)が活性化される。それに続いて転写因子がリン酸化を受けて活性化され，さまざまなタンパク質の翻訳が始まる。その結果，増殖を伴ったB細胞の成熟・活性化やT細胞の活性化がもたらされる。これまでにILだけでも14種類見つかっており，免疫応答が多くのサイトカインのネットワークによって，細胞

一方，T細胞が直接，細菌に感染した細胞を殺傷するときは，FASリガンド[*19]というペプチド性物質を放出し，感染細胞に自殺を促すシグナルを伝達する。FASリガンドはFASタンパク質と結合することで，細胞内にシグナルを伝達し，タンパク質分解酵素であるカスパーゼ群を次々と活性化させ，最終シグナルとして核酸分解酵素であるDNase(deoxynuclease)の活性を増大させることで，感染細胞の染色体DNAをバラバラに加水分解し，死にいたらしめる。

以上のような免疫細胞のシグナル伝達を制御することは，移植医療においてとくに重要であり，免疫抑制剤の多くは，免疫細胞のシグナル伝達にかかわるリン酸化を制御することにより，その薬効をもたらしている。

## 5-6 光エネルギーのテクノロジー

毎日生活をしていて，われわれは光エネルギーを感じている。朝になるとカーテンから陽の光が漏れてきて目が覚めるし，朝食を食べているときに漫然と眺めているテレビからは，映像という光を感じている。光には天然のものもあれば，人工的なものもある。天然の光といえば，その由来のほとんどが，太陽からである。それ以外には，夜の星や蛍の光や稲妻など，ごく限られている。一方人工的な光は，現代の生活にはあふれていて，電灯の光や携帯電話の画面のバックライトなど，身近なところにいくらでもあげることができるだろう。この節では，これまで述べてきたバイオテクノロジーとは若干異なるが，今後重要となる光と生物の関係を中心に，太陽の光エネルギーを生物がいかに利用しているかを概説する。

### 5-6-1 光とは？

光の本質は何か？　この答えは大変難しい。人間の感覚からすると，とらえにくいものである。物体としての光を手に取ることはできないが，光の粒子を表す光子という言葉があるように，どうやら物体として存在するらしいという

---

[*19] アポトーシスを誘導する因子がいくつか知られており，FASリガンドはその一つ。細胞傷害性T細胞やナチュラルキラー細胞などに発現し，FASをもつT細胞やB細胞に細胞死を誘導することにより，自己抗原に対する免疫系の制御にも関与している。

5-6 光エネルギーのテクノロジー

ことを知っている人がいるかもしれない。一方，シャボン玉がさまざまな色を見せることから，波の性質を兼ね備えているということもわかっている。

では，光は粒子なのか？ 波なのか？ どちらが正しいのか？ 古くから，この問いの答えが求められてきたが，現代科学が，「光は粒子であり波である。」という答えを与えてくれた。つまり，光の二重性である。こういうと，粒子が波打っているようなものを考えるかもしれないが，それは間違いである。光はまっすぐ進むのであって，波打っては進まない。木漏れ日はまっすぐ地面に差し込むし，映画館の映写機からの光もまっすぐのびているし，仏様の後方からもまっすぐ光（後光）が進んでいる。何だかわからなくなった人もいるかもしれないが，それはこれまでの常識にとらわれているからであって，人間の日常的な感覚を超えたところに学問の本質があるのだと考えてもらいたい。感覚も大切であるが，それでは割り切れないものがあることを，わくわくして感じてもらいたい。

光は，その波としての性質である波長（あるいは振動数）によって，分類される。詳しくは物理学でゆっくりと勉強してもらいたいが，波長の短いものは振動数が大きく（1秒間により激しく震えている），大きなエネルギーをもっており，反対に波長の長いものは，振動数が小さく，エネルギーが小さい。広い意味では，レントゲン写真に用いられるのも，リモコンから発せられるのも光であるが，ここでは，生物がエネルギーとして利用している可視光領域（一部，近赤外や紫外光を含む）の光に注目する。

### 5-6-2 光をどうやってとらえる？

チョウを捕るのに網が必要であり，音をとらえるのに耳が必要であるように，光を捕まえるには，何か物質が必要である。光を吸収できるような物質がなければ，光は物体を透過してしまう。吸収材は何なのか？ 可視光を吸収するものは，人間の目でも確認できるので，色素とよばれている。これがなければ何も始まらない。可視光は，色素とよばれる物質，つまり色素分子に吸収されて，生体で利用され始める。では，吸収するとはどういうことなのか？ 生体を形づくる分子は，水素原子（H）／炭素原子（C）／窒素原子（N）／酸素原子（O）などが，複雑に組み合わさってつくられているが，その本質は，構成原子間の多様な結合によっている。構成原子間の結合には，電子が深くかかわっている。つまり，原子（核）の間を電子が高速に動いて，糊の役割を果たしている。このような分子に光が当たると，特定の電子がその光を吸収して，高いエ

ネルギーの状態になる。この状態は不安定で、ただちにもとの状態に戻ろうとするが、戻るためには、その吸収したエネルギーをどこかに使わなければならない。そのことについては、あとで述べることにする。

### 5-6-3 生体での光エネルギーの利用法

現在、地球上で利用されているエネルギーの大半は、太陽から届いた光エネルギーであるといっても過言ではない。石油や石炭は、太古の昔に地球上に存在した植物などの成れの果てであり、その植物は太陽光をエネルギー源としていた。雨や風などの気象現象も、太陽が大気を暖めた結果である。最も重要なのは、太陽光を利用した生体によるエネルギー変換システムである「光合成」である。この化学反応は、エネルギー量において世界最大の反応システムであり、世界中で研究が進んでいる。しかしまだすべてがわかったわけではなく、これからも多くの研究者が検討すべき重要な問題が数多く残されている。この巨大な反応システムは、単にエネルギー問題だけではなく、環境問題や食糧問題とも密接に関連しており、現代の重要な問題を解く鍵がそこには潜んでいる。したがって、若い世代の研究者(あるいはその卵)に、この光合成をめぐる問題に対して、さまざまな方面から挑んでいただきたいと常々考えている。

### 5-6-4 光合成

光合成には、水と二酸化炭素から、炭水化物や高エネルギー化合物を生産するもの(あわせて酸素も発生する)と、水以外を電子源として利用して、光エネルギーを化学エネルギーに変換(つまり利用価値の高いエネルギーを有する化合物の合成)するものとがある。水を利用するものの代表例が、植物である。水以外を利用するものは、光合成生物の中でも簡単な体制をもつ部類に入るものであり、多くの光合成をする細菌がこれにあたる。

地球の歴史から見て、まず、光合成をする細菌が最初に現れて、その後さらにそれが進化した植物が現れたと考えられている。光合成細菌、とくに酸素がない状態で生育する嫌気性光合成細菌は、植物よりも簡単な光合成を行っており、研究も進んでいる。ここでは、嫌気性光合成細菌に注目して、どのようにして生体系で光エネルギーが利用されているのかを述べることにする。

### 5-6-5 嫌気性光合成細菌

地球ができた当初は、地球上にはほとんど酸素分子($O_2$)がなく、いわゆる

嫌気的な状態であった。生命が発生したのは，おそらく水中であったと考えられるが（大気中には，生命体にとってはきわめて危険な，宇宙から降り注ぐエネルギーの高い光線が満ちあふれていた），水を積極的に利用できる生命体はまだ発生していなかった。それだけ水という物質は安定で，だからこそ生命体を育む環境として優れていたというわけである。そこで，より利用しやすいイオウ（S）の化合物を使うことで，光合成を行う生命体が発生した。それまで，地球発生当初から蓄えられていた限りあるエネルギー源を利用していた生命体から，地球外からの無尽蔵の太陽光を利用できる生命体が発生したことは，生命の進化にとってエポックメーキングであった。たとえは悪いが，アルバイトでこつこつお金をためて遊んでいた学生が，いくらでもお小遣いをくれる叔父さんが現れて，豪遊し始めたようなものである。

では，嫌気性の光合成細菌が，どのようにして光エネルギーを利用しているかについて，分子レベルでお話しすることにする。ここでは，循環型のより簡単な光合成について，最初に少し詳しく述べることにする。まず，おおまかな流れを説明しよう。

### 5-6-6 光合成の流れ

光合成細菌が光を受け取ったあと（図5-18(a)）に，その光エネルギーは，プラスとマイナスの電荷をもった状態（図5-18(b)）をつくるのに使われる。このとき，プラスとマイナスの電荷は，2分子膜といわれる内部は油性で表面が水性の膜の，それぞれ反対の表面近くに存在し，やがて各々が反対の電荷と再結合して，もとの電荷をもたない比較的安定な状態になる。

まず，ここで生成したマイナスの電荷をもった化学種は，水中にあるプラスの電荷をもった水素イオンと結合して，中性の水素原子を有する化学種となる（図5-18(c)）。そのため，膜の反対側にあるプラスの電荷をもった化学種に電子を戻すことがますますできなくなる。

中性の水素原子を有する化学種は，プラスの電荷をもった水素イオンを，膜を隔てた反対側に運ぶのに利用される（図5-18(d)）。その際に，マイナスの電荷をもった電子もあわせて膜を横切っていく。そして，中性の水素原子を有する化学種は水素イオンと電子を放出して，もとの化学種に戻っていく。つまり，光のエネルギーによって発生したマイナスの電荷＝電子が膜を通過するのとあわせて，水素イオンも運ばれるというわけである。このとき，最初の電荷分離が生じた場所（図5-18(b)，すなわち同図(d)の右側）とその後に電子と水

素イオンが移動した場所(図5-18(d)の左側)は，異なる場所である。

　膜を透過した電子は，最初に発生したプラスの電荷をもった化学種と結合して，もとの状態の電荷をもたない化学種を再生し，水素イオンだけが膜を通過したことになる(図5-18(e))。このような電子と水素イオンの流れが，光エネルギーによって繰り返し行われるわけである。そうすると，膜を隔てた一方側にどんどんと水素イオンが運搬されることになり，水素イオン濃度の差が二つの水相に生じてくるようになる。そこで，この差を解消すべく，水素イオンが，濃度の高い方から低い方に戻ろうとすることになる。その水素イオンの流れを利用して，生命体が利用しやすい高いエネルギーの化合物であるATPという物質が合成される(図5-18(f))。ATPは生命体の硬貨ともよばれるものであり，タンパク質合成や，生命維持に必要なさまざまな活動に利用可能なものである。光エネルギーで汲み上げた水素イオンを，もとに戻すときに化学エネルギーに変換したことになり，光合成＝エネルギー変換系が完結したことになる。

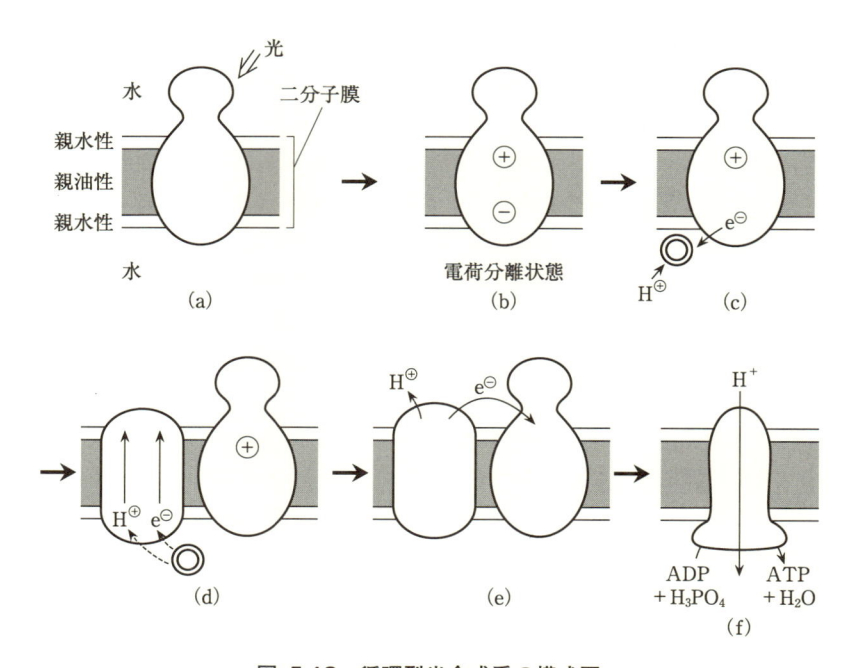

**図 5-18　循環型光合成系の模式図**

5-6 光エネルギーのテクノロジー

### 5-6-7 光合成の器官

　嫌気性光合成細菌における光合成のおおまかな流れは説明したとおりであるが，それがどのようなところで行われているのかを述べることにしよう。

　2分子膜とよばれる膜上で光合成は行われているが，電子や水素イオンが移動しているのは，膜内に存在しているタンパク質（膜タンパク質）であって，油性の2分子膜の内部ではない。電荷をもったものが油性部を通過するのはそう簡単なことでないからである。では，そのタンパク質はどのようなものなのだろうか？　さまざまな研究，とりわけ結晶構造解析という原子レベルで物質を解明する手段の進展によって，最初の電荷分離状態をつくる膜タンパク質（光合成反応中心），電子と水素イオンを運搬する膜タンパク質（シトクローム $bc_1$ 複合体），水素イオンの流れでATPを合成する膜タンパク質（ATP合成酵素）のいずれの構造も，解明されている。光合成反応中心は1984年に解明され，4年後にその成果に対してノーベル化学賞が授与された。ATP合成酵素は1994年に解明され，3年後にその成果に対してノーベル化学賞が授与されている。

　光合成反応中心には，光エネルギーを受け取るバクテリオクロロフィル（あるいはその類似体）といわれる色素分子がきれいに配置されており，効率よく電荷分離ができるようになっている。シトクローム $bc_1$ 複合体では，電子や水素イオンを授受するために鉄イオンが利用されている（鉄イオンの酸化還元反応）。ATP合成酵素では，水素イオンが膜を透過するときに分子モーターを回してリン酸結合をつくり上げ，巧みにATPを合成している。

### 5-6-8 光の吸収／エネルギーの流れ

　光合成では，反応中心が直接エネルギー吸収するのではなく，その近くにある光合成アンテナ部が光を吸収する。太陽から降り注ぐ光エネルギーが少ないときでも，効率よく光合成をするためのしくみである。そのしくみには，大きく分けて二つのものがある。一つは，タンパク質の中にバクテリオクロロフィル分子（あるいはその類似分子）が大量に包み込まれているもので，もう一つは，バクテリオクロロフィル分子だけが集まって，タンパク質なしででき上がっているものである。どちらでも，多数の色素分子が広い面積をカバーして，効率よく光を吸収するようになっている。また，吸収した光エネルギーは効率よく色素分子間を運搬されて，最終的に光合成反応中心へと伝達されている。

　では，エネルギーが伝達されるしくみを簡単に説明しよう。光を吸収したバクテリオクロロフィル分子は，エネルギーの高い状態になる。この状態は不安

定であるので，すぐにもとの状態に戻ろうとするが，それにはエネルギーをどこかに与えなければならない。周りの環境に与えて熱を発生させたり，光を発してしまったりすれば，エネルギーは浪費されたことになってしまうが，そのようなことはなく，近くの光を吸収していないバクテリオクロロフィル分子にそのエネルギーを渡して，高いエネルギー状態をつくっている。この際，最初に光を吸収したバクテリオクロロフィル分子は，もとの安定な状態に戻ることになる。バケツリレーのようにエネルギーを次々に渡していけばよいが，一方向に（つまり光合成反応中心に向けて）伝達するために，少し工夫が必要である。最も簡単なのは，逆戻りしないように，エネルギーが受け渡される方向に，エネルギーの勾配を設けておくことである。つまり，エネルギーの受け渡しによって生じるバクテリオクロロフィル分子の高いエネルギー状態について，そのエネルギーの量が，伝達したい方向に向かって徐々に減るようにしておけばよいわけである。緩やかな下り坂を自転車で下るように，どんどんエネルギーが一方向に伝わっていく工夫である。同じバクテリオクロロフィル分子であっても，周りにあるタンパク質が少しずつ変化を与えて，そのような勾配をうまくつくってやることが可能である。

### 5-6-9　電子の流れ，水素イオンの流れ

　光合成反応中心にあるバクテリオクロロフィル分子のうち，ある二つの分子は近づいて存在していて，ほかのものとは異なる性質を示す。というのは，この分子団は光を吸収すると，ほかの分子に対してエネルギーではなく，電子を与えるようになる。そうして，最終的にキノンといわれる分子に電子が引き渡される。このキノンという分子は，バクテリオクロロフィルよりも小さくて動きやすく，電子を大変受け取りやすい分子である。しかもこの分子は，電子を受け取ると水素イオンを大変受け取りやすくなり，その結果，水素イオンを運搬することが可能となる。

　シトクロム $bc_1$ 複合体でも電子が運搬されるが，このときにもさまざまな色素分子がかかわっている。とくに，プラス電荷を二つもつ鉄(II)イオンと，三つもつ鉄(III)イオンの変化をうまく利用している。

　エネルギーは質量のないものであるので，その移動に際しては，関与する色素分子が動く必要はない。動き回ればかえって，せっかく吸収した光エネルギーを運動エネルギーに変えてしまって，大きな損失となる。電子は質量があるものの，大変軽いので，その移動に際しても，関与する色素分子は動かないほ

うが得策である。しかし，水素イオンは電子の2000倍近い質量をもつので，その運搬のためには運搬体が必要となる。光合成では，キノン分子がその役割を果たしている。

### 5-6-10　非循環型光合成

　イオウ化合物を電子供与体とするときには，光エネルギーを利用してできたプラス電荷をもった化学種が，イオウ化合物から電子を受け取ることになる。例えば硫化水素（$H_2S$）からであれば，1分子当たり電子を2個失って，イオウ原子（S）となる。もちろんこのとき，水素イオンが2個生じる。一方，マイナス電荷をもった化学種は，最終的に$NADP^+$で表される分子種に電子を与えて，最終的にNADPHという高エネルギー物質を合成し，これがさまざまな化学物質の合成に利用されるようになる。植物の項（3章3-4-1項）でも述べたが，NADPHは，二酸化炭素（$CO_2$）を糖［$(CH_2O)_n$］に変えるときにも利用される。つまり，水の酸素原子をイオウ原子に変えただけで，その本質は植物型の光合成と何ら変わりない。イオウ水素（$H_2S$）のほうが水（$H_2O$）よりも還元されやすいので，より簡単なしくみで光合成ができるのと，発生するイオウ原子が複数個集まって生じるイオウ分子種が，水中では反応性が低いので，より簡単なしくみで済むのが利点である。一方，水を還元すると，酸素分子（$O_2$）というきわめて反応性の高い気体が発生するのでそれに対応する必要があり，それだけでもしくみが複雑化する。

　　非循環型細菌型光合成：$2 H_2S + CO_2 \rightarrow (CH_2O) + 2 S + H_2O$
　　酸素発生型植物光合成：$2 H_2O + CO_2 \rightarrow (CH_2O) + O_2 + H_2O$

　光合成のしくみを嫌気性の光合成細菌に注目して述べてきたが，そのしくみが簡便なために，それをモデルにして人工的な光合成システムを構築しようとする試みが多数行われている。シリコン型の太陽電池に比べれば，現在のところまだまだ効率の面で劣っているが，環境負荷が少ない太陽エネルギー変換系の構築が将来実現する可能性を秘めている。大いに期待したいところであり，若い人がもっと興味をもって，この分野の研究を推し進めてほしいと願っている。

■ 参考文献(5章)

バイオインダストリー協会 編(1996)『バイオテクノロジーの流れ』,科学工業日報社.
Berg, P. *et al*. (1974) *Science*, **185**: 303.
Berg, P. *et al*. (1975) *Science*, **188**: 991-994.
Burnet, F. M. (1960) *Nature*, **188**: 376-380.
Collins, F. S. *et al*. (2003) *Nature*, **422**: 835-847.
Goeddel, D. V. *et al*. (1979) *Nature*, **281**: 544-548.
Itakura, K. *et al*. (1977) *Science*, **198**: 1056-1063.
Jerne, N. K. (1955) *Proc. Natl. Acad. Sci. USA*, **41**: 849-852.
児玉徹・熊谷英彦 編(1997)『食品微生物学(食品の科学<5>)』,文永堂出版.
Köhler, G. and Milstein, C. (1975) *Nature*, **256**: 495-497.
Kuroki, R. *et al*. (1989) *Proc. Natl. Acad. Sci. USA*, **86**: 6903-6907.
扇本敬司(1994)『微生物学』,講談社サイエンティフィク.
Ruley, H. E. (1983) *Nature*, **304**: 602-606.
Small, M. B. *et al*. (1982) *Nature*, **296**: 671-672.
高尾彰一・栃倉辰六郎・鵜高重三 編(1996)『応用微生物学』,文永堂出版.
多田富雄(1994)『免疫の意味論』,青土社.
Tonegawa, S. (1983) *Nature*, **302**: 571-575.
Ulmer, K. M. (1983) *Science*, **219**: 666-671.
内田驍・岡田善雄(1982)別冊サイエンス,**52**: 102-111.
Yamasaki, S. *et al*. (2002) *J. Biol. Chem*., **276**: 45175-45183.

# 6

## 生物・生命を取り巻く新しい話題

### はじめに

　DNAの二重らせん構造解明が生命科学における20世紀最大の功績とすれば，21世紀初頭に公開されたヒトゲノムの精密解読は，それに勝るとも劣らない偉大な成果である。ヒトをはじめ，さまざまなゲノム情報は，生命の設計図を解き明かし，「生命とは何か？」「生命の起源とは？」という根源的な問いかけに答える大きなヒントを提供する。さらには，新しい科学や価値観の創造に寄与するとともに，テーラーメイド医療の実現や新しい食品の開発，環境負荷の低減など，私たちの日常生活においても大きな貢献をもたらすことが期待されている。

　またゲノム分野にとどまらず，再生臓器の開発や複雑な脳神経機能の解明においても，生命科学の技術は飛躍的な展開を遂げつつある。今日の大学に目をやれば，PCR法の利用がバイオ系の研究室ではあたりまえの手法となり，遺伝子解析，組換え体の作製も学部レベルでの実習課題として日常的に取り扱われている。このように，10年前には先端研究者の重点的研究課題とされていた現代生命科学は，予想を超えた速さで展開され，それに付随した先端技術はより一般的なものになりつつある。

　しかしながらその一方で，このような生命科学の急速な展開にかかわらず，鳥インフルエンザの流行やSARSウイルスの流行が，人類の目の前に脅威として立ちはだかっている。ウイルスに見られる自在な姿かたちの変幻は，核兵器と同じくらいにわれわれを脅かし，プリオンのようなタンパク質性の感染物質についても，今なお，その対処法は感染源の焼却処分以外に術はないことも事実であろう。また，環境中で異種の微生物どうしが共同体（バイオフィルム）

を形成したとき，それら微生物が情報を交換し，単独の場合では想定できない性質・活性をもつことがわかってきた。周りの環境因子が変動することを考慮すれば，環境微生物の理解は緒についたばかりである。

　このように，ポストゲノムシーケンス時代に突入した現代生命科学は，ゲノム解析の成果を生かして予想外の速さで解決されつつあるものと，依然として解決されそうにないもの，解決にはさらに時間を要するものとが混在している。この章では，生命を取り巻くこれらさまざまな話題について，新たな事象を含めて紹介する。

## 6-1　しのびよる感染症

### 6-1-1　消えては現れる感染症

　感染症の歴史は，人類の病気との闘いの歴史である。エジプトのミイラにその痕跡がみられる結核は，つい数十年前までは日本でも大変死亡率の高い疾患であった。また，「黒死病」といわれ恐れられたペストが，14世紀にわずか数年間で，ヨーロッパ全人口の4分の1にあたる2500万人以上の犠牲者を出したことは，よく知られている。その後，フレミングやワックスマンによるペニシリン，ストレプトマイシンの発見に始まる抗生物質は，人類の感染症に対する戦いに革命をもたらした。従来は絶望的と思われていた重症の感染症の治療が可能になり，その結果先進国では，感染症による死亡者が激減した。「人類が感染症を克服する日がまもなくやって来る」と考えるようになったのも無理からぬことであった。ところが1970年以降に限っても，20種類以上の新しい感染症の蔓延が報告されている。これらの感染症は，その病原体や感染経路などがいまだ不明のものが多く，診断法や治療法の確立が急がれている。さらに，すでに有効な治療法が確立したかに思われていたマラリアや結核では，薬剤耐性の出現が社会的に大きな問題となっている。このように，近年，新たにその存在が発見された感染症（新興感染症）や，すでに制圧したかに見えながら最近増加の兆しを見せている感染症（再興感染症）が，人類に対する新たな脅威となってきているのである。

### 6-1-2　エイズ

　後天性免疫不全症候群（エイズ，AIDS）は1981年に米国西海岸で，カリニ肺炎やカポジ肉腫などの，通常きわめてまれな感染症や腫瘍を伴う致死性の高

い疾患として，初めて報告された。2年後の1983年には病原体としてヒト免疫不全ウイルス(HIV)が単離され，感染症であることが明らかとなった。HIVは遺伝情報としてのRNAと逆転写酵素をもったレトロウイルスで，細胞性免疫に重要な役割を果たしているCD4陽性ヘルパーT細胞やマクロファージに感染して破壊するため，患者は全身性の免疫不全となり，重篤な感染症により死亡する。エイズは，はじめ米国の男性同性愛者や麻薬常習者に発症が限られていたことから特殊な感染症と考えられていたが，その後，アフリカやカリブ海諸国，ヨーロッパなどでも感染が確認された。さらに，1980年代後半になってタイやインドなどのアジアで爆発的な流行が発生し，地球規模で人類に対する脅威となっている。国連エイズ合同計画(UNAIDS)の推計によれば，2001年現在，HIV感染者数は累計で6000万人，すでに2000万人以上がエイズにより死亡しているという。また2003年単年に限ってみてもHIV感染者(発生)数は500万人で，死者は320万人に達する。

　HIVの起源はその遺伝子解析により，霊長類を自然宿主とするサル免疫不全ウイルスSIVが，狩猟の際の接触や捕食などが原因でヒトに伝播したものと考えられている。その後，最近までHIVの感染はある程度隔絶された一部地域に限定されていたが，交通機関の発達や経済活動の発展に伴う人間の移動の活性化，および中央アフリカ地域の戦乱による難民の流出など，さまざまな経済的・社会的要因が引き金となって，世界中に広まったと考えられている。さらに，売春や男性同性愛者間の不特定多数のパートナーとの性的接触，麻薬常習者による注射器を共有しての薬物の回し打ちなど，人間の行動様式が変化してきたことによって爆発的な流行が引き起こされたのである。

　エイズの治療には最近になって，AZTなどの逆転写酵素阻害剤とプロテアーゼ阻害剤の多剤併用療法が導入されて日和見感染症の発症を抑えることができるようになり，死亡率も低下してきている。

### 6-1-3　SARS(重症急性呼吸器症候群)

　SARS(Severe Acute Respiratory Syndrome，重症急性呼吸器症候群)は21世紀になって初めて出現した，ヒトの間で伝播する新しい疾患である。感染後，2～10日の潜伏期を経て38℃以上の急な発熱，全身倦怠感，咳や呼吸困難などのインフルエンザ様の症状を示し，多くは肺炎や下痢を併発する。10～20%のヒトが呼吸不全などで重症化し，死亡率は約10%といわれている。SARSの最初の症例は2002年11月16日に中国広東省で発生し，当初は

「非定型肺炎」と診断された。中国広東省における最初の集団発生は感染者305人，死者5人であったが，そこでの治療行為中に感染した医師によって翌年2月にウイルスが香港にもち込まれ，さらにこの医師が宿泊したホテル内で感染が拡大して，香港，ベトナム，シンガポール，さらにカナダのトロントにSARSの集団発生が引き起こされた。4月28日には5000例を超えた累積総症例数は，5月2日には6000例，5月6日には30か国で7000例を超えた。「原因不明できわめて致死率の高い伝染病」SARSに対して有効な治療法は確立されておらず，対症療法しか手立てがない状況にあって，古典的な「隔離と検疫」対策と，WHOを中心とした迅速な情報開示が奏効し，2003年7月に，世界中を震撼させたSARSの流行は一応の終息を迎えた。この間，累積総症例数は8098例を数え，死亡例は774であった。

　SARSがWHOによって初めて確認されてからわずか数か月の間に，SARSの原因ウイルスが単離・同定され，その全ゲノム配列（29751塩基）が決定された。先に述べたHIVの同定に2年の年月を要した20年前と比較すると，遺伝子操作技術の進歩には目をみはるものがある。SARSの病原体は新型のSARSコロナウイルスであることがほぼ確実視されているが，その類縁のコロナウイルスは頻繁に変異や組換えを起こすことが知られており，今後のワクチン開発において，この変異ウイルスをいかに封じ込めるかが重要になってくる。2002年夏にSARS集団発生の制圧が宣言されたが，SARSの原因ウイルスが根絶されたわけではない。実際，2003年と2004年にも数例の感染者は発生している。さらに，SARSウイルスの自然宿主の特定も今のところできておらず，感染源の全容解明が急がれる。

### 6-1-4　インフルエンザ

　インフルエンザは，その流行を示唆する資料が紀元前にまでさかのぼるという，大変歴史の古い感染症である。その流行は毎年のように繰り返され，今日においてもなお人類にとって脅威となっている。従来は，一般の「かぜ症候群」と明確に区別されることが少なかったインフルエンザであるが，高齢化社会に対する影響の大きさと，最近の鳥インフルエンザの流行によって，にわかに注目されるようになった。

　インフルエンザはインフルエンザウイルスを病原体とする，全身症状を伴う気道感染症である。もともと流行が周期的であることから，中世イタリアの占星術師たちが星の影響(influence)によるものだと考えたことが，インフルエ

ンザ(influenza)の語源であるとされている.インフルエンザウイルスは,オルソミクソウイルス科に属するRNAウイルスで,その抗原性によってA型,B型,C型に分類される.大流行を引き起こすのは主にA型で,ウイルス粒子の2種類の表面抗原,赤血球凝集素(HA)とノイラミニダーゼ(NA)の組み合わせによって,さらに細かく分類される.一般に,感染後数日の潜伏期間を経て,発熱や頭痛,関節痛,筋肉痛,全身倦怠感などに襲われ,やや遅れて咳や鼻水などの呼吸器症状が現れる.通常は1週間ほどで寛解するが,高齢者や呼吸器などに慢性疾患をもつ患者がインフルエンザに感染すると肺炎や気管支炎などを併発し,重篤な場合は死にいたることもある.統計的に見てインフルエンザの大流行に伴って死亡者数が極端に増加する現象は,高齢化が進む先進工業国では社会問題であり,対策として予防接種の一部公費負担の制度が導入されている.近年,10分ほどで結果が得られるA型インフルエンザウイルスの迅速検出用キットや,ウイルスの脱殻を阻害することによりウイルスの増殖を抑制するアマンタジン,ノイラミニダーゼ阻害剤であるザナミビルといった抗インフルエンザ薬が相次いで導入され,かつてほとんどを予防接種(ワクチン)に依存していたインフルエンザ対策は,大きな転換点を迎えている.

　1997年から1998年にかけて,鳥に感染する新型のインフルエンザウイルス(H5N1)が香港でヒトに感染し,18人が発病してうち6人が死亡した.さらに2003年(H7N7)と2004年(H5N1)にも,鳥インフルエンザのヒトへの感染が報告されている.鳥インフルエンザウイルスは鳥とブタ以外の種には感染しないと考えられていたが,香港のケースでは鳥からヒトへの直接的な伝播が,遺伝子配列の解析で裏づけられた.A型インフルエンザウイルスでは,遺伝子を交換あるいは再集合して新たな亜型を創り出す「抗原不連続変異」という現象が知られている.こうして出現した新型のウイルスに対して,宿主であるヒトは免疫をもっておらず,また既存のワクチンでは防御することができないことから,たびたび歴史的な大流行を引き起こしてきた.

### 6-1-5　その他の感染症

　起源がアフリカであると考えられているウイルス性出血熱には,エボラ出血熱,ラッサ熱,クリミア・コンゴ出血熱,マールブルグ病などがある.アフリカから輸入されたサルを介し,ヨーロッパでヒトへの感染が発生したマールブルグ病(マールブルグはドイツの地名)を除いては,これらすべての疾患の発生はアフリカ諸国に限られている.その高い死亡率(50%以上)からとくに恐れ

られているエボラ出血熱は現在まで十数回の流行が記録されており、数十名から数百名の感染者がそれぞれ発生している。ヒトからヒトへの感染は血液や体液への接触によって起こるが、いまだに自然宿主は不明である。感染を予防するためのワクチンや有効な治療法もなく、対症療法しか手立てがないという恐ろしい感染症である。

1999年のニューヨークでの発生以来、毎年流行が繰り返されているウエストナイル熱（脳炎）は、北米において深刻な問題となっている。病原体であるウエストナイルウイルスは日本脳炎ウイルスと同じフラビウイルス科に属し、蚊による吸血の際にヒトに感染する。従来、西アジアやアフリカ、ヨーロッパにおいて見られた流行と比べて、近年の北米での流行では、重篤な脳炎の発症が顕著である点が異なっているが、その原因は不明である。2003年の米国における患者数は9862例、死亡者数は264例にのぼり、いまだまったく流行終焉の兆しが見られていない。

以上これ以外にも、病原性大腸菌O-157による食中毒、MRSA（メチシリン耐性黄色ブドウ球菌）やVRE（バンコマイシン耐性腸球菌）などの薬剤耐性菌が引き起こす院内感染症など、身近にも感染症の危険は潜んでいる。抗生物質の発見からすでに半世紀以上が経ち、医療技術や医学が著しく進歩してきた21世紀においても、人類の感染症との戦いに終わりは見えない。

## 6-2　バイオフィルム──環境微生物の21世紀型理解を目指して

### 6-2-1　「バイオフィルム」とは

われわれの身の周りにはさまざまな形があり物があるが、それらには必ず表面がある。これら表面には、ほとんど例外なしに微生物が付着している。表面に付着したこれら微生物は単独で存在しているのではなく、特徴ある構造の中で、ほかの微生物と、いわば微生物共同体を形成している。非生物、生物を問わず、種々の表面（界面）上の微生物共同体が、「バイオフィルム」とよばれるものである。

バイオフィルムは自然環境ばかりでなく人工的な環境中でも数多く見られ、われわれに役立つ場合もあれば、逆に厄介な問題を引き起こす場合もある。例えば、湖や川ではバイオフィルムが汚染物質を分解し、環境浄化に役立っている。廃水処理施設では、このようなバイオフィルムの機能を積極的に活用している。一方、バイオフィルムの形成は水との摩擦を大きくし、船舶の燃料消費

6-2 バイオフィルム──環境微生物の21世紀型理解を目指して　　221

を増加させたり，熱交換や水供給の効率を下げたりする。歯の表面上のバイオフィルムは虫歯の原因となるし，食品・医療器具上のバイオフィルムはさまざまな障害・病気を引き起こす。

### 6-2-2 バイオフィルムの形成過程，構造・機能，そして特徴

　バイオフィルムは，その構造・機能が周りの種々の因子により動的に変化しながら，図6-1に示すように，一連の過程を経て形成される。すなわち，ある固体が水の中に入れられた途端に，その表面にイオンや有機分子が吸着してくる。続いて細菌細胞が付着し，増殖，分裂が3次元的に起こる。さらに，それら細菌が細胞外ポリマーを生産し，特徴ある構造が形づくられていき，やがてほかの細菌，微生物も含めた成熟したバイオフィルムが形成される。その後，バイオフィルムの一部が周りの水の流れなどにより脱離したり，その脱離した部分のバイオフィルムが再び生長したりする。このように，バイオフィルムは一連の過程を経て形成され，またその構造・機能も均一とは限らない。したがって，一定の生成段階，あるいは構成要素のある決まった量的，空間的広がりをもってバイオフィルムを規定することはできず，内的，外的要因によって時々刻々，その構造・組成・機能を変化させている動的なものとして，とらえる必要がある。

　バイオフィルムは環境中のいたる所に見られるが，それを正しく理解するには，次の二つの側面に注意する必要がある。すなわち，

　① バイオフィルム中の微生物は浮遊したものではなく，付着している。
　② これら微生物は単独ではなく複数で共同体を形成している。

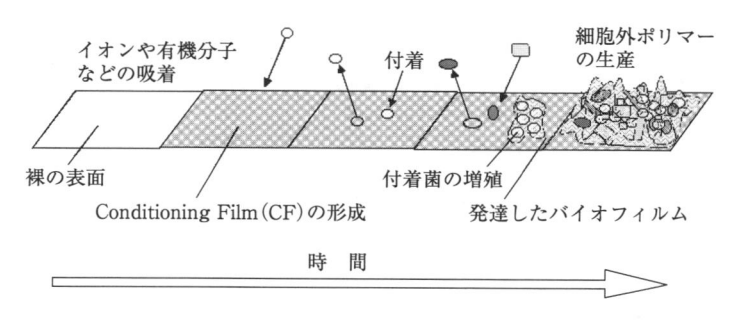

**図 6-1 バイオフィルムの形成過程**
　　［日本微生物生態学会バイオフィルム研究部会，2005より］

これまでの微生物学は，主に純粋培養され，浮遊状態にある微生物を研究対象としてきた。したがって，これまでの微生物学が蓄積してきた知見だけでは，付着し共同体を形成しているバイオフィルム中の微生物を理解することは困難である。「バイオフィルム」の理解には新しい考え方，アプローチが必要であり，これらの要素を含んだ新しい微生物学が，今後構築されていくと思われる。

### 6-2-3 微生物の細胞表面特性と付着メカニズムの見直し

新たなバイオフィルム形成には，浮遊状態にあった微生物が基質表面に付着するステップが不可欠である。微生物の付着機構に関して，次に述べるように，これまでの考え方を見直す新たな展開が進んでいる。

微生物細胞は通常の条件(pH 7 近傍)では，表面のカルボキシル基，リン酸基などが解離し，負に帯電している。また，自然環境中では多くの基質表面が，同じく負に帯電している場合が多い。この負電荷どうしの静電的反発力に，微生物細胞と付着表面間に働くファンデルワールス引力を加え，コロイド粒子の安定性を取り扱う DLVO 理論を使って，微生物の付着メカニズムがこれまで論じられてきた(図 6-2)。負に帯電した微生物細胞と付着表面間の静電的反発力によるエネルギー障壁は，通常の条件下では，細胞の熱運動エネルギーの数十〜百倍以上に達する非常に高いものであると考えられてきた。ところが，この静電的反発によるエネルギー障壁があたかも存在しないかのごとく，

微生物細胞の表面電位 = $-20.7$ mV；イオン強度 = 50 mM
〃 = $-20.7$ mV； 〃 = 160 mM

*Vibrio alginolyticus* YM4：
電気泳動移動度 = $-1.62 \times 10^{-8}$ m$^2$V$^{-1}$s$^{-1}$ (50mM, 160mM)

ガラスの表面電位 = $-50$ mV
ハマカー定数 = $10^{-21}$ J

$$\mu = \frac{\varepsilon_r \varepsilon_0 \zeta}{\eta}$$ Smoluchowski equation
↓
DLVO 理論

微生物細胞と付着表面間の距離

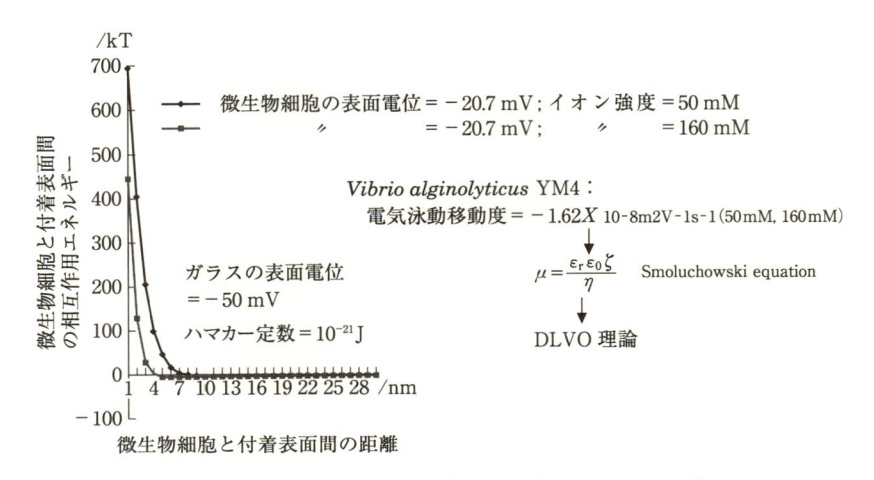

**図 6-2** 微生物細胞とガラス表面との相互作用エネルギー

## 6-2 バイオフィルム——環境微生物の21世紀型理解を目指して

*Vibrio alginolyticus* がガラス表面に付着し，しかも鞭毛運動速度と付着速度の間に直線関係のあることが，木暮一啓らにより明らかにされた。この事実は，微生物の付着メカニズムに関する従来の考え方に再検討を迫るものといえる。

一方，最近になって，ある種のコロイド粒子について，溶液のイオン強度を大きくしても電気泳動速度が小さくならず，ゼロ以外のある値に漸近していくという奇妙な現象が知られるようになった（図 6-3）。大島広行らは，コロイド粒子表面に溶液が浸透していけるポリマー層が存在し，そのポリマー層中の帯電したセグメントが非常に小さく，高いイオン強度下での電気二重層圧縮の影響をほとんど受けないために，このような現象が起こると考えている。表面にこのようなポリマー層をもつコロイド粒子を一般的に取り扱えるよう，彼らは「柔らかいコロイド粒子の理論」を提唱してきた。

環境中から種々の細菌を分離し，その細胞表面特性を調べた結果によると，すべての菌株において，その電気泳動移動度はイオン強度を大きくしてもゼロにならず，ある一定の値に漸近していくパターンを示した。*Vibrio alginolyticus* 細胞にこの理論を適用した結果，驚くべきことに，細胞の表面電位（細胞-付着表面間のエネルギー障壁）が従来の取り扱いに比べ，けた違いに小さくなることがことがわかった。さらにある程度のイオン強度以上になると，エネルギー障壁の高さが細胞の熱運動エネルギーより小さくなること，すなわち，細胞にとっては障壁が消滅することが明らかとなった（図 6-4）。この

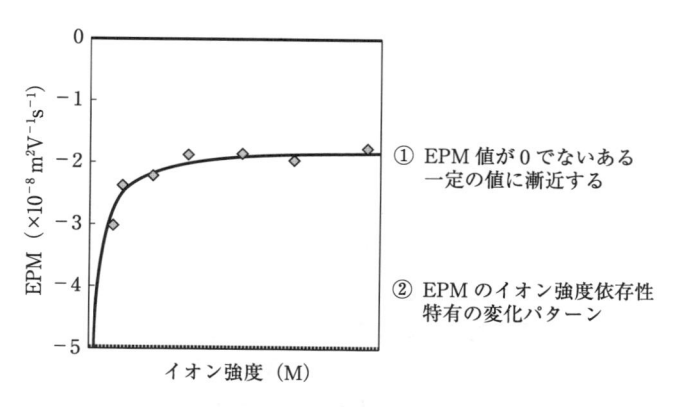

① EPM 値が 0 でないある一定の値に漸近する

② EPM のイオン強度依存性特有の変化パターン

図 **6-3** 柔らかい粒子の電気泳動移動度（EPM）のイオン強度依存性
［Takashima and Morisaki, 1997 を改変］

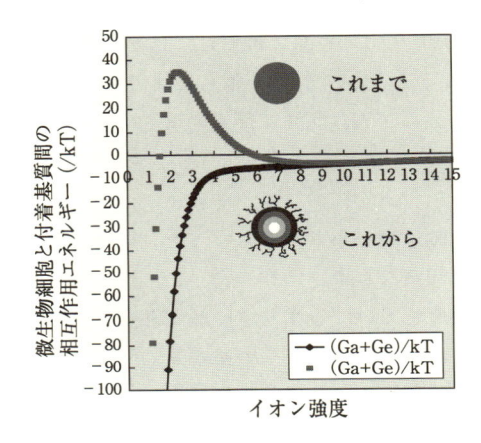

図 6-4 細胞表面のポリマー層によるエネルギー障壁の消滅
[Morisaki *et al*., 1999 を改変]

ことより，微生物細胞を「柔らかいコロイド粒子」としてとらえ直し，その付着メカニズムを再構築していくことが今後の課題と考えられている。

**6-2-4 バイオフィルム構成微生物の解析**

バイオフィルム中には，莫大な数の多種多様な微生物が棲息している。これら微生物を直接調べるためには，微生物を分離，培養する必要がある。そのためには，次に述べる環境微生物に関する知見，取り扱い方が役立つと思われる。

自然環境中の莫大な数の微生物を取り扱うため，(1) 低栄養の培地を使用し，(2) 寒天平板培地上でのコロニー出現時期の違いにより，菌株を増殖速度別にグループ化する手法が適用され，成果を上げている。

この手法の要点を以下に整理する。

(1) **低栄養培地の使用** 土壌などの環境中から細菌を分離するには，通常濃度よりも薄めの培地のほうが形成されるコロニー数がはるかに多いことが，一連の研究で明らかにされてきた。

(2) **コロニー出現時期の違いによるグループ化** 微生物は適当な条件が整えば，増殖を開始してその数を増やし始め，寒天などで固めた適当な培地上では，やがてコロニーが形成される。このとき，早くコロニーが見えてくる微生物は，細胞数の増える速度，すなわち増殖速度が大きく，逆にコ

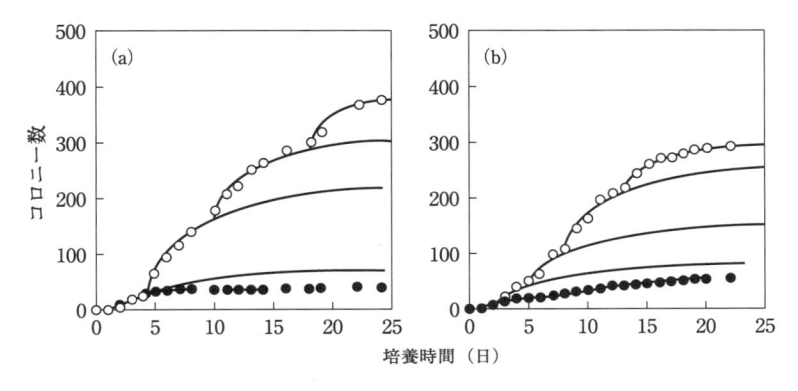

#### 図 6-5　環境微生物のコロニー形成曲線
琵琶湖南部西岸(a)，東岸(b)より底泥(表層 0～1 cm)を採取し，20℃で培養。土壌 1 g 当たりに換算するには(a)については $10^4$ 倍，(b)については $5×10^4$ 倍する。●は NB 培地で培養，○は DNB 培地で培養。[森崎，1995より]

ロニー出現時期の遅い微生物は，その増殖速度が小さいことが認められている。

　また環境微生物のコロニー形成曲線は，図 6-5 に示すように，コロニー数が培養時間とともになだらかに増加せず，極端にいえば階段状のパターンを示すことが多い。これは，環境中の微生物群の増殖速度は幅広い範囲にわたっているものの，それらの増殖速度は菌株間でまとまりなく分散しているのではなく，ある程度離れた増殖速度ごとにいくつかのグループにまとまるように分布していることを意味している。

　以上述べた，「従来より栄養物濃度の低い培地を用い」，しかも「コロニー出現時期の違いを利用する新しい手法」により，これまで見過ごされがちであった多数の環境微生物を，増殖速度の違いを軸にグループ化し，研究が行えるようになった。

　一方，全微生物数に対しコロニーを形成できる微生物数は，上述のように薄い培地で長期間培養するなどの工夫をしても，土壌サンプルなどでは数％程度にすぎず，残りの大部分の微生物はコロニーを形成できない状態にある。近年の分子生物学的手法の発達により，例えば PCR-DGGE(Polymerase Chain Reaction-Denaturing Gradient Gel Electrophoresis)法を用いれば，これら培養できない微生物も含め，サンプル中の微生物群の構成(微生物フロラ)をある

程度知ることができるようになった。このような，培養を経ない手法も，バイオフィルムを構成する微生物群の解析に，今後大いに用いられてくるであろう。

バイオフィルムに関する研究は今後ますます活発になっていくと思われるが，その方向性は大きく二つに分けられる。一つは，これまで述べてきたようにバイオフィルムを構成する微生物，因子などを個々のレベルまで分解し，それぞれを解析する方向であり，もう一つは，バイオフィルムを全体としてとらえ，総体としてのバイオフィルムの機能，活性などを解析していく方向である。バイオフィルムが種々の微生物の共同体であり，個々の微生物がもちえない機能を示すことを考えれば，総体としてバイオフィルムをとらえる視点は，今後の研究展開にとって重要性を増していく。また，構成因子があらかじめ明らかな人工モデルバイオフィルムを開発し，環境中のバイオフィルムと比較検討する手法も有効であろう。

### 6-3　プリオン——増殖するタンパク質

1994年，イギリスで若年性クロイツフェルト・ヤコブ病(CJD；Creutzfeldt-Jakob disease，略してヤコブ病とよぶ)が突破的に流行した。疫学調査の結果，スクレイピー病にかかったヒツジの肉骨粉を飼料に混ぜていたためにウシがまず感染し，次にその牛肉を食べた人間に感染が広がった可能性が高いことがわかった。その後，イギリスから輸入した羊肉骨粉をウシの飼料に使っていたヨーロッパ各国にウシへの感染が広がり，それらは狂牛病（正しくは牛海綿状脳症）と報じられた。さらには日本やアメリカでも感染ウシが現れたために，世界的な騒動になった。現在，家畜やヒトのヤコブ病の予防，診断，治療のための研究が世界中で行われているが，ヒトのヤコブ病は，牛海綿状脳症に由来するプリオンとよばれる物質が病原体となって発症するとされている。ここではプリオンについて解説する。

#### 6-3-1　プリオン病

プリオン病にはさまざまな名前がついている。ヒトのプリオン病には感染性のクールー，個発性のCJD，家系性(=遺伝性)のゲルストマン・ストライヤー・シャインカー病や致死性家系性不眠症などがある。ちなみに，ヤコブ病は人種や地域にかかわりなく，ほぼ100万人に1人の頻度で発症するといわれて

いる。プリオン病はヒト以外の哺乳動物にも発症するが，いずれもヒトのプリオン病と同様に中枢神経障害(運動失調，知覚障害，知能障害)を伴い，脳組織に空胞化ならびにアミロイド沈着が見られる。また，ハンチントン舞踏病，ダウン症候群，アルツハイマー病，パーキンソン病および筋萎縮性側索硬化症などのプリオン病に似た病徴をもつ疾患があるが，それぞれ特定のタンパク質の立体構造が変化して重合体(アミロイド)を形成することが明らかになってきている。現在では，これらの病気は立体構造病ないしは$\beta$シート病とよばれている。

プリオン病に最初に注目したのはGajdusekである。彼はパプアニューギニア高地の風土病として知られていたクールーの研究を，1965年ごろから始めた。そして，この風土病が現地人の生活習俗，すなわち死者を弔う行事の一環として死者の肉体(とくに脳)を食べる風習に伴う感染症であることを突き止め，その病気をチンパンジーに感染させることに成功した。当初この病原体はウイルスの1種と考えられ，発症までに時間がかかることから，スローウイルスとよばれた。しかし，その後タンパク質だけを含むことが明らかになるとともに，「果たしてタンパク質が遺伝情報物質として働くのか？」，「この病原体はセントラルドグマに従わない生物なのか？」と，病理学的だけでなく，生物学的な関心ももたれるようになった。

一般に，Kochの3原則，「患者から特定の微生物が分離されること」，「その微生物を投与するともとの患者と同じ症状が現れること」，「その患者からも同じ微生物が分離されること」が成立すれば，その病気が特定の微生物(病原体)によって引き起こされると結論できる。これは患者の体内で病原体が増殖することで発症すると考えられるからである。ところが，クールーの病原体はKochの3原則を満たすにもかかわらず，遺伝情報物質(DNAないしはRNA)をもたないとなると，その病原体は核酸なしで増殖すると考えなければならない。なぜなら，セントラルドグマに従うかぎり，タンパク質はDNAの遺伝情報に基づいて合成される物質であり，それ自身が情報物質としての役割をもつとは考えられないからである。じつは後述するように，プリオンもセントラルドグマに従う病原体であることがその後，明らかになった。

## 6-3-2 病原体プリオン

Gajdusekの研究が発表されて以降，プリオンに注目したのはPrusinerである。彼は1977年ごろからヒツジのスクレイピー病の研究を始め，まずスクレ

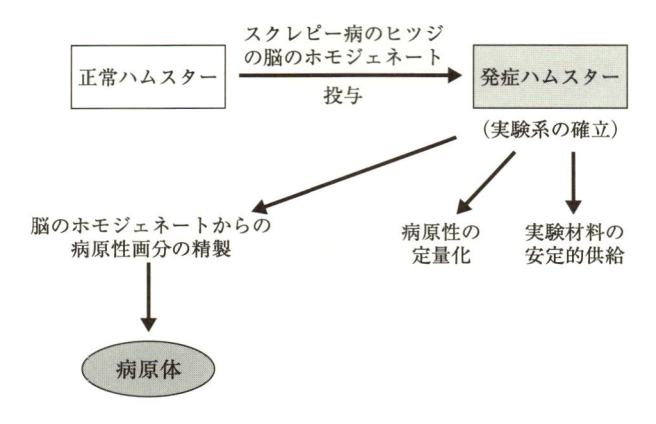

```
                スクレピー病のヒツジ
                の脳のホモジェネート
  ┌─────────┐    投与        ┌─────────┐
  │正常ハムスター│ ─────────→  │発症ハムスター│
  └─────────┘                └─────────┘
                              （実験系の確立）
                        ┌────────┼────────┐
                        ↓        ↓        ↓
   脳のホモジェネートからの    病原性の    実験材料の
   病原性画分の精製         定量化     安定的供給
        ↓
     ( 病原体 )
```

**図 6-6　Prusiner の研究**

　イピー病をハムスターに感染させることに成功した。この結果「実験材料の安定的供給」，「病原性の定量化」，「病原体の精製」が可能になり，研究が飛躍的に進展した（図 6-6）。そして，精製した病原体がタンパク質だけであることを明確に示したのである。さらに，プリオンの抗体を作製してウエスタンブロット解析を行うとともに，アミノ酸配列をもとに DNA プローブを作製して，ノーザンブロット解析およびサザンブロット解析を行った。その結果，感染動物が問題のタンパク質をもつだけでなく，そのタンパク質に該当する mRNA を合成していること，さらには DNA（遺伝子）をもっていることが明らかになった。驚いたことに，非感染動物にも同じ遺伝子があり，それが mRNA に転写され，そしてタンパク質に翻訳されていることがわかった。こうして，プリオンがセントラルドグマから逸脱していないことが明らかになった。しかしながら，感染動物から精製したタンパク質と非感染動物から精製したタンパク質は同じアミノ酸配列をもつにもかかわらず，前者（$PrP^{Sc}$）には病原性があり，後者（$PrP^C$）には病原性がないことが新しい疑問になった（表 6-1）。そこで，NMR によりタンパク質の二次構造を調べたところ，$PrP^C$ には $PrP^{Sc}$ に比べて β シート構造が圧倒的に多いことがわかった。

　分子構造から考えられるプリオンの増殖機構を，図 6-7 に示す。細胞が元来もっている Prn 遺伝子が転写・翻訳されてつくられるタンパク質は $PrP^C$ の構造をとり，正常機能をもつ。しかしながら，このタンパク質はまれにではあるが立体構造の変化を起こし，$PrP^{Sc}$ 構造に変わる（当然，正常機能は失われ

表 6-1 $PrP^c$ と $PrP^{Sc}$ との比較

| 事項 | $PrP^c$ | $PrP^{Sc}$ |
|---|---|---|
| 非感染細胞中の濃度 | 1〜5 μg/g | — |
| 感染細胞中の濃度 | 1〜5 μg/g | 1〜10 μg/g |
| 合成速度($t_{1/2}$) | <0.1 hr | 1〜3 hr[a] |
| 分解速度($t_{1/2}$) | 5 hr | ≫24 hr |
| 細胞内の所在 | 表面 | 細胞質顆粒 |
| PIPLC[b] 処理による膜からの遊離 | する | しない |
| 病原性 | なし | あり |
| タンパク質分解酵素耐性 | なし | あり[c] |
| アミロイド中の有無 | なし | あり |

a) ホスホイノシトール特異的リパーゼ
b) 蓄積速度
c) プロテアーゼKによる部分分解によって、PrP 27-30 が生じる。

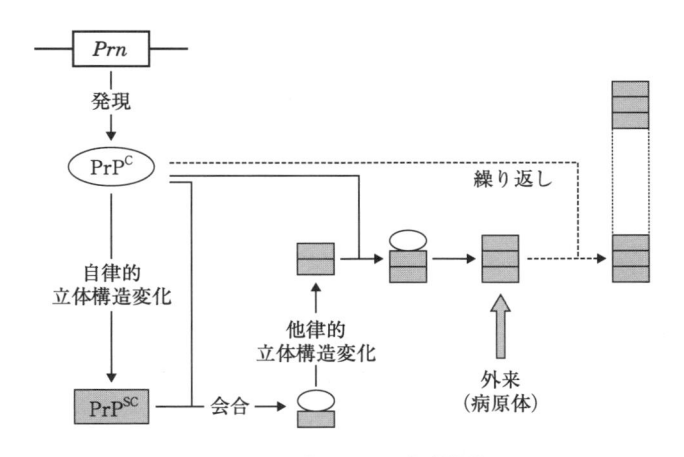

図 6-7 プリオンの増殖機構

る)。そして、$PrP^{Sc}$ は触媒的に働いて $PrP^c$ を $PrP^{Sc}$ に変えるとともに、$PrP^{Sc}$ の重合体(アミロイド)を形成する。$PrP^{Sc}$ 重合体が外部から侵入することによっても、同じことが起こる。これがプリオンによる感染である。

Prusinerはさらに、Prn遺伝子を破壊したネズミにプリオンを投与しても病気にならないこと、またPrn遺伝子の発現量を上げるとネズミはプリオンを投与しなくても病気になることを示し、図6-8に示す増殖機構が正しいことを証明した。その後、日本の研究グループは、Prn遺伝子を破壊したネズミを

(a) 遺伝子破壊

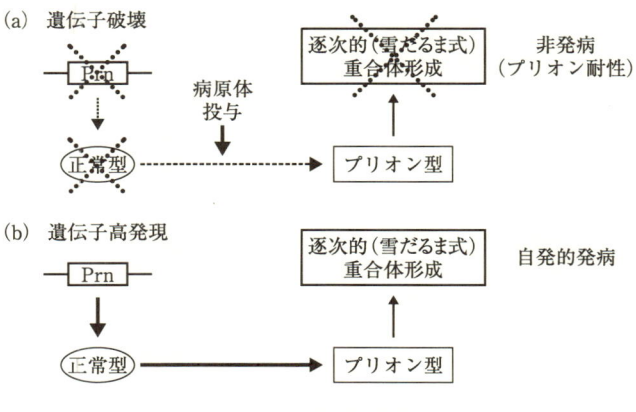

```
    ┌──────┐           逐次的(雪だるま式)      非発病
    │ Prn  │           重合体形成          (プリオン耐性)
    └──────┘                 ↑
         ↓      病原体         │
              投与
      ┌────┐          ┌──────┐
      │正常型│ - - - →  │プリオン型│
      └────┘          └──────┘
```

(b) 遺伝子高発現

```
    ┌──────┐           逐次的(雪だるま式)      自発的発病
    │ Prn  │           重合体形成
    └──────┘                 ↑
         ↓                   │
      ┌────┐          ┌──────┐
      │正常型│ ───────→ │プリオン型│
      └────┘          └──────┘
```

**図 6-8 プリオンの増殖機構の実験的検証**

長期間飼育するとプリオン病と同じ症状を示すことを見いだした。現在では，$PrP^{sc}$ 重合体(アミロイド)の形成が病気の原因ではなく，重合体形成による $PrP^{c}$ の欠乏が病気の原因であると考えられている。

### 6-3-3 出芽酵母プリオン

出芽酵母(*Saccharomyces cerevisiae*)は古くから遺伝研究の対象とされており，染色体上の遺伝子以外に細胞質性の遺伝子があることが知られていた(図6-9)。その多くは DNA ないし RNA であることも明らかになっているが，[URE3] と PSI については長らく実体が不明であった(表6-2)。ところが，哺乳動物のプリオンの増殖機構が明らかになるのとほぼ同じ時期に，それらがプリオンと同じ機構で増殖するタンパク質であることが明らかになってきた。以下，PSI について述べる。

**表 6-2 出芽酵母の細胞質性遺伝因子**

| 細胞質性遺伝因子 | 機能 | 実体 |
|---|---|---|
| ロー因子($\rho$) | 呼吸能 | ミトコンドリア DNA(環状二重鎖 DNA) |
| キラー因子($x$) | キラー能 | キラー RNA(直鎖状二重鎖 RNA) |
| 2 $\mu$m DNA | ？？？ | 2 mm プラスミド DNA(環状二重鎖 DNA) |
| プリオン様因子($\Psi$) | 翻訳精度低下 | ？ |
| [URE 3] | 窒素代謝遺伝子群の抑制不能 | ？ |

6-3 プリオン——増殖するタンパク質

核(染色体)遺伝子による形質の分離 ＝ 2：2
細胞質性遺伝因子による形質の分離 ＝ 4：0
　　　　　　　　　　　　　　　　　　　一方の親の形質だけが子孫に伝わる
　　　　　　　　　　　　　　　　　　　細胞質遺伝(母性遺伝)

図 6-9　細胞質遺伝

　PSIタンパク質は *SUP35* 遺伝子にコードされているタンパク質であり，タンパク質合成の終結因子 eRF3 としての機能をもつ。しかしながら，低い頻度ではあるが立体構造変化を起こし，繊維状の重合体 PSI を形成する。PSI をもつ細胞ともたない細胞との交雑で生じる二倍体は PSI をもち，この二倍体の減数分裂によって生じる一倍体細胞はすべて PSI をもつ(図 6-9)。これが，PSI の有無が細胞質遺伝をする理由である。なお，PSI をもつ細胞では，正常型のタンパク質(eRF3)が次々と構造変化を起こすために，細胞内の eRF3 が減少し，その結果タンパク質の伸長停止が正常に行われなくなり，停止コドンの読み飛ばしが起こる。つまり，PSI をもっている細胞では停止変異のサ

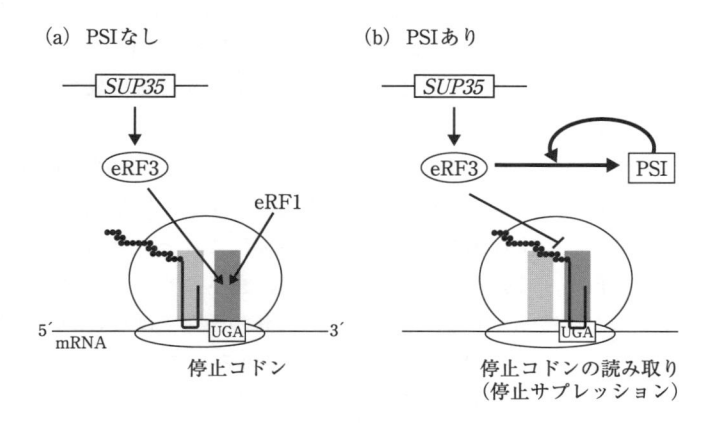

図 6-10　PSI の停止サプレッサー機能

プレッションが起こる(図 6-10)。

eRF3 は三つのドメインをもつタンパク質であり，C 末端側 432 アミノ酸(C ドメイン)が eRF3 機能をもち，N 末端側 123 アミノ酸(N ドメイン)が立体構造変化を起こして重合体を形成する。N ドメインは哺乳動物のプリオンと類似のアミノ酸配列の繰り返し構造をもつ。現在，この部分のアミノ酸配列と立体構造変化の起こりやすさとの関係の研究が行われている。なお，PSI そのものも興味ある研究対象であるが，病原性がないこと，また種々の分子生物学的研究手法が容易に利用できることから，PSI は哺乳動物のプリオンのモデル実験系として，世界的に活発な研究が行われている。

### 6-3-4 プリオンの生物学的意義

DNA の情報が mRNA を通してタンパク質のアミノ酸配列として伝えられるというのがセントラルドグマであり，地球上のすべての生物に共通した生命原理である。そして，「タンパク質はアミノ酸配列によって一義的に決まる立体構造をもち，その立体構造に応じた機能をもつ」と考えられてきた。ところが，プリオンの研究により，同じアミノ酸配列であっても異なる立体構造をとるペプチドがあることが明らかになった。ところで，生体内のタンパク質の機能制御としては，タンパク質分解酵素による不活性化ならびに活性化，またリン酸化やアセチル化などの化学的修飾が知られている。これらの場合，タンパク質の立体構造が変わり機能が変化することは，化学変化の結果として容易に理解できる。しかしながら，タンパク質が化学変化を受けることなしに立体構造が変化し機能が変わることは，これまでの常識では，容易には理解できない。プリオンを理解するためには，タンパク質の立体構造構築が物理化学的(熱力学的)現象であること，そしてそれが生体の中で起こる現象であることを改めて認識する必要がある。

ところでプリオンは，通常きわめて特異的なタンパク質と考えられているが，本当にそうであろうか？ プリオンはタンパク質分子がらせん状につながった全体として棒状の重合体を形成するが，生体はこれと似た構造体をほかにももっている。鞭毛，細胞骨格，紡錘糸などは，まさにタンパク質分子がらせん状につながった構造体である。また，らせん状の構造ではないが，同種または異種の単体が寄り集まって複合体を形成しているものも多い。ウイルスの殻，リボソーム，クロマチン，サブユニット構造をもつ酵素などなど，枚挙に暇がない。むしろ，1 本のペプチドが単独で機能をもつことのほうが例外的で

あるとさえいえる。プリオンの研究がこれらの複合体構築原理の解明に寄与することも，十分に期待されるところである。

## 6-4 生命を創る

### 6-4-1 核の全能性——細胞と核の根本的な相違点

　生物の発生には，雌雄両性が関与する有性生殖世代を経る場合と，無性生殖による場合があるのは，前述のとおりである。単細胞生物などは，無性生殖により自身の遺伝子を受け継いだ子孫を残す。一方，われわれヒトをはじめとする哺乳動物は，有性生殖により両親の遺伝子を受け継いだ子を残す。配偶子形成過程で起こる減数分裂時には，遺伝子の組換えが生じる。この結果，同じ遺伝子をもつ配偶子が形成されることは事実上ない。母親および父親由来の配偶子どうしが融合することで受精卵となるので，この受精卵より発生した個体が保有する遺伝子は，一卵性双生児を除いて，著しく多様化することになる。したがって，親と子の間や，同じ両親から産まれた兄弟姉妹間でも，異なる遺伝子をもつことになる。

　逆に，同一個体で考えてみると，ほとんど例外なく，ある動物を構成するすべての細胞は，受精直後の卵とまったく同じ遺伝子を保持している。いい換えると，分化した体細胞のほとんどが，生物個体を形成するために必要なすべての遺伝情報を保持している。成体の体細胞は，受精卵から成体への発生を進めるために必要なすべてのDNAをもってはいるが，分化した動物細胞は，それ自身が発生の過程を再現して新たな個体を形成することはできない。動物の場合と異なり，植物の場合には，分化した細胞も根を形成することが可能であり，さらには，体細胞にもかかわらず胚発生を行って，植物全体を再生することができる。両生類の肢やイモリの水晶体のように，限定された範囲での可塑性（再生能）を示す動物の例もあるが，基本的には動物細胞自体の分化は不可逆である。

　一方，細胞から取り出した核の話になると，事情が変わってくる。動物の体細胞から取り出した核を，あらかじめ核を除去した未受精卵に移植すれば，その卵の発生を最後まで達成させることができる。このようにして発生した個体は，「体細胞クローン」とよばれている。しかし，この実験的手法を用いる場合，成体の細胞から取った核よりも胚から取った核を使うほうが，成功率は高いとされている。このことは，核は発生に必要な遺伝情報をすべて保持してい

ることを示しているが，同時に，受精卵が発生の過程を経てさまざまな細胞へと分化していく過程で，DNAがなんらかの方法で修飾されることも示唆している。

### 6-4-2　動物に対するバイオテクノロジーの利用——人工授精から胚分割まで

人工的に精子を雌の子宮内に注入して受精させることを人工授精という。現在では，乳ウシや肉ウシのほとんどが，この人工授精で生まれている。また，卵と精子を試験管内で受精させたあと，一定期間試験管内で胚を培養して，雌の体内に戻す方法も開発されている。優良な形質をもつ雄の精液を採集して冷凍保存しておき，雌の性周期に合わせて，人工授精に供されることが多い。優良なウシを大量に得るために，胚分割によるクローン胚移植も行われている。優良ウシの遺伝子を引き継ぐ胚(受精の7～8日後，100個程度まで細胞が分裂している)を子宮から取り出し，顕微鏡観察下で分割したあと，仮腹であるウシ(代理母)に移植すると，多数の一卵性双生児が生まれる。現在，わが国ではこの方法により，約450頭の一卵性双生児が生まれている。

### 6-4-3　哺乳動物のクローン——受精卵クローンと体細胞クローン

哺乳動物のクローン個体を生み出す方法は，受精後発生初期の細胞を使う方法と，成熟個体の皮膚や筋肉などの体細胞を用いる場合の二つに大別される。受精後間もない初期胚の細胞を一つ取り出し，除核した未受精卵と細胞融合させたあとに子宮に戻すことにより，受精卵クローンが生まれる(図6-11)。例えば，受精卵クローン技術をウシに利用することによって八つ子の仔ウシが生まれたとすると，この八つ子はすべて同じ染色体DNAをもつ。つまり，一つの受精卵から発生した胚細胞の染色体DNAはすべて同じであるので，これらの細胞を用いて産み出された個体は必然的に同じ染色体DNAをもつことになる。しかしながら，これら八つ子の受精卵クローンウシの性質を，誕生前に予測することは不可能であり，染色体DNAも親のものとはまったく異なる。また，細胞分裂が進んだ胚はクローンの産生に適さないため，得られるクローンの数にも制限がある。

受精卵クローンウシはすでに市中に出ている。わが国では，1993年に受精卵クローンウシのウシ肉が食肉として出荷され始め，1995年から受精卵クローンウシのウシ乳が出荷されている。農林水産省畜産局によると，受精卵クローンウシは遺伝子の改変・操作を行ったものでないため，一般のウシと同等に

6-4 生命を創る

(a) 受精卵クローン技術

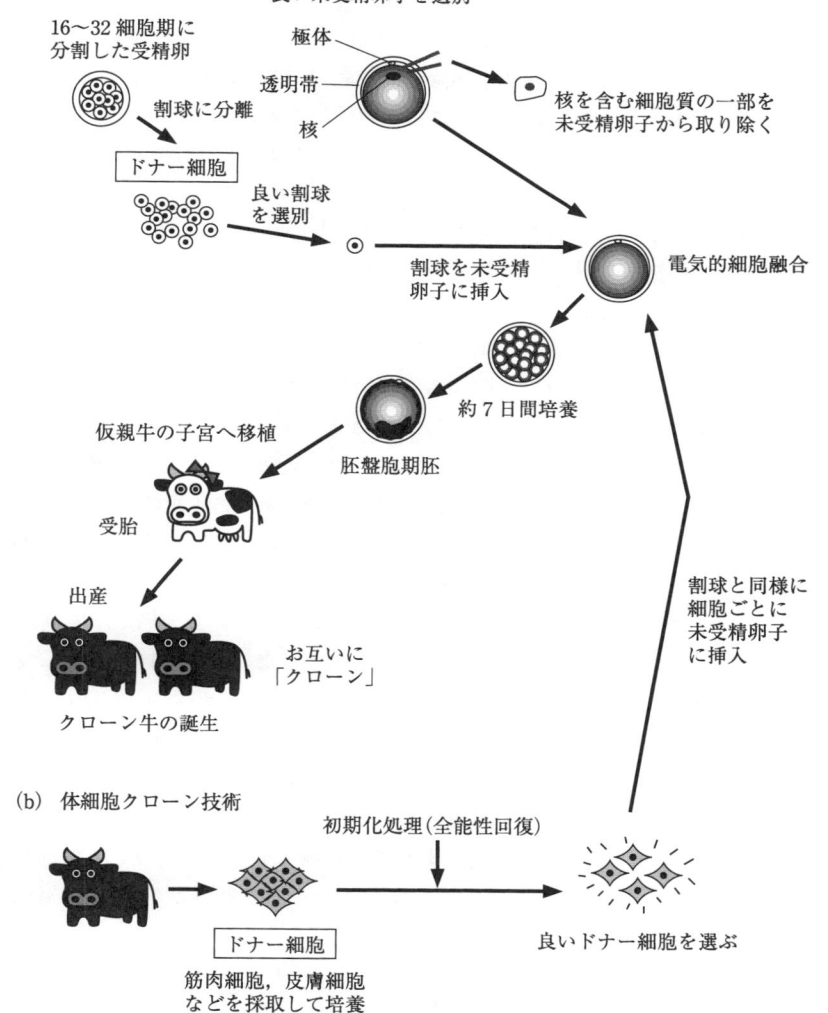

**図 6-11 クローン牛の作製の過程**
[農林水産技術会議事務局・生産局作成パンフレット「クローン牛について知っていますか？早わかりQ＆A集」より]

扱うことが適当であり，受精卵クローンウシとの表示を義務づけることは適当でないとしている。

一方，体細胞クローンの場合は，成体の体細胞の核を用いるので，理論上，新たに産み出される個体の染色体DNAは，もとの個体のものと同一となるはずである。よって，新たに得られる個体の性質はあらかじめ予測が可能であり，また，使用できる体細胞数も理論上は無制限であり，何世代にもわたり同じ遺伝的性質をもつ個体を維持することが可能になる。

1996年，イギリスのロスリン研究所で雌ヒツジの体細胞核を用いたクローンヒツジ「ドリー」が誕生した。「ドリー」は哺乳動物で初めての体細胞クローンであり，世界中の注目を集めた。その後，「ドリー」は妊娠し，1998年に「ボニー」を出産し，クローン羊も生殖能力をもつことが示された。

ヒツジ，ウシのほかにも，マウス，ヤギ，ブタ，ネコ，ウマ，ウサギの体細胞クローンが作出されており，国内では，体細胞クローンのブタが飼育されている。しかしながら，クローン胚からクローン個体が誕生する確率は非常に低く，また，クローン技術により誕生した動物は成長とともにさまざまな病気になりやすいことも報告されている。さらに，たとえ保有する遺伝子が同一であっても，完全に同一の個体を得るのは困難な場合もある。4頭の体細胞クローンウシの枝肉を比較した例では，筋層の厚みや筋間の脂肪組織の分布も非常に似通っており，クローン個体どうしの相同性を示す良い一例といえる。その一方で，クローン技術により誕生した雌のクローン子猫の体表模様は，体細胞核を提供したネコの模様と完全に同一とはならなかった。哺乳動物の雌は二つのX染色体を有しており，発生の過程でどちらか一方のみがランダムに不活性化されることが原因と考えられている。また，ヒツジでも一つの遺伝子がいくつかの複数の表現型をとることが知られている。同一の胚から作出されたクローン羊の場合，同一の遺伝子を保有しているにもかかわらず，大きさや気質が異なるので，遺伝子が体格や性格のすべてを詳細に決定づけるのではないとも考えられている。

## 6-5 ゲノムそしてポストゲノム

ヒトをはじめさまざまな生物種のゲノム解読が完了し，生命のなぞ，進化のなぞに対する関心が以前にも増して高まりつつある。前世紀末までは，ヒトゲノムの全塩基配列の解読（ゲノムプロジェクト）は一つのフィクションであり，

6-5 ゲノムそしてポストゲノム

百年単位で見積もるくらいの壮大なプロジェクトと考えられていた．しかし，1991年に国際コンソーシアムのグループが発足し，ヒトゲノムの解読が開始されると，予想をはるかに超えるスピードで達成された．今世紀はゲノム解読後の世紀，すなわちポストゲノムの世紀と位置づけられる．ここでは，ゲノムプロジェクトを推進させた原動力と，ゲノム解読後のこれからの生命科学の進むべき方向，また，そのために必要な新しい技術について概説する．

### 6-5-1 ヒトゲノムの解読

ゲノムは子孫に遺伝情報を伝える染色体DNAの総体であり，語源的には，遺伝子「gene」に総体を意味する「ome」という語尾がついたものである．遺伝子は図6-12に示すようにタンパク質の設計図となるDNAのことであるが，ゲノム中に遺伝子の占める割合は生物種によって異なっており，大腸菌のようにゲノムの100%が設計図として利用されているものや，哺乳類のように2%程度しかないものがある．ヒトの場合，ゲノム中の遺伝子部分は1.5%であり，残り98.5%は遺伝子としての情報のない部分である．1991年，ヒトゲ

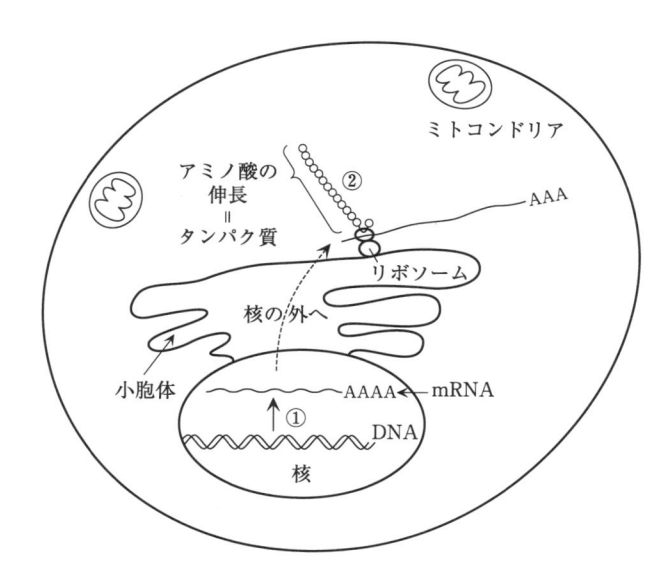

**図 6-12 DNA情報とタンパク質の合成**
DNA情報はmRNAに書き換えられ(①)，mRNAは核外の小胞体に結合したリボソーム上に運ばれ，そこでmRNAにある情報に従ってアミノ酸がつなげられて，タンパク質ができあがる(②)．

ノムの解読をめざす国際プロジェクトが開始されたが，そもそも98％が設計図として意味のない部分であることから，多くの研究者はこのプロジェクトに対して懐疑的であった。当時の技術では，世界中の解析装置を使ったとしてもヒトゲノム解読には4000年は必要と計算されていたことから，無理もないことである。その後，解析装置の全自動化が進み，ヒトゲノム国際プロジェクトが発足した1993年には40年にまで解析時間は短縮されていたが，日本の理化学研究所と日立製作所の共同開発によりDNAの泳動装置が進歩したことから，ヒトゲノムの解読プロジェクトは一挙に加速され，2005年には終了する計画となった。

国際プロジェクトが進行する中，米国のベンチャー企業であるセレラ・ジェノミクス社は，1997年に350台のDNA解析装置を導入し，ヒトゲノム解読に参画した。そして2000年3月，国際プロジェクトに先駆けヒトゲノムの解析を終了するとの会見を発表し，世界中の関係者を驚かせた。彼らはビジネスとしてヒトゲノム解読を計画し，その成果の独占化を視野に入れた戦略をとった。これに危機感を抱いた当時のクリントン米大統領は2000年6月，国際グループのプロジェクトリーダーであるコリンズとセレラ・ジェノミクス社のベンターをホワイトハウスで会見させ，原則としてヒトゲノムの成果を公開とする合意に到達した。そして，2001年3月には概要配列（95％程度の精度）がこれらの二つのグループからほぼ同時に報告されることとなり，その後，精密解読は国際グループに委ねられ，2003年6月に，99.99％の精度のDNA塩基配列結果が報告された。

### 6-5-2 ポストゲノムシーケンス——遺伝子の探索

ゲノムが解読されたあとの当面の目的は，ゲノムに書かれた遺伝子を発見することである。2003年度には遺伝子総数が32000個と予測され，2004年度の解析結果では，遺伝子総数は21000個とされている。ゲノムの塩基配列が解読されても遺伝子の総数を決めることが困難な理由は，先にも述べたように遺伝子以外のDNAが多数を占め，その境界が不明であるからである。また，遺伝子，つまりはタンパク質の設計図部分の多くは，エキソンとよばれる断片に分断された状態にあり，その断片の間をイントロンという不規則な配列が埋めている。したがって，一つの遺伝子はいくつものエキソンが統合されてようやく完成する。ゲノムのこのような性質は，解読された塩基配列から遺伝子を見つけることを難しくしており，計算機を使っての効率よい探索が試みられてい

るが，そのアルゴリズムは確立されていない．したがって，ゲノムにある遺伝子の同定は，次に述べるような *in vitro* の実験とともに確かめられている．

ポストゲノムシーケンスのプロジェクトの中でも火急の案件とされているのは，全遺伝子を同定することである．そのための最もオーソドックスな方法は，cDNA（相補的 DNA）や発現遺伝子の配列情報を実験的に入手し，その配列を公開された塩基配列のデータベース上で確認することである．cDNA は各臓器に発現している mRNA から，逆転写酵素を用いて作製することができる．この部分はイントロンが除かれていることからまさに設計図部分といえるので，cDNA の塩基配列を解読し，その結果をゲノムデータベースの配列と比較することで，遺伝子の同定が可能である．

cDNA をプローブとしてゲノム中の遺伝子を見つけるのは効率よい手段である．しかしながら，完全な長さを保った mRNA を抽出することは技術的に難しく，そのことから完全な長さをもった cDNA を得ることが難しい．したがって，いまだ半数に近いヒト遺伝子は未知のまま残されている．

一方，ヒトとマウスに共通して存在するタンパク質はほぼ同じアミノ酸配列を有することが明らかになりつつあり，マウスの cDNA 情報を利用することでヒト遺伝子を探り当てたり，未知遺伝子産物の機能を推定することができる．比較ゲノムで最もよく用いられるマウスのゲノム解析は，もともと日本の理化学研究所の提案に基づくものである．

微生物や線虫，ショウジョウバエのゲノムもすでに全塩基配列の解読は終了している．これらの生物はイントロンがないか，あってもわずかなので，遺伝子総数を推定するのは容易である．その結果，大腸菌では約 4400，酵母では 6100，ショウジョウバエは 18000 個の遺伝子が存在していた．大腸菌と酵母では 1.5 倍の差，ショウジョウバエとヒトでも遺伝子総数の差は高々 2 倍であり，生存様式の違いから考えると，ずいぶんと小さな差のように思える．しかしながら逆に考えれば，差がわずかであるからこそ，これらの生物種間のゲノムを比較・解析することで，真核細胞と原核細胞の境界は何に由来するか，脊椎動物と無脊椎動物の差をもたらすのは何かといった興味ある謎を，分子レベルで解明することができるはずである．

### 6-5-3 ポストゲノムシーケンス——構造ゲノミクスと機能ゲノミクス

同定された遺伝子から，そこに書かれたタンパク質の設計図，すなわちアミノ酸配列を同定することは容易であるが，アミノ酸配列からタンパク質の立体

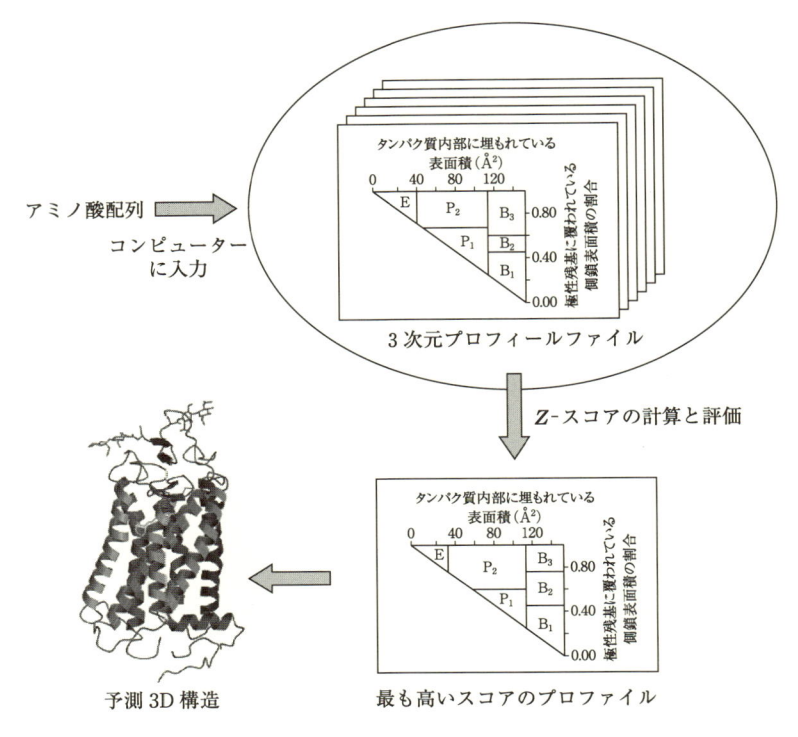

**図 6-13 3D-1D 法**
1000種類ほどの基本三次構造のファイルをあらかじめデータベース化し，予測したい一次構造を入力してコンピューターでスコアを計算して最適のファイル，すなわち構造を選択し，予測する。

構造を予測し，機能を明らかにすることは，難しい問題である。タンパク質の立体構造予測は，既知の立体構造に関するデータベースを利用した3D-1D法（スレッディング法ともよばれる；図6-13）とホモロジーモデリング法が主流になりつつあるが，いずれも経験則に基づくものであり，まったく新規の構造を有するタンパク質の場合には応用できない。

新規遺伝子に基づくタンパク質のアミノ酸配列に相同的なデータがあれば，機能予測は比較的容易である。予測を確定するには，動物を使った遺伝子ノックアウト法により生理機能を同定することがよく行われている。これは，当該の遺伝子を破壊したマウスを作製し，その個体の表現型から機能を探る手法である。破壊とは逆に，当該の遺伝子を導入したノックインマウスを作製し，機

能を推定することもできる。

　PDB(Protein Data Bank)には，さまざまな生物種に由来する約25 000個のタンパク質の立体構造が登録されている。現在，さらに10 000個の新たなタンパク質の立体構造解明をめざすプロジェクトが国際的に進められており，日本でも文部科学省の主導により，播磨や横浜の理化学研究所を中心に3千個の立体構造解明をめざしている。これだけの数の立体構造を新たに解明すれば，すでに明らかにされた構造とあわせて，基本となる部分構造がすべて明らかになり，そのデータベースと3D-1D法を利用すると，種を超えてほとんどの新規タンパク質の構造・機能が推定可能になると考えられている。これが「構造ゲノミクス」とよばれる研究のめざす大きな目標である。ただし，多くの薬のターゲットである受容体などの膜タンパク質については，結晶化が難しいことから，可溶性のタンパク質に比べると，今後も立体構造や機能の解析は困難が予想される。

### 6-5-4　ポストゲノムシーケンス——バイオインフォマティクス

　数千種類のタンパク質を一度に解析するプロテオームの研究(プロテオミクス)が，機能的ゲノミクスの基盤研究に位置づけられ，急展開している。これは個々の細胞が発現しているタンパク質を網羅的にとらえ，それぞれの量的変動や相互作用を明らかにすることで，細胞をシステムとして理解しようとするものである。これまで一つひとつのタンパク質を個別に研究していた分子生物学者や生化学者にとっては，このような方法は革命的であるといえる。プロテオミクスを可能にした背景には，2003年のノーベル化学賞の受賞対象となった，タンパク質同定のための質量分析装置の開発がある。

　最近，転写産物の総体であるトランスクリプトームや代謝の総体をさすメタボローム，遺伝子の表現型を分化や疾患の過程でとらえ，どのようなタンパク質が変動しているかを網羅的にみるフェノームという用語も聞かれるようになっている(図6-14)。ゲノムやプロテオームと同じで，いずれも莫大な情報量を潜在的に有することから，これらの研究にはバイオインフォマティクスがきわめて重要な研究手法を提供するものとなっている。そこで，バイオインフォマティクスについて紹介しておく。

　バイオインフォマティクス(bioinformatics)すなわち「生命情報学」は，膨大な数の塩基配列から有用な遺伝情報を効率よく抽出するために，90年代の後半に誕生した。バイオインフォマティクスは，知識処理や並列処理といった

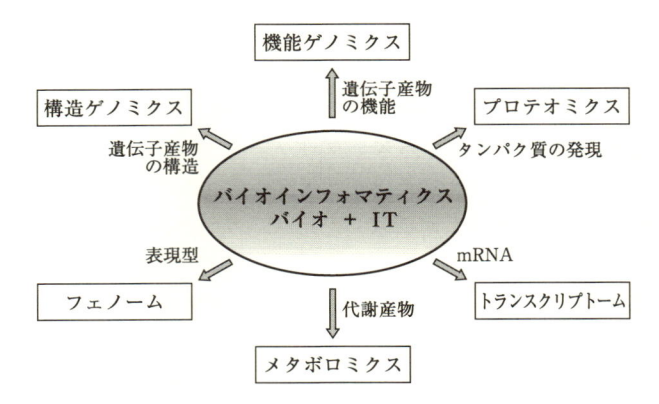

**図 6-14 バイオインフォマティクスの関連する生命科学分野**

(図：中央に「バイオインフォマティクス バイオ + IT」、周囲に「機能ゲノミクス（遺伝子産物の機能）」「構造ゲノミクス（遺伝子産物の構造）」「プロテオミクス（タンパク質の発現）」「フェノーム（表現型）」「メタボロミクス（代謝産物）」「トランスクリプトーム（mRNA）」)

　計算科学の先端技術と，バイオテクノロジーをはじめとする生物科学の先端技術を利用し，大量のデータから生物学の知識を体系化するための学問といえる。情報生物学，計算生物学，ゲノム情報学などもよく似た意味で使われているが，目標とすることは，生命現象を情報システムとしてとらえ，代謝，シグナル伝達，発生，分化，増殖，免疫，病理，光合成など大小さまざまなシステムのデータをコンピューター上で処理し，再構築（＝モデル化）することで，より深い生命現象の理解をめざすものである。現在の生化学や分子生物学には，もっぱら還元主義的な発想のもとに生命を理解しようとする姿勢が見てとれるが，バイオインフォマティクスは，そもそも生命現象を網羅的，構成的に理解しようとするところに特徴があり，それがこれまでの生命科学の視点と大きく違っていると筆者は考えている。

## 6-6　ゲノム創薬

### 6-6-1　ヒトゲノム計画と創薬研究

　すべての生物と生命現象の根源は，遺伝子にある。Click が「セントラルドグマ」を提唱した1950年代後半から生物学者に問いかけられてきた謎が，ついに明らかにされようとしている。すなわち，ヒトゲノム計画に端的に表されているように，ゲノム科学の進展は生命現象を，すべての遺伝子のネットワーク，あるいはタンパク質の総体として，とらえることを可能としたのである。
　ゲノム科学の成果の応用分野で最も期待されているものの一つが，医学と関

連した創薬科学である。従来の医薬品開発では，いわゆる漢方薬や生薬のように天然物由来の成分から薬理活性のある成分を分離・同定し，構造決定のあとに化学合成をする。そうしてできた化合物を用いて作用機序の解明をし，さらに誘導体を合成していくというのが通常のプロセスであった。また，従来の医薬品開発では研究者の経験や勘，あるいは偶然の発見に依存していた部分も少なくなかった。経口糖尿病治療薬 SU 剤が，スルホンアミド系抗生物質投与患者に血糖降下作用が見いだされたという発見から開発が始められたことは，特殊で例外的な事例ではない。ところが，ここ 10 年あまりの間に，生化学や分子生物学の飛躍的な発展によって，多くの病気の発症メカニズムが分子レベルで理解されるようになった。さらにヒトをはじめとした多くの生物種の全ゲノム配列情報が解読され，新たな疾患関連遺伝子が数多く発見されてきている。こうした医薬品開発を取り巻く環境が激しい変化を迎えている中で，創薬研究のパラダイムそのものが新しい時代に向かってシフトしてきている。

今日「ゲノム創薬」という言葉が表す新しい創薬科学は，遺伝子情報をもとにして病気と遺伝子の関連を科学的にとらえて，画期的な医薬品を論理的に創り出そうとするアプローチである。ヒトゲノム情報から出発して，医薬品の標的分子の探索・同定とリード化合物のデザインを効率よく行って新薬開発のスピードを加速するだけでなく，遺伝子多型に由来する個人差を考慮して最適な薬物療法を施す「テーラーメイド医療」を実現することが，ゲノム創薬のゴールである。本節ではゲノム創薬の基幹技術を解説したあと，創薬プロセスの流れに従って概説していく。

### 6-6-2　ゲノム創薬を支える基盤技術
#### （1）　網羅的発現解析（発現プロファイリング）

ある状態の細胞や組織に発現している mRNA やタンパク質の量的および質的な動態を包括的に解析することを，プロファイリングという。すべての生物において，どの遺伝子がいつ，どこで，どのように働けばよいかは厳密にコントロールされており，その調節プログラムはゲノムに記されている。このプログラムが適切に機能することによって，必要なタンパク質がタイムリーに生成され，正常な生命活動が維持される。一方，疾患部位では，健康な状態とは異なる細胞内の反応や細胞応答が起きていると考えられ，そこでの遺伝子発現の量的および質的な変化を明らかにすることは，その疾患の発症にかかわる分子群を把握するのに有効な手段と考えられている。しかしながら，疾患の発症に

伴ってある一つの遺伝子産物の発現が増加,あるいは減少したからといって,そのタンパク質の機能が直接疾患とかかわっていると断定することはできない。ノーザンブロッティング法は遺伝子発現を解析する手法として従来からよく用いられてきたが,マイクロアレイチップ技術とゲノムデータベースの発達により,限られた量の試料から遺伝子の転写産物である mRNA について,一度にゲノムワイドな(数万個の遺伝子についての)解析をすることが可能になってきた。2次元電気泳動と質量分析を組み合わせた,いわゆるプロテオーム解析では,mRNA の発現量の変化ではなく,実際にそこにあるタンパク質の量の変化,あるいは有無をとらえることができるようになった。また,プロテオーム解析ではタンパク質のリン酸化や糖鎖の付加などの翻訳後修飾の変化をとらえることができ,タンパク質の酵素活性などの変化を明らかにすることができる。ゲノム配列情報は,一つの生物に固有の1セットが存在する。これに対して,遺伝子発現プロファイリング解析によって明らかになるのは,より動的で多様な生命現象のイメージである。遺伝子情報のもつ機能を理解しようとするこうしたアプローチは,薬剤標的分子の探索において,現在最も精力的に研究が行われている。

### (2) SNPs 解析

親から子へ,子から孫へと伝えられていく遺伝情報は一人ひとり少しずつ異なっており,すべてのヒトが完全に同一なゲノムのセットをもっているわけではない。この相違が,個人間や人種間の,体格や容姿などの目に見える特徴や,ある病気にかかりやすいとか抵抗性があるなどの体質の違いの原因となる。塩基配列の変異と組換えは常にランダムに起こっているが,長い生物進化の歴史の中で,ある一定のパターンを形成している。こうしたゲノム中の塩基配列のばらつきのうち,集団内で1%以上の頻度で見いだされるものをとくに「多型」とよんで,一般的な「変異」とは区別している。ヒトゲノム計画が解読した30億塩基対に及ぶヒト遺伝子配列は,遺伝子多型を無視した「平均的なヒトのゲノム情報」にすぎない。

SNPs(一塩基多型,single nucleotide polymorphisms)は,ゲノム中の数百から数千塩基ごとに一つ存在する1塩基の置換で,ヒトなどの同一種個体間における遺伝子発現量や遺伝子産物の性質の相違を生み出すものである。PCRやマイクロアレイ,コンピューターを利用した高度情報処理技術を用いて,すでにヒトゲノム中に140万を超える SNPs が同定されている。それらを詳しく解析することにより,患者個人の疾患易罹患性や薬剤反応性を予測すること

が可能となると考えられている。また，SNPs はゲノム全体に広く高頻度で見いだされるので，疾患関連遺伝子の探索などにおいても有用なマーカーとして用いられる。

**(3) 構造ゲノム科学**

タンパク質は酵素活性や受容体の結合活性のようなそれぞれ特異的な機能をもっているが，それらの多くは，ペプチド鎖の折りたたみによって形成される立体構造に由来するものである。したがって，あるタンパク質の機能の解明やそれと相互作用する化合物の探索には，その立体構造を決定することが必要不可欠である。

構造ゲノム科学のめざすゴールは，ゲノムにコードされているすべてのタンパク質の立体構造を決定して体系化し，タンパク質の構造と機能の関係を明らかにすることである。タンパク質の構造解析には，X線結晶構造解析と核磁気共鳴 (NMR) を利用する方法の二つがある。構造ゲノム科学の基幹技術としてタンパク質の立体構造を解析する国際的なプロジェクトが開始されているが，目的とするタンパク質をあらかじめ精製しておかなければならないなどの技術的な制約もあり，ゲノムワイドな解析にはいたっていない。2004 年 7 月現在，代表的なタンパク質立体構造データベースである Protein Data Bank に登録されたエントリー数は 25000 を超えているが，実際にはこれだけの種類のタンパク質の構造がわかっているわけではない。実験的手法により決定されたタンパク質の立体構造情報をもとに，ホモロジーモデリング法やスレッディング法を用いて立体構造を予測する手法の開発が進められている。ゲノム配列情報の解読によって明らかとなったタンパク質のアミノ酸配列情報から計算化学を用いて，タンパク質の高次構造をある程度の精度で予測することができれば，構造に基づくタンパク質の機能を網羅的に解析することが可能となる。

### 6-6-3 薬の標的となる分子の探索・同定

創薬において最も重要な課題の一つは，対象とする疾患に対して治療効果が期待される適切な薬物標的分子を選び出すことである。標的分子（多くはタンパク質）とは，薬となる化合物が直接結合することによりその活性や機能が影響を受けて，その結果治療効果が期待できるものである。これまで使用されてきた薬剤の標的分子は，受容体やイオンチャンネルなどが約半数を占め，全体でも 500 種類以下である。それに対して，ヒトゲノムの配列決定とその解析から，ヒトゲノム中にコードされている遺伝子の数は約 21000 であると考えら

れており，翻訳後修飾などを考慮すると，タンパク質の種類は10万を超えるといわれている。SNPs 解析やポジショナルクローニングなどによって疾患関連遺伝子が同定され，新たな疾患に対する標的分子が今後数多く見いだされてくることが期待される。

　薬剤の標的分子は，疾患原因遺伝子だけとは限らない。遺伝子上の変異から病態の発現の間には多くのタンパク質が介在しており，具体的な症状を緩和するためには，その下流で働くタンパク質群も標的分子となりうる。細胞内情報伝達系に代表されるこのようなタンパク質のネットワークと情報の流れは，さまざまな生体活動の局面で複雑多岐にわたって機能しており，ゲノム科学を応用した高度な解析によってはじめて全体像が明らかとなる。

### 6-6-4　リード化合物のデザイン

　標的分子の選定の次の段階は，そこに作用する有効な化合物を見つけ出すことである。「受容体に対するリガンド」のような，標的分子に対する特異的な作用があらかじめわかっている化合物がある場合は，その構造をもとにして化合物をデザインすることができる。こうした新薬開発において，基本となる化合物を「リード化合物」という。

　標的分子が新たに発見された遺伝子産物であった場合には，リード化合物を見いだす方法は大別して二つある。一つは，ハイスループットスクリーニング (HTS) といわれる，膨大でランダムな化合物プールの中から活性物質を探し出す方法である。安価で簡便な活性測定法を開発し，コンビナトリアルケミストリーという化合物合成の革新的な手法を組み合わせて，短期間に数万から数十万の化合物をスクリーニングする方法は，現在医薬品開発において汎用されている方法である。

　第二の方法は，新規の創薬ターゲットに対して，実験的な高次構造決定，または相同タンパク質の構造情報をもとにした立体構造予測を行って，コンピューター上で合理的に化合物を設計していく方法である。あるいは，低分子化合物の構造データベースを用いて，コンピューター上で仮想的にタンパク質とドッキングさせ，親和性をスクリーニングしてリード化合物を見いだすことも行われる。こうした化合物の合成を必要としない *in silico* スクリーニングはコスト的に有利であり，HTS に替わる技術として注目されている。

## 6-6-5 ゲノムワイドな薬効薬理・安全性評価

薬剤の使用にあたっては，標的分子以外への非選択的な効果による副作用が問題になる。実際，新薬開発のプロセスで開発中止とされた化合物の大半は，薬物動態と毒性評価試験の結果が満足できないことが原因であるという。薬物の臨床試験前の最終的な評価にあたっては，マウスやラットなどの実験動物を用いた試験の結果をもとに，治療効果や発がん性，生殖毒性などの副作用の判定をしなければならない。しかしこうした動物実験の結果は直接的ではなく，生物種を超えてヒトに当てはめることになり，誤った結論を導き出すこともある。コンビナトリアルケミストリーとハイスループットスクリーニングにより，今後ますます多くの化合物が開発のステージに上がってくることが予測される。この動物を用いた試験は，医薬品開発では避けて通れないが，多くの時間とコストを要するものであり，その問題の解決が急がれている。そこで実際に動物に投与する前に，DNAマイクロアレイをヒトなどの株化細胞に用いて，遺伝子発現解析から化合物がもつ薬理効果や副作用を予測しようという手法が開発されてきている。例えば，発がん性や催奇形性などの重篤な副作用を発現する化合物を対照にして，試験を行いたい化合物に応答する遺伝子群を解析することにより，潜在的な毒性を予測するのである。薬剤の治療効果についても，同様の手法を用いることは可能である。

## 6-6-6 テーラーメイド医療

医薬品の臨床効果や副作用に，個人差や人種差が存在することはよく知られている。一般に，よく使われる薬剤でも1/4〜1/3の患者には治療効果が期待できないといわれており，また患者の約1割になんらかの副作用が現れるという報告もある。個々の患者における薬物応答および副作用の差異には，主に「薬物の体内動態」と「薬物に対する感受性」という二つの要因が関係している。

薬物の体内動態は吸収・分布・代謝・排泄という四つの因子によって決定されるが，とくに薬剤の血中濃度の個人差には，代謝過程における遺伝的な素因が大きな役割を果たしていると考えられている。実際，結核治療薬イソニアジドの副作用発現に家系的なつながりがあることは1960年代にすでに報告されており，のちに薬物代謝酵素の$N$-アセチル転移酵素2の遺伝子多型との関連が明らかとなっている。こうした薬物代謝酵素や薬物の輸送体タンパク質の遺伝子におけるSNPs解析を進めることにより，適正な使用量について有益な

情報が得られるに違いない。一方，同じ症状の疾患であっても，その原因は必ずしも同一というわけではない。一つの疾患に，複数の独立した原因遺伝子が直接かかわっている例は，数多く知られている。遺伝子解析技術は，患者それぞれの病態発症の分子機構を正確にとらえ，適正な治療法を選択するために大変有効である。このように，個人の体質や薬剤応答性に応じて最適な治療を施すことを，「テーラーメイド医療」という。テーラーメイド医療は，これまでの「集団を対象とした平均的な医療」から「患者個人個人にとっての最適な医療」への変革を意味し，またより論理的な「証拠に基づく医療」を推し進めるものである。

　生命科学の世紀といわれる 21 世紀にあって，ポストゲノム研究はさらに急速に進展していくに違いない。今後はゲノム科学から得られた「知識としての情報」が蓄積され，有機的に活用されるデータベースへと形を変えて，バイオインフォマティクスを核とした新しい創薬研究に発展していくことであろう。

## 6-7　新しい細胞の創出（ES 細胞，臓器移植）

### 6-7-1　薬物治療と移植医療——どちらもないと困る車の両輪

　感染症の治療，慢性疾患の病状のコントロール，発熱・発痛に対する解熱鎮痛など，薬物治療の有用性は疑う余地がない。これらの薬物を大雑把に分類すると，生体外から侵入した病原細菌による感染症に対して用いられるものと，生体の生理機能を調節するものとに大別できる。感染症治療に用いられる抗生物質は，細菌の細胞壁，細胞膜，核酸，タンパク質の合成を阻害したり，抑制することにより効果を発揮する。抗ウイルス剤も，これとよく似たメカニズムにより作用する。

　一方，感染症以外の多くの病気は，生体の臓器，器官，細胞が十分に本来の機能を発揮しないことや，またはそれらの機能が過剰に亢進することが原因で起こる。多くの場合，生体の機能を調節する薬物は，体内のある特定の細胞，器官，臓器に存在する特定の標的分子に作用し，その標的分子を活性化もしくは不活化する。その結果，標的分子を発現している細胞や器官，臓器の生理機能が正常になり，恒常性を取り戻すと考えられている。

　薬物治療がその有効性を発揮するためには，薬物が作用する標的の細胞，器官，臓器が，薬物治療によって機能がもとに戻るだけの，最低限の「正常性」を保っている必要がある。では，臓器がもはや正常な機能を発揮できない場合

はどうなるのか？　薬物治療だけではおのずと限界があり，末期的な心臓病，肝臓病，腎臓病などでは，臓器移植による治療が必要となる．もちろん，優れた免疫抑制剤なしに，臓器移植医療が成り立たないことはいうまでもないが，臓器移植の際に最も大きな問題となるのは，「臓器の提供者を探す」ことである．わが国における肝臓移植は 1989 年より実施されているが，血縁者や家族が自分の肝臓の一部を提供する生体部分移植が大部分を占める．腎臓移植の場合も，健常者の二つある腎臓のうちの片方を提供してもらう生体腎移植が大部分を占め，心停止下移植や脳死下移植などの死体腎移植の件数は少なく，とくに脳死下移植は，あとに述べるように非常に限られている．

　私たちがもつ種々の臓器は，この世に生まれてから死ぬまでの間，文字どおり夜も昼も休むことなく働き続ける．とくに，心臓は 1 個体に一つしかなく，肝臓のような旺盛な再生能力をもちあわせてはいない．したがって，重篤な心臓疾患の場合は，腎臓や肝臓のような生体移植は考えられず，脳死下での心臓移植が最後の手段である．心臓移植については，欧米を中心に年間 3500～4000 件程度，善意の脳死者から提供された心臓をもとに移植が行われている．

　薬物治療の効果が及ばない疾病については，臓器移植が必要な場合があることは先に述べたとおりである．しかしながら，臓器移植には免疫の拒絶反応という障壁があり，それをクリアするだけの臓器提供の件数を十分に確保することが必要である．残念ながら，諸外国と比べると十分量の提供臓器を集めるには困難な状況にあり，わが国における臓器移植の体制はいまだ開発途上である感は否めない．ヒトを対象とした場合，手術中に一時的に用いられる人工心や人工肺，移植までの待ち時間を延ばすことを可能にしたハイブリッド型人工肝臓や人工腎臓（人工透析機）などは，現在も用いられている．これらは大がかりな装置であり，われわれが生まれながらにもっている臓器とはかなり異なる．またこれらの人工臓器は，健康なヒトの臓器のように何十年にもわたり働き続けるのは難しい．そのような現状を踏まえると，「機能を損なった臓器を何とか回復させる手立てはないのであろうか？」，また「生体外で新たに臓器を創り出すことができないのか？」と考えたくなる．

## 6-7-2　万能細胞の発見――マウス胚性幹細胞株の樹立

　われわれ動物の体は，一つの卵子と一つの精子が融合した 1 受精卵，すなわちたった一つの細胞から，分裂と成長・分化を経て形成される．この受精卵は，体を構成するいかなる臓器・器官の細胞にも分化できる能力をもっている

（分化全能）。これは驚くべきことである。この能力を，臓器再生に利用することはできないのだろうか？

　両生類の場合，試験管内で主要な臓器を完成させることがすでに可能となっている。アフリカツメガエルの胚胞期の動物極を培養し，さまざまな濃度のアクチビンやレチノイン酸などで処理すると，心臓，脊索，血球細胞，腎原管，眼球，膵臓，胃などの臓器・器官がつくられる。さらに，このように処理した細胞は生体にも着床し，心臓や腎臓は機能していることが報告されている。

　哺乳動物でも，初期胚の細胞を用いた試験管内臓器作製が可能なのだろうか？　哺乳動物では，1991年，マウス受精卵の発生途中の胚盤胞とよばれる状態の内部細胞塊から，胚性幹細胞（embryonic stem cell，ES細胞）株が樹立された（図6-15）。この細胞は，初期胚や生体に移植すると，体を構成するすべての細胞に分化することができるだけでなく，シャーレ上で培養しても，条件

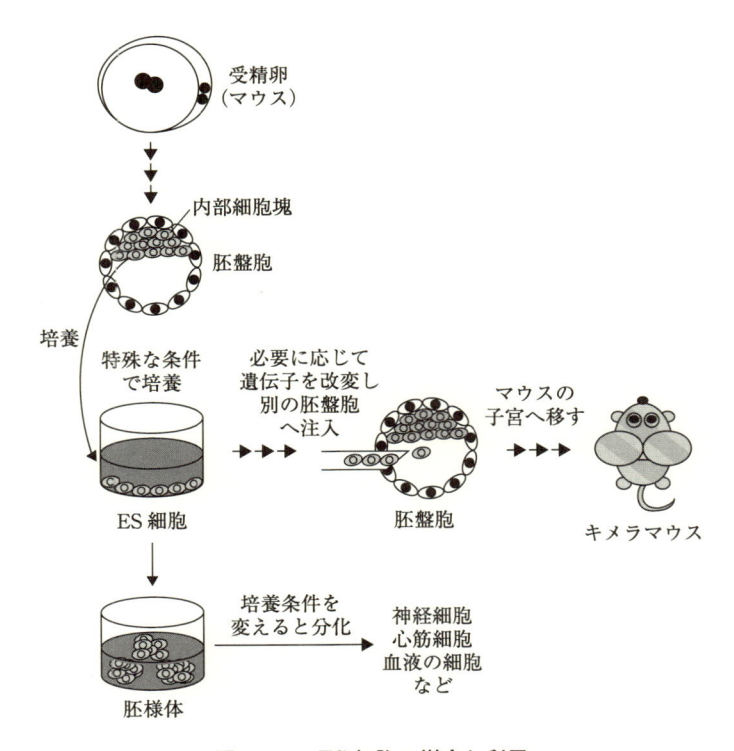

図 6-15　ES細胞の樹立と利用

によりさまざまな細胞に分化することが報告されている(図6-15)。しかも，ES細胞はほぼ無限に増殖させることが可能であり，発生・分化の研究を行うための有力なツールとして現在用いられている。また，ES細胞を適当な条件下のマウスの胚に移植することにより，ES細胞と宿主胚由来の細胞とで構成されるキメラマウスを誕生させることができる。ES細胞は当然生殖系列の細胞にも分化するので，ES細胞由来の遺伝子をもつ配偶子を得ることができる。このキメラマウスを適当なマウスと交配させることにより，ES細胞の遺伝子を次世代以降に伝達させて，新たな系統のマウスをつくり出すことができる。

### 6-7-3　ヒト胚性幹細胞株の樹立——治療と生命倫理

　1998年，ヒトの受精卵からもES細胞株が樹立された。ヒトES細胞も，未分化の状態を保ったまま，ほぼ無限に維持することが可能であり，培養条件を変えることで血液，神経，肝臓などのさまざまな臓器・器官に分化増殖する能力を有する。このことから，障害機能を回復させるための細胞移植医療における「細胞供給源」として，注目を集めている。しかしながら，ヒトES細胞の利用には，倫理的な問題が残されている。もともとES細胞株は，精子と卵子を体外受精して得られる胚盤胞から樹立されたものである。胚盤胞自体はまだ「ヒト」ではないが，母胎の子宮に戻せばヒトとして誕生する。つまり，ヒトの生命の萌芽を犠牲にして，ES細胞が樹立されたと考えることもできる。また，まったく別のヒトの遺伝子をもつ胚盤胞から樹立されたES細胞は，移植される側のヒトとはまったく異なる遺伝子をもつことになり，移植時に免疫による拒絶反応が起こることが予想される。この問題を回避するために，自分の細胞からES細胞を樹立することが考えられる。そのための一つの方法として，クローン技術の利用がある。これは，自分自身の体細胞から核を取り出してクローン胚を作製し，そこから新たにES細胞株を樹立する方法である。この方法を用いると，自分と同じ遺伝子をもった(ただし，ミトコンドリアは除く)ES細胞株を得ることができるので，移植医療としては理想に近いかもしれない。しかしながら，クローン胚を作製するための卵子の提供者についての問題は避けられない。さらに，クローン胚を作製したあと，ヒトの子宮に戻せばクローン人間が生まれる可能性がある。クローン胚作製の目的が，たとえクローン人間を創ることとはまったく異なるとしても，クローン人間の創出につながるのではないかという恐れが派生してくる。

以上のような問題点を残しながら，2002年，わが国でもES細胞の研究が厳しい制限つきで認められることとなった。一見，「夢の万能細胞」のように思えるヒトES細胞ではあるが，厳格な規制と監視がなければ，予想しえない事態が発生する可能性があることも忘れてはならない。

### 6-7-4　大人の体にも幹細胞がある——体性幹細胞利用の可能性

　ES細胞以外に，細胞移植医療に利用できる細胞はないのだろうか？　動物の体を構成する多くの組織の細胞も，恒常性を維持するために更新され続けている。皮膚，小腸上皮や血球系の細胞は，消耗した部分が新たな細胞で置き換えられていく。このように，個体維持のために新たな細胞を提供するもとになるのが，体性幹細胞である。これらの細胞は長期間にわたり増殖し続け，自己と同じ性質をもつ細胞を複製する能力をもつが，分化して異なる機能をもった細胞になることもできる。長い間，体性幹細胞はES細胞ほどの多能性をもつとは考えられていなかった。ところが最近，体性幹細胞も多能性をもつ可能性のあることが報告されている。その一つに，骨髄由来の幹細胞の例がある。白血病の治療法としての骨髄移植は比較的古くから行われてきたが，ここ数年，それに代わる治療として，骨髄由来幹細胞を用いた血管再生の臨床試験が行われ，良好な成果を得ている。

　大人でも，脳や歯髄には中枢神経系の細胞に分化する能力をもつ神経幹細胞が存在することが確認され，長年再生しないと信じられていた神経細胞までもが，成人後も新たにつくり出されていると考えられるようになっている。さらに，脂肪組織にも脂肪細胞，軟骨細胞，骨細胞，筋細胞に分化する能力をもつ間葉系幹細胞が存在することが報告されている。これらの細胞の単離法や培養法はさらに検討する必要があるが，障害機能の回復をめざした細胞移植医療に利用できるかもしれない。

　重篤な心疾患や腎疾患をはじめ，薬物療法では治療しきれない疾患に対しては，臓器移植に頼らざるを得ない場合もある。しかしながら，移植に必要な臓器を十分に確保するには，残念ながら多くの困難を伴うのがわが国の現状である。それに対し，種々の幹細胞を用いた細胞移植医療や，また幹細胞からつくり出された臓器，器官を利用することは，この問題を解決するための，一つの究極的な手段のように考えられる。自分自身の体性幹細胞を利用できれば，倫理的な問題も少なく，また免疫による拒絶反応も回避できると期待されている。まだまだ技術的には解決すべき課題が残されてはいるものの，不測の事態

に備えて自分自身の体性幹細胞を保存しておくことが常となる時代は，そう遠い未来ではないのかもしれない。

### ■ 参考文献（6章）

Alvarez-Dolado, M. *et al*. (2003) *Nature*, **425**: 968-973.
Anfinsen, B. (1973) *Science*, **181**: 223-230.
Chernoff, Y. O. *et al*. (1995) *Science*, **268**: 880-884.
Collins, F. *et al*. (2003) *Nature*, **422**: 835-847.
Drews, J. (2000) *Science*, **287**: 1960-1964.
Gajdusek, D. C. (1977) *Science*, **197**: 943-960.
Gilbert, S. F. (2003) "Developmental Biology (7th ed.)", Sinauer Associates Inc.
畑中正一 編(1997)『ウイルス学』，朝倉書店．
服部勉(1986)『微生物学の基礎』，学会出版センター．
Hattori, T. (ed.) (1995) "Eco-collection (ISK Series No. 8)", Institute of Genetic Ecology, Tohoku University.
International Human Genome Sequencing Consortium (2001) *Nature*, **409**: 813-941.
International SNP Map Working Group (2001) *Nature*, **409**: 928-933.
Kasahara, Y. and Hattori, T. (1991) *FEMS Microbiol. Ecol*., **86**: 95-102.
Kogure, K. *et al*. (1998) *J. Bacteriol*., **180**: 932-937.
小島至(2002)『再生医学と夢の再生医療（ひつじ科学ブックス）』，羊土社．
森崎久雄(1995)表面，**33**: 621-627．
Morisaki, H. *et al*. (1999) *Microbiology*, **145**: 2797-2802.
NHK「人体」プロジェクト 編(1999)『NHKスペシャル驚異の小宇宙　人体III——ヒトの設計図』，NHK出版．
日本微生物生態学会バイオフィルム研究部会 編著(2005)『バイオフィルム入門』，日科技連．
Ohshima, H. (1995) *Adv. Colloid Interface Sci*., **62**: 189-235.
小野文一郎(1995)蛋白質核酸酵素，**40**: 2320-2328．
大島広行(1996)生物物理，**36**: 295-296．
Protein Data Bank Japan, http://www.pdbj.org/
Prusiner, S. B. (1997) *Science*, **278**: 245-251.
Sakaguchi, S. *et al*. (1996) *Nature*, **380**: 528-531.
Schnieke, E. *et al*. (1997) *Science*, **278**: 2130-2133.

高久史麿・矢崎義雄 監修(2004)『治療薬マニュアル』, 医学書院.
Takashima, S. and Morisaki, H. (1997) *Colloids and Surfaces B : Biointerfaces*, **9**: 205-212.
東京都臨床医学総合研究所実験動物研究部門 編(2003)『マウス　ラボマニュアル——ポストゲノム時代の実験法』, シュプリンガー・フェアクラーク東京.
Toma. J. G. *et al*. (2001) *Nature Cell Biology*, **3**: 778-784.
Vassilopoulos, G. *et al*. (2003) *Nature*, **422**: 901-904.
Venter, J. C. *et ai*. (2001) *Science*, **291**: 1304-1351.
Wakayama, T. *et al*. (2001) *Science*, **292**: 740-743.
Wang, X. *et al*. (2003) *Nature*, **422**: 897-901.
Watanabe, H. *et al*. (2004) *Nature*, **429**: 382-388.
Wickner, R. B. (1994) *Science*, **264**: 566-569.
Wilmut, K. *et al*. (2000) "The Second Creation : Dolly and the Age of Biological Control", Harvard University Press.

# 索　引

● 数字・欧文

2界説　73
3D-1D 配列　240
3界説　73
5界説　74, 79

*Acetobacter*　81
*Aspergillus*　87
*Bacillus*　82
BSE　41
B細胞　191, 199, 200
cDNA　184, 239
central dogma　49
*Comamonas*　81
DNA　6, 9, 10, 43, 45, 46, 48, 65, 66, 68, 178
　──複製　11
　──ポリメラーゼ　12
DNase　206
*Escherichia coli*　82
ES細胞　248, 250, 251
FASリガンド　206
fermentation　170
*fla* オペロン　18
gene　43
HIV　217
HPLC　42
$K$ 淘汰　125
*lac* オペロン　14
MAPK　204
MHC対立遺伝子　203
mRNA　11, 47, 177, 183, 239, 243
NMR　186, 245
*Nocardia*　84
pBR322　182
PCR　244
PCR-DGGE　225
PDB　241
*Penicillium*　88

*Pseudomonas*　81
*recA* 遺伝子　19
replication　45
RNA　10, 43, 45, 68, 109, 178
　──ウイルス　219
　──ポリメラーゼ　14, 20, 78
rRNA　48
*Saccharomyces*　89
SARS　217
SNPs解析　244, 246, 247
SOS調節系　19
*Streptomyces*　84
TATAボックス　20
TCA回路　173
Tiプラスミド　197
transcription　45
tRNA　48
*trp* オペロン　16
T細胞　191, 199, 204
*Xanthomonas*　81
X線結晶(構造)解析　186, 245
$\alpha$-ヘリックス　33
$\beta$-酸化　61
$\beta$-シート　33, 228

● あ　行

アオカビ　88
アクチン　38
アテニュエーション　17
アテニュエーター　17
アデニン　44
アノマー　53, 57
アポトーシス　200, 201
アミノ酸　32
　──配列　239
　──発酵　174
アミノ糖　56
アミロイド　229
アメーバ　95
アルカロイド　133

アルドース　51
アンチセンス RNA　197
安定 RNA　48
硫黄細菌　110
維管束　97
　　――植物　97
位相差顕微鏡　65
イソプレノイド　64
イソプレン　64
遺　伝　26
遺伝子　42, 44
　　――工学　184
飲食道　67
飲食胞　67
イントロン　183, 238
インフルエンザ　218
ウイルス　65, 74, 75, 76
ウエスタンブロッティング　189
ウスバヒメガガンボ　118
渦鞭毛藻　94
ウラシル　44
エイズ　216
栄養菌糸　84
栄養生殖　85
エキソン　183, 238
液　胞　67, 70
エグリトピケラ　118
エリシター　134
エンハンサー　21, 194
オペレーター　14
オリゴ糖　56

● か　行

開始コドン　49
解糖系　172
回文配列　180
化学合成細菌　81
核　42, 67, 68
核　酸　42
核磁気共鳴　245
核　膜　67
核様体　10, 66
褐　藻　93
滑面小胞体　67, 69
カ　ビ　85, 86

芽　胞　71, 81
カリフラワーモザイクウイルス　197
カルス　196
カルボキシル基　61
枯草菌　82
環境微生物　220, 225
桿　菌　79
環状 DNA　66
キイロカワカゲロウ　118
気菌糸　84
キノコ　85, 87
逆転写酵素　184, 217
牛海綿状脳症　41
球　菌　79
共焦点レーザー顕微鏡　65
共進化　136
莢　膜　71
拒絶反応　203
ギルド　145
菌　糸　86
菌　類　71, 85
グアニン　44
クエン酸回路　172, 173
クチビルケイソウ　113
組換え DNA　169, 178, 185, 197, 198
クモノスカビ　86
クラミジア　83
グラム陰性細菌　81
グラム染色　80
グラム陽性細菌　82
グリカン　58
グリコシド　55
　　――結合　56
クリスタ　69
クリスタリン　38
グリセリド　62
グリセロリン脂質　63
クリプト植物　92
グリコーゲン　67
グルコース　50, 53
グルコン酸菌　81
クロイツフェルト・ヤコブ病　41, 226
クローニング　183
クローン　234
　　――胚　251

索　引

クロロフィル　92
軽　鎖　200, 202
形質転換　181
ケイ藻　93
系統樹　74
ケカビ　86
結晶構造解析　42
血　清　193
ケトース　51
ゲノム　236
　——解析　47
　——創薬　242, 243
　——プロジェクト　6, 7, 47, 236
ケラチン　38
原核細胞　65, 66, 68
原核生物　14, 74, 111
原核藻類　90
原核微生物　79
嫌気性光合成細菌　208, 211
嫌気性細菌　81
減数分裂　103, 105
原生生物界　73, 89
原生動物　89, 94, 95, 100
元素循環サイクル　107
光学顕微鏡　65
好気性細菌　81
光合成　91, 97, 208, 209, 211
　——細菌　81, 111, 208, 209
コウジカビ　87
後生動物　100
抗生物質　84, 88, 175
酵　素　86, 175
紅藻　92
構造ゲノム科学　245
抗　体　187, 200
高度好塩古細菌　83
高度好熱性硫黄利用細菌　83
酵　母　88
コケ植物　98
古細菌　83
コドン　49
　——表　50
コラーゲン　38
コリネフォルム細菌　82
ゴルジ体　67, 68, 69

●さ　行

細　菌　66, 79
サイトカイン　205
細　胞　64
　——骨格　70
　——周辺腔　66
　——性免疫　203
　——壁　59, 66, 67, 70
　——膜　66, 67, 68, 70
　——融合　197
酢酸菌　81
サーモプラズマ　83
三次構造　33
三　糖　57
シアノバクテリア　83, 90, 110
色素体　70
脂　質　60, 61
　——二重膜　68
糸状菌　86
自然選択説　28
シトシン　44
子嚢菌酵母　89
子嚢菌類　86
脂肪酸　61
脂肪粒　67
重　鎖　200, 202
終止コドン　50
従属栄養　99
修復機構　19
種子植物　97
受　精　25
受精卵　25
　——クローン　234
　——細胞　103
出芽酵母　230
主要組織適合性複合体　203
受容体　38
循環型光合成　210
小胞体　69
常緑広葉樹林　121
植　物　70, 96
　——界　73
　——プランクトン　90, 112, 114, 115
食物連鎖　132, 146

仁　67
進化　28
　——学説　122
　——論　123
真核細胞　66, 68
真核生物　20, 74, 111
真核藻類　92
真核微生物　85
真菌門　85
針葉樹林　121
水生昆虫　118
水素結合　47
スクロース　57
スタウラスツルム　113
ステロイド　64
スピロヘータ　83
スフィンゴ脂質　63
スフィンゴシン　63
スフィンゴリン脂質　63
スプライシング　183
棲み分け説　29
制限エンドヌクレアーゼ　180
制限酵素　178, 180
生殖　25
精祖細胞　100
生態学　122
生態系　23, 149
生体触媒　36
生態遷移　156, 159
生態的複雑性　163
生長点培養　196
生命情報学　241
脊椎動物　100
セグロトビケラ　118
接合菌類　86
セル　64
セルロース　50, 53, 58, 70
染色体　105, 178
　——DNA　66
センダイウイルス　192
セントラルドグマ　9, 10, 11, 49, 177, 227, 232, 242
全能性　195
臓器移植　248
走査型電子顕微鏡　65

ゾウリムシ　95, 96
藻類　89, 90
粗面小胞体　67, 69

● た　行

体細胞クローン　233
代謝　22
大腸菌　65, 82
多糖　58
ターミネーター　17
担子菌酵母　89
担子菌類　87
単純脂質　62
淡色効果　46
炭水化物　50, 61
単糖　51
タンパク質　31, 61, 243
　——工学　169, 186
窒素固定細菌　81
中心体　67
中立説　29
チューブリン　38
腸内細菌　82
チラカゲロウ　118
沈水植物　119
通性嫌気性細菌　81
呈味性ヌクレオチド　174
デオキシ糖　56
デオキシリボ核酸　43
デオキシリボース　44
デスモソーム　67
テーラーメイド医療　243, 247
テルペノイド　133
転移 RNA　48
電気泳動　42
電子顕微鏡　65, 76
転写　45
　——因子　194
　——減衰　17
デンプン　50, 53
テンペレートファージ　78
伝令 RNA　47
糖アルコール　55
透過型電子顕微鏡　65
糖鎖　50

索　　引

糖　酸　55
糖脂質　63
糖　質　50
糖タンパク質　59
動　物　67, 99
　　──界　73
　　──プランクトン　114
糖リン酸　55
突然変異　11, 13
ドメイン　75
トランスファーRNA　48
トランスポゾン　202
トリグリセリド　61

● な　行

ナンセンスコドン　50
二次構造　33
二次代謝産物　132, 135, 136, 175
二重らせん構造　45
ニッチェ　140
二　糖　57
乳酸菌　82
ヌクレオチド　44, 109, 174
ネクトン　112
粘着末端　180
ノイラミン酸　56
濃色効果　46
ノーザンブロッティング法　244

● は　行

バイオインフォマティクス　241
バイオテクノロジー　1, 9, 169, 234, 242
バイオフィルム　220, 224, 226
バイオマス資源　177
胚　子　104
胚性幹細胞　250
ハイブリドーマ　192
バクテリオクロロフィル　211, 212
バクテリオファージ　76
発　酵　2, 110, 170
　　──食品　86
ハネケイソウ　113
ヒアルロン酸　58
光　206
　　──エネルギー　107, 110

ヒゲナガカワトビケラ　118
被子植物　97, 99, 133
非循環型光合成　213
微小管　67
微生物　70, 73, 79, 111
比旋光度　52
必須アミノ酸　36
ヒトゲノム　215, 237
ヒト免疫不全ウイルス　217
微分干渉顕微鏡　65
微　毛　67
ピリミジン　46
ビルレントファージ　78
ファージ　76, 78
フィブロイン　38
フィラメント　67
不完全菌類　87
不完全酵母　89
複合脂質　62
複　製　9, 12, 45
　　──起点　191
付　着　222
　　──メカニズム　222
付着末端　180
ブドウ状球菌　82
フナガタケイソウ　113
不飽和脂肪酸　61
プラスミド　66, 178, 181
プランクトン　112
プリオン　41, 226, 227, 230
プリン　46
プロスタグランジン　64
プロテアーゼ　36
プロテオーム　241
プロテオグリカン　59
プロテオミクス　241
プロトプラスト　60, 197
プロモーター　14, 194
分子シャペロン　35
分子生物学　6
平滑末端　181
ヘキソース　51
ベクター　181
ベースペア　47
ヘテロ多糖　58

ヘビトンボ　118
ペプチドグリカン　58, 59, 80
ペプチド結合　32
ヘモグロビン　38
変形菌門　85
偏光顕微鏡　65
変　性　190
偏性嫌気性細菌　82
ベントス　112
鞭　毛　71, 80
鞭毛菌類　86
胞子植物　97
放線菌　84
飽和脂肪酸　61
ポストゲノム　47, 236
ポストゲノムシーケンス　238, 239
補　体　200
哺乳動物　233, 250
ポリクローナル抗体　187
ポリサッカリド　58
翻　訳　11

● ま　行

マイクロアレイ　244
マイコプラズマ　65
マクロファージ　187, 199
マススペクトル　42
マンノース　51
ミオシン　38
ミコプラズマ　83
ミジンコ　113
ミトコンドリア　39, 67, 68, 69, 70, 103, 111
ミドリムシ　113
無性生殖　24, 85, 233
無脊椎動物　100
ムラミン酸　56
メタン生成細菌　83
メッセンジャーRNA　47, 177
免　疫　170, 198
　──グロブリン　39
メンデルの実験　4
網羅的発現解析　243
モネラ　73
　──界　79

モノクローナル抗体　186, 188, 192

● や　行

ヤコブ病　226
ヤマサナエ　118
ヤマトアミカ　118
ヤマトヒゲナガケンミジンコ　113
ユウアスツルム　113
有性生殖　86, 233
ユーグレナ　94
ユミモンヒラタカゲロウ　118
用不用説　28
葉緑体　67, 70
四次構造　33

● ら　行

ラクトース　57
落葉広葉樹林　121
裸子植物　97, 98, 133
ラン藻　66, 83, 90, 91
卵祖細胞　100
リガーゼ　178
リグニン　70
リケッチア　83
リソソーム　67, 68, 70
リード化合物　246
リピッド　60
リプレッサー　19
　──タンパク質　14
リボース　44
リボソーム　67, 69
　──RNA　48
リポタンパク質　38
硫酸還元古細菌　83
緑　藻　93
リン脂質　63, 68
リンネ　73
リンパ球　199
　──細胞　191
レシチン　63
レセプター　38, 77
レトロウイルス　217

### 編者略歴

**久保　幹**
（くぼ　もとき）

- 1983年　広島大学工学部第Ⅲ類卒業
- 1985年　広島大学大学院工学研究科博士前期課程修了
- 1994年～1995年　イリノイ州立大学医学部（文部省在外研究員）
- 1997年　立命館大学理工学部助教授
- 2002年　立命館大学理工学部教授
- 2008年　立命館大学生命科学部教授
  博士（工学）

**著書**

バイオテクノロジー
　——基礎原理から工業生産の実際まで
　　　　　　　　　　（共著，大学教育出版）
遺伝子とタンパク質の分子解剖
　——ゲノムとプロテオームの科学
　　　　　　　　　　（共著，共立出版）

**吉田　真**
（よしだ　まこと）

- 1968年　京都大学理学部動物学科卒業
- 1977年　京都大学大学院理学研究科博士課程単位取得退学
- 1977年　立命館大学理工学部助教授
- 2000年　立命館大学理工学部教授
- 2008年　立命館大学生命科学部教授
  博士（理学）

**著書**

スパイダー・ウォーズ
　——クモのおもしろ生態学（単著，新草出版）
現代生物学通論（共著，学術図書出版社）
網の中の人間模様（単著，新読社）
クモの生物学（共著，東京大学出版会）

---

Ⓒ　久保　幹・吉田　真　2006

2006年 4 月12日　初版発行
2016年 1 月30日　初版第 8 刷発行

## 生命体の科学と技術

編　者　久保　　幹
　　　　吉田　　真
発行者　山本　　格
発行所　株式会社　培風館
東京都千代田区九段南4-3-12・郵便番号102-8260
電話(03)3262-5256(代表)・振替 00140-7-44725

中央印刷・牧 製本

PRINTED IN JAPAN

ISBN 978-4-563-07795-2　C3045